普通高等教育"十一五"国家级规划教材(高职高专)

染整技术实验

蔡苏英　主编

中国纺织出版社

内 容 提 要

全书较系统地介绍了染整试化验人员必备的安全常识与操作规程，染整助剂、染料、纺织材料的分析测试方法，常用纺织品练漂、染色、印花、整理工艺方法及产品质量评价方法，配色打样基本方法与技巧。本书具有较强的实用性和可操作性，既可作为高等职业院校染整技术及相关专业学生的教科书，也可供纺织、染整、助剂、染料等行业技术人员学习与工作参考。

图书在版编目(CIP)数据

染整技术实验/蔡苏英主编. —北京：中国纺织出版社，2009.2(2014.8重印)

普通高等教育"十一五"国家级规划教材. 高职高专

ISBN 978-7-5064-5400-1

Ⅰ.染…　Ⅱ.蔡…　Ⅲ.染整—实验—高等学校：技术学校—教材　Ⅳ.TS190.92

中国版本图书馆CIP数据核字(2008)第197492号

策划编辑：冯　静　　责任编辑：赫九宏　　特约编辑：张烛微
责任校对：陈　红　　责任设计：李　歆　　责任印制：何　建

中国纺织出版社出版发行
地址：北京市朝阳区百子湾东里A407号楼　邮政编码：100124
销售电话：010—67004422　传真：010—87155801
http://www.c-textilep.com
E-mail:faxing@c-textilep.com
中国纺织出版社天猫旗舰店
官方微博 http://weibo.com/2119887771
三河市宏盛印务有限公司印刷　各地新华书店经销
2009年2月第1版　2014年8月第6次印刷
开本：787×1092　1/16　印张：19
字数：399千字　定价：38.00元

出版者的话

2005年10月，国发[2005]35号文件"国务院关于大力发展职业教育的决定"中明确提出"落实科学发展观，把发展职业教育作为经济社会发展的重要基础和教育工作战略重点"。高等职业教育作为职业教育体系的重要组成部分，近些年发展迅速。编写出适合我国高等职业教育特点的教材，成为出版人和院校共同努力的目标。早在2004年，教育部下发教高[2004]1号文件"教育部关于以就业为导向 深化高等职业教育改革的若干意见"，明确了促进高等职业教育改革的深入开展，要坚持科学定位，以就业为导向，紧密结合地方经济和社会发展需求，以培养高技能人才为目标，大力推行"双证书"制度，积极开展订单式培养，建立产学研结合的长效机制。在教材建设上，提出学校要加强学生职业能力教育。教材内容要紧密结合生产实际，并注意及时跟踪先进技术的发展。调整教学内容和课程体系，把职业资格证书课程纳入教学计划之中，将证书课程考试大纲与专业教学大纲相衔接，强化学生技能训练，增强毕业生就业竞争能力。

2005年底，教育部组织制订了普通高等教育"十一五"国家级教材规划，并于2006年8月10日正式下发了教材规划，确定了9716种"十一五"国家级教材规划选题，我社共有103种教材被纳入国家级教材规划，其中本科教材56种，高职教材47种。47种高职教材包括了纺织工程教材12种、轻化工程教材14种、服装设计与工程教材12种、其他9种。为在"十一五"期间切实做好教材出版工作，我社主动进行了教材创新型模式的深入策划，力求使教材出版与教学改革和课程建设发展相适应，充分体现职业技能培养的特点，在教材编写上重视实践和实训环节内容，使教材内容具有以下三个特点：

(1)围绕一个核心——育人目标。根据教育规律和课程设置特点，从培养学生学习兴趣和提高职业技能入手，教材内容围绕生产实际和教学需要展开，形式上力求突出重点，强调实践，附有课程设置指导，并于章首介绍本章知识点、重点、难点及专业技能，章后附复习指导和形式多样的习题或思考题等，提高教材的可读性，增加学生学习兴趣和自学能力。

(2)突出一个环节——实践环节。教材出版突出高职教育和应用性学科的特点，注重理论与生产实践的结合，有针对性地设置教材内容，增加实践、实验内容，并通过多媒体等直观形式反映生产实际的最新进展。

(3)实现一个立体——多媒体教材资源包。充分利用现代教育技术手段，将授课知识点、实践内容等制作成教学课件，以直观的形式、丰富的表达充分展现教学内容。

出版者的话

教材出版是教育发展中的重要组成部分，为出版高质量的教材，出版社严格甄选作者，组织专家评审，并对出版全过程进行过程跟踪，及时了解教材编写进度、编写质量，力求做到作者权威，编辑专业，审读严格，精品出版。我们愿与院校一起，共同探讨、完善教材出版，不断推出精品教材，以适应我国高等教育的发展要求。

中国纺织出版社
教材出版中心

前言

新版《染整技术实验》是在原全国纺织高职高专规划教材基础上，根据“任务驱动”、“项目课程”的课改理念，以“染整试化验”工作任务为载体，以常用产品工艺与测试为主线，根据染整技术岗位知识与技能的要求，充分考虑职业教育的特点和学生职业成长的规律，坚持“够用”、“实用”、“能用”的原则，优化、整合教学内容。在训练项目的编排上，注意将工作任务与要求有效地转化为学习与训练项目，注重培养学生正确计算、独立操作、综合运用、计划协调的能力，并用先进的、成熟的工艺方法和试化验手段充实教材内容，充分体现了职业性、实用性、可操作性。该教材是院校、企业、检测部门等专家、教授合作的成果，既可作为高等职业院校染整技术及相关专业学生的实验教材，也可供纺织、印染、助剂、染料等行业技术人员学习与工作参考。

本教材共分九个模块，其中第一模块染整实验安全常识与操作规程由常州纺织服装职业技术学院吴燕萍老师编写，第三模块纺织材料性能测试由常州纺织服装职业技术学院黄艳丽老师编写，第五模块前处理工艺实验由常州纺织服装职业技术学院（原常州勤益染织有限公司）岳仕芳老师编写，第六模块染色工艺实验由安徽职业技术学院陈秀芳老师编写，第七模块印花工艺实验、第八模块后整理工艺实验由河南纺织高等专科学校许志忠老师编写，第二模块表面活性剂性能测试、第四模块染料性能测试、第九模块配色与打样由常州纺织服装职业技术学院蔡苏英老师编写。常州纺织服装职业技术学院刘建平高级工程师（原常州印染研究所）参与了第二、第五模块的编写。全书由江苏省技术监督纺织染料助剂产品质量检验站、常州印染研究所刘国良高级工程师主审，蔡苏英、岳仕芳老师统稿。

该教材在编写过程中，得到了全国纺织教育学会高职高专染整专业教学指导委员会全体委员的指导，此外，还得到了各高职院校以及纺织、印染、助剂行业专家与教授们的支持，在此表示感谢。

由于编者水平有限，且各院校专业方向及课程设置的差异性，肯定会有许多疏漏之处，恳请读者谅解并指正。随着印染行业的发展与技术的提升以及各院校教育教学改革的不断深入，该教材还需不断修正与完善，敬请读者多提宝贵意见。

编者

2008 年 8 月

课程设置指导

课程名称　染整技术实验

适用专业　染整技术

总学时　100~120 学时（不含综合实验）

课程性质

本课程是染整技术方向必修的主干专业课程，与染整助剂、前处理技术、染色技术、印花技术、后整理技术等主干专业课程相配套。

教学目标

本课程的主要任务是通过染料、助剂、纺织材料性能测试及染整工艺小样实验，加深学生对染整工艺理论知识的理解，规范染化实验基本操作，掌握染整试化验基本技能，学会分析问题和解决问题，增强工艺应用与实际操作能力，做到能基本胜任染整试化验工作，为学生毕业后较快地适应染整生产技术与管理岗位打下良好的基础。

教学基本要求　本课程以现场教学为主，教学环节包括实验、辅导、作业、考核等。

1. 实验：共 52 个项目，合计 120 学时（其中选做项目 20 学时）。将理论与实践相互联系、交叉渗透，把单项技能与综合技能训练相结合，采用行为导引式教学方法，边学边练，学做结合。

2. 辅导：采用集中训练、个别指导。学生自主学习，独立操作，教师有效引导。

3. 作业：每次实验后写出实验报告，内容要求有实验目的、方法原理、实验方案、操作步骤、实验结果与分析等。

4. 考试：采用过程考核与结果考核相结合，笔试与操作考核相结合的方式。

课程设置指导

教学学时分配 如下表所示：

序号	实 验 内 容	学时分配	
		必修	选修
1	染整实验安全常识与操作规程	4	
2	表面活性剂离子性鉴别	1	
3	非离子表面活性剂浊点的测定	1	
4	表面活性剂渗透力的测定	2	
5	表面活性剂乳化力的测定		1
6	表面活性剂分散力的测定		2
7	表面活性剂发泡力的测定		1
8	表面活性剂洗涤力的测定		2
9	纺织材料成分分析（包括燃烧法、化学溶解法）	4	
10	混纺织物纤维含量分析	2	
11	织物耐用性能测试（包括拉伸、撕裂、顶破）	4	
12	织物起毛起球性能测试		2
13	织物悬垂性测试		2
14	织物上浆料成分分析	2	
15	棉布退浆及退浆率的测定	3	
16	棉布煮练及毛细管效应的测定	3	
17	棉布漂白及白度的测定	3	
18	棉布丝光及丝光钡值测定	4	
19	前处理高效短流程工艺实验及半制品质量检验		4
20	蚕丝制品的精练		2
21	染料扩散性能测试	1	
22	染料比移值的测定	1	
23	染料匀染性能测试	2	
24	染料吸收光谱曲线及吸光度—浓度标准曲线的绘制	2	
25	活性染料染色	4	
26	还原染料染色	4	
27	硫化染料染色	2	
28	直接染料染色及上染百分率的测定	3	
29	酸性染料染色	2	
30	酸性媒染染料染色	2	
31	酸性含媒染料染色	2	
32	分散染料染色	2	
33	阳离子染料染色及配伍性能测定	2	
34	涤/棉织物轧染	2	

续表

序号	实 验 内 容	学时分配	
		必修	选修
35	耐洗色牢度测定	2	
36	耐摩擦色牢度测定	1	
37	耐汗渍色牢度测定	2	
38	耐唾液色牢度测定		2
39	染料的鉴别(包括固体染料、织物上的染料)	3	
40	色差的测定	2	
41	常用原糊的制备及应用性能测定	3	
42	活性染料直接印花	2	
43	涂料直接印花	2	
44	酸性染料直接印花		2
45	拉—活共同印花	2	
46	活性染料地色拔染印花	2	
47	活性染料(或不溶性偶氮染料)地色拔染印花	2	
48	涤/棉织物分散/活性同浆印花	2	
49	树脂整理及织物折皱回复性能测定	3	
50	织物上游离甲醛含量的测定	2	
51	织物拒水整理及沾水性测定	3	
52	织物阻燃整理及燃烧性能测定	3	
合 计		100	20

目录

第一模块　染整实验安全常识与仪器操作规程

染整实验中染化料用量大、品种多，既有无机和有机化学品，又有各类染料及表面活性剂；同时还需借助各种仪器设备才能完成各项工艺实验与测试任务。所以操作人员应具备必要的化学品使用常识、安全操作基本技能，尤其必须强化实验过程中的安全意识，以确保实验的顺利进行。

本模块教学的主要任务是使学生充分认识安全实验的重要性和必要性，掌握必要的安全常识、操作规范与基本技能。

项目一　染整实验安全操作应知应会

染整实验常用的化学品如酸、碱、盐、氧化剂、还原剂等，有些具有一定的毒性和腐蚀性，有些易燃、易爆等，在一定条件下会对人体造成危害。

本项目的教学任务是使学生了解常用化学危险品的性能、安全使用与管理方法及常见事故的应急处理方法。

子项目一　各类化学品使用常识

一、毒害品

1. 毒害品的分类。凡少量进入人体能破坏机体致病或致死的物品都属有毒物品，包装标志为骷髅图案。我国《危险货物品名表》中把有毒物品分成四类：

有机剧毒品，如硫酸二甲酯、磷酸三甲苯酯等；

无机剧毒品，如氰化钾、三氧化二砷、二氯化汞、亚砷酸等；

有机有毒品，如四氯化碳、糠醛等；

无机有毒品，如氯化钡、氟化钠等。

凡口服或有皮肤接触时，生物试验致死中量为 LD_{50}（即 50mg/kg）以下、人体吸入气体毒害品致死量在 2mg/L 以下者均属剧毒品。

致死中量又称半数致死量，指能使一群试样（如人、动物）死亡一半时，每千克体重的毒物用量（mg/kg 体重）作为急性毒性的指数。但它不适用于衡量慢性毒性（如积蓄性）。

2. 毒害品的特性。

(1)水中溶解度越大，毒性越大，如氯化钡大于硫酸钡。

(2)同系物中碳原子数越大，毒性越大，如丁醇毒性比丙醇大，但甲醇例外（毒性超过乙醇）。

(3)固体粒子越细，越易吸入肺泡中，中毒越深。

(4)沸点越低，挥发性越大，空气中浓度越高，越易中毒。如甲醛、硫化氢、煤油等均属此类。

3. 防毒措施。

(1)试剂、药品瓶要有标签，毒品的标签要醒目，并专橱保管，分类、分级排列，相互抵触者需隔离存放。健全领用制度，专人负责，定期检查。

(2)毒物撒落时，应立即收拾和清扫附近的场所。

(3)取用有毒液体时，严禁口吸，应采用洗耳球、移液管等。

(4)不明成分的物品不要随便使用；实验时气体的辨别应以手扇瓶口远嗅；试样时应站立在上风向。

(5)将有强烈刺激性气体和有毒气体放出的操作放在通风橱内进行，头部不要伸进通风橱内，并应配备防毒面具。使用前还应检查通风橱是否有效。

(6)使用或实验中可能产生的有毒物质，操作者应亲自将所有与有毒物质接触过的仪器和器皿加以清理。

(7)严禁随意将有毒物品倾入水槽，以免污染环境。如含氰化物的废液，应先将 CN^- 转化成 $Fe(CN)_6^{4-}$ 后，再倒入废水槽。

(8)严禁将餐具带入实验室，离开实验室前必须洗手。

二、腐蚀品

1. 腐蚀品的分类。凡对人体、动植物体、纤维制品或金属等造成腐蚀的物品均属腐蚀品。我国《危险货物品名表》将其分成八类：

一级无机酸性腐蚀品，如硝酸、硫酸、五氯化磷、二氧化硫等；

一级有机酸性腐蚀品，如甲酸、三氯化醛等；

二级有机酸性腐蚀品，如冰醋酸、醋酐等；

二级无机酸性腐蚀品，如盐酸、磷酸、四氯化铅等；

无机碱性腐蚀品，如氢氧化钠、氧化钙、硫化钠等；

有机碱性腐蚀品，如甲醇钠、二乙醇胺等；

无机其他腐蚀品，如次氯酸钠、三氯化锑、三氯化铁等；

有机其他腐蚀品，如甲醛、苯酚等。

2. 防腐蚀措施。

(1)对人体皮肤、黏膜、眼睛、呼吸道以及金属有强烈腐蚀作用的药品，如浓硫酸、浓硝酸、氢氯酸、冰醋酸、液溴等，应置于阴凉通风处，并与其他药品隔离存放，其药品架应选用耐腐蚀材料。

(2)操作腐蚀品应戴防护用品(如橡皮手套、眼镜等)。取用时不得用口吸,而应用洗耳球、移液管吸取。不能在一般烘箱内烘干腐蚀品。

(3)稀释浓硫酸时应严格按规范操作,即浓酸缓缓倾入水中,并不断搅拌,并注意容器应具有良好的耐热性和耐腐蚀性。

(4)稀释固体烧碱时也应如上操作。尽量避免浓酸和浓碱中和,最好在稀释后调和。研碎固体烧碱时,应避免小块溅及人体,特别是眼睛,以免造成严重的化学灼伤。

(5)取下加热溶液(尤其是沸腾溶液)时,应先用烧杯夹摇一下,才能使用,以防沸腾液突然溅出伤人。

(6)严禁随意将腐蚀品倾入水槽,以免污染环境,腐蚀下水道。

三、易燃物与爆炸品

1. 易燃物的分类。

(1)自燃物:凡不需外界火源,本身受空气氧化或受外界温度变化影响而引起发热以至自燃的物品统称为自燃物,如硝化纤维素、网印型纸材料等。

(2)易燃液体:燃点在45℃以下,常温呈液态的统称易燃液体,如甲醇、乙醇、乙醚、石油醚、乙烯等。

(3)易燃固体:凡燃点较低,在火、热、撞击、摩擦或与氧化剂等接触后直接起火的固体,如赤磷、二硝基甲苯、硝化纤维素、萘及铝、镁粉、硫黄、生松香等。

(4)遇水燃烧物:保险粉、雕白粉虽然不至自燃,但受潮发热,尤其当遇到强氧化剂,如氯酸钾等,会引起燃烧。

2. 爆炸品的分类。一般在受到摩擦、撞击、震动或高热等影响时,能快速进行化学反应,能在极短时间内放出大量热能和气体产物,同时伴同光、声效应的物品统称爆炸品。常见爆炸品有:

(1)易爆炸固体:如金属钠、电石等,它们与水和空气反应十分猛烈,以至燃烧爆炸。

(2)易爆炸气体:如乙炔等炔类和炔化物。

(3)气体混合爆炸物:此类爆炸物不同于其他爆炸品,未混合的气体本非爆炸物,一旦在合适的条件下以一定比例混合,就会发生爆炸。如一氧化碳、氢等与空气混合发生爆炸。

(4)强氧化剂类:此类物质若在空气中受潮、遇酸、高温或与其他还原性物质、易燃物接触,会分解而引起燃烧或爆炸。如氟、三价钴盐、过硫酸盐、过氧化物、高锰酸盐、氯酸盐、溴酸盐、重铬酸盐等。某些强氧化剂本身就是爆炸品,如硝酸铵、高氯酸盐等。

(5)有机溶剂类:如乙醚,它具有燃点很低、在室温时的蒸汽压很高、相对密度很大(比空气重2.6倍)的特点,着火危险性远远超过汽油,久贮或长期与空气接触,会逐渐形成过氧化物,极易爆炸。且若每升空气含1g乙醚蒸汽即能燃烧。

3. 防燃、防爆措施。

(1)实验室内不得无限制贮放易燃易爆物,应根据各种易燃物性质规定一个最高存放量。应加强通风,严格执行安全操作规程,切实做好设备、管道和钢瓶的密封工作。对于易燃、易爆等危险性较大的设施要专人操作,定期检修,并备有急救箱。

(2)易燃品如汽油、乙醚、二硫化碳、苯、酒精和其他低沸点物品，应远离热源、可燃物和易产生火花的器物，应存放在阴凉通风处，适宜的存放温度为 -4 ~4℃，最高室温不得超过 30℃，若需加热，则应在水浴锅上操作，严禁用明火及电炉。

(3)遇水易燃物应保存在密闭防潮的地方，存放理想温度在 20℃以下，最好置于用砖和水泥砌成防爆架的消防用沙中，并加盖。不可使用水、酸、碱或泡沫灭火机灭火，而应用干沙覆盖灭火。

(4)某些易燃易爆品，如金属钠不能离开煤油；苦味酸不能离开水溶液。相应的盛器应保持不渗漏，并定期检查，置于平时容易看到的场所。

(5)装封易挥发物及易燃物品时，不能用蜡封。蜡封口打不开时，不能用火烤或敲击等方法。

(6)开启挥发性试剂瓶时(特别是夏季)，应先将瓶浸在冷水中一定时间后方可开启。同时不可使瓶口朝向自己或别人的脸部。

(7)操作一切易燃易爆品，不能将仪器口(如试管口)面向人脸，特别在加热时，应戴面罩或用防护挡板。

(8)不能在纸上称量过氧化物等易燃品，并且严禁将氧化剂和可燃物一起研磨。

(9)身上或手上沾上易燃物时，应立即洗净后方可靠近热源或火源，特别是沾有氧化剂的衣服应立即更换。

(10)不得将废弃的易燃液体倾倒在下水道中，应倒入专用器具中，并定期(如每天)清除。

子项目二　常见事故急救与处理

实验室常见的事故有火灾、触电、中毒和外伤等。实验人员必须了解常见事故的急救和处理常识，一旦发生事故，应沉着冷静，用科学的方法及时抢救。

一、火灾

1. 首先应在适当场所安置消防器械和沙袋、沙箱，并定期检查及换药(包括做盛器耐压试验)。操作人员应学会正确使用消防器械，以防万一。

2. 意外起火时应保持镇静，首先切断电路、煤气，然后根据火情采用合适的消防措施，灭火器类型及适用范围见表 1 -1。必要时应立即与有关部门联系，请求援救。

3. 沙可用于扑灭各种类型的火灾，消防用沙应清洁干燥，用较小的木箱分装存放在固定地方，以便于使用。

4. 水是常用的灭火剂，但在扑救实验室发生的火灾时，一定要慎用。大多数易燃物比水轻，易浮于水面，到处流动，扩大火势。故宜用消火沙、干粉灭火器或泡沫灭火器来扑灭。有的药品还能与水起化学反应。

5. 水和泡沫灭火器不能用于扑灭电器的燃烧，以防发生触电事故。

6. 四氯化碳灭火器不能用于二硫化碳的燃烧，否则会产生光气类有毒气体，可用水、沙、泡沫、二氧化碳等灭火剂扑救。

表 1-1

类　型	药　液　成　分	适　用　范　围
酸碱式	H_2SO_4、$NaHCO_3$	非油类、电器的一般火灾
泡沫式	$Al_2(SO_4)_3$、$NaHCO_3$	油类火灾
高倍泡沫	脂肪醇、硫酸钠、稳定剂、抗烧剂	火源集中、大型油库、木材类火灾
二氧化碳	液体 CO_2	电器失火
干粉灭火	$NaHCO_3$ 盐粉，润滑剂、防潮剂	油类、可燃气体、电器、精密仪器、档案
四氯化碳	液体 CCl_4	电器火灾
1211	CF_2ClBr	油类、溶剂、高压电器、精密仪器的高效灭火器

二、触电

1. 实验室仪器设备应妥善接地，使用前，先检查开关等是否完好。停用时，必须彻底关闭电路。

2. 室内不应有裸露线头，切忌私拉电线。更换保险丝时，要按负荷量选用，不得加大或代用。

3. 不能用湿手操作带电的仪器设备，严禁用金属器具、湿布清理电门。

4. 遇停电，应及时切断电源并关机，避免突然来电运行损坏仪器设备。

5. 高温电炉要加罩安全设施并接上地线，炉座台上应铺石棉板。

6. 遇触电，首先要使触电者脱离电源，可拉下电源或用绝缘物将电源线拨开，然后把人移往室外进行人工呼吸，并通知医务室。千万不能徒手去拉触电者，以免救助者自己触电。

三、中毒

1. 对于那些能通过呼吸道进入人体的气体、蒸汽、烟雾、粉尘及挥发物等，如 CO、HCN、Cl_2、酸雾、NH_3、甲醛等，应规范操作，且不宜站在其下风向。

2. 实验后要养成随时洗手的良好习惯，切忌将食品带进实验场所，避免饮水、进食时有毒物质经消化道进入体内。

3. 有些毒物对人体的毒害可能是慢性的、积累性的，如苯、酚等，当它们初进入人体时，如果量很少，症状不明显，往往被忽视，长期接触后才出现中毒症状，因此必须引起足够的重视。

4. 对于急性中毒者的抢救，首先应立即将中毒者从中毒区域救出或设法排除其体内的毒物[1]，然后送往医院救治。

四、外伤

实验室常见的外伤有割伤，加热灼烧引起的烫伤和烧伤，化学药品引起的腐蚀、灼烧性伤害，爆炸引起的炸伤等。

1. 割伤：切割引起的外伤，应将伤口清理干净，用 3.5% 的碘酒涂抹伤口四周。伤口消毒后可用创可贴外敷。对外伤引起的出血，关键是保持创面清洁，进行压迫止血。应注意破损隐伤在装配或拆卸仪器时，因仪器各部沾有药剂而沾染伤口，使伤情复杂化。

2. 烧伤：烧伤包括烫伤和火伤。烧伤面积大时，主要危险是患者身体损失大量水分，因此要口服大量温热的烧伤饮料（100mL 开水中加食盐 0.3g，小苏打 0.15g，糖精 0.04g）或盐开水，以防休克。如烧伤面积大于人体表面积的三分之一时，必须立即送医院治疗。

烫伤或烧伤按其伤势的轻重可以分为三级。

一级烧伤，皮肤红痛或红肿；

二级烧伤，皮肤起泡；

三级烧伤，皮肤组织破坏，呈现棕色或黑色。

对烫伤面积不大，皮肤不破者应立即用大量的清水冲洗10～15min降温，然后擦干创面，涂上烫伤膏。

炸伤的处理方法与烧伤的基本相同，但炸伤时常伴有大量出血，应进行压迫止血。伤口若在四肢，可用止血带包扎伤口，每隔0.5～1h应放松1～2min。放松时可用指压法止血。

3. 化学灼伤：常见的化学灼伤是由强酸、强碱或高浓度弱碱类造成的，这可以从皮肤变色情况来辨别，如硝酸灼伤呈黄色，硫酸、盐酸呈黑色，烧碱和苯酚灼伤呈白色。化学灼伤的救治方法与烧伤不同，应首先迅速解脱衣服，及时用大量水冲洗（切忌用手擦），除去皮肤上的化学药品，进入皮肤深层。受伤后，应根据伤情作适当处理或送医院救治。

酸、碱不慎溅入眼内，常采用的急救方法是：

（1）立即用大量的水冲，或面部浸入水中做睁、闭眼动作，同时拉开眼皮并摇头，但遇电石、生石灰之类则禁用水冲，而应用石蜡油或植物油清洗。

（2）按溅入眼睛的药剂性能选用适当温和中和剂，如酸灼伤则用3%小苏打溶液淋洗；碱灼伤则用3%硼酸冲洗。对不明物质的灼伤先用生理食盐水洗，洗液不得少于1L。

（3）发现有异物应及时清除，之后送医院。

氯、氨气体灼伤会严重发生黏膜肿胀、充血甚至肺水肿，严重的会引起窒息及反射性心跳停止而突然死亡。急救时，先立即离开现场至空气新鲜处，及时送医院。

常见化学灼伤急救处理见表1－2。

表1－2

化学物质	急救处理
酸类（硫酸、盐酸、硝酸、醋酸、甲酸）	立即用大量水冲洗，再用5%小苏打液中和，最后用清水冲洗
碱（氢氧化钠或钾、碳酸钠）	以2%硼酸中和或湿敷，最后用清水冲洗
氯气、氨气	分别按酸、碱类急救方法处理
溴、酚	立即用大量清水冲洗，再用30%～50%酒精洗，然后用5%小苏打液冲洗，最后用清水冲洗
焦油沥青	先以棉花蘸二甲苯，清除黏在皮肤上的残物，然后涂上羊毛脂
铬酸	先用大量水冲洗，然后用硫化铵液淋洗，最后用清水洗

项目二　常用标准溶液的配制与标定

实验中所用的试剂溶液一般有两种，一种是用来控制反应条件的，其准确度要求不高，称为非标准溶液；另一种是用来测定物质的组成含量的，应具有精确的浓度和一定的纯度，称为标准溶液。前者通常用质量分数浓度、克/升浓度表示，后者常用物质的量浓度表示。

本项目的教学任务是使学生掌握各种浓度的正确表示方法与计算技巧，及常用标准溶液的配制与标定基本技能。

子项目一　溶液浓度的表示与计算方法

一、物质的量浓度

物质的量浓度是指1L溶液中所含有溶质的物质的量（也称摩尔数），故习惯上称摩尔浓度，单位为mol/L。定义为：

$$\text{物质的量浓度}\ c=\frac{\text{溶质的物质的量}\ n}{\text{溶液的体积}\ V}$$

而溶质的物质的量（即摩尔数）又可以通过质量（m）和摩尔质量（M）求得：

$$n=\frac{m}{M}$$

物质的量浓度溶液的稀释公式为：

$$c_1V_1=c_2V_2$$

式中：c_1、c_2 分别表示稀释前后溶液的物质的量浓度（mol/L）；V_1、V_2 为稀释前后溶液的体积（L）。

例：如何将12mol/L的浓盐酸配成0.3mol/L盐酸5L？

解：设需要12mol/L盐酸 V_1，则：

$$V_1=\frac{c_2V_2}{c_1}=\frac{0.3\times5}{12}=0.125(\text{L})$$

所以，取12mol/L浓盐酸0.125L，加水稀释至总体积5L，搅匀后即得0.3mol/L的盐酸溶液。

二、质量浓度

质量浓度是指1L溶液中所含溶质的克数，单位常以“g/L”表示，即：

$$\text{质量浓度}=\frac{\text{溶质质量}}{\text{溶液体积}}$$

三、质量分数

质量分数（w）是用100g溶液中所含溶质的克数来表示的，即：

$$\text{质量分数}(w)=\frac{\text{溶质质量}}{\text{溶液质量}}\times100\%$$

质量分数（w）与物质的量浓度（c）（mol/L）之间的互换关系：

$$c = \frac{1000d \cdot w}{M}$$

$$w = \frac{c \cdot M}{1000d}$$

式中：d 为溶液的密度(g/cm^3)；M 为溶质的摩尔质量(g/mol)。

在用已知质量分数(或质量浓度)的溶液配制另一质量分数(或质量浓度)的水溶液时，可采用一种较简便的计算方法，即十字交叉法(也称对角线法)。

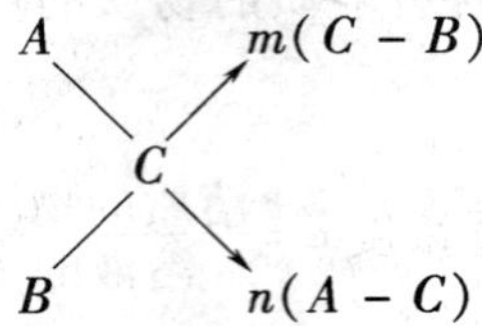

式中：A 为已知浓溶液的质量分数(或质量浓度)；B 为已知稀溶液的质量分数(或质量浓度)；C 为欲配制溶液的质量分数(或质量浓度)；m 为浓溶液的质量份数；n 为稀溶液的质量份数。

例：怎样把 95% 的酒精稀释成 50% 的酒精？

解：用十字交叉法计算结果为：

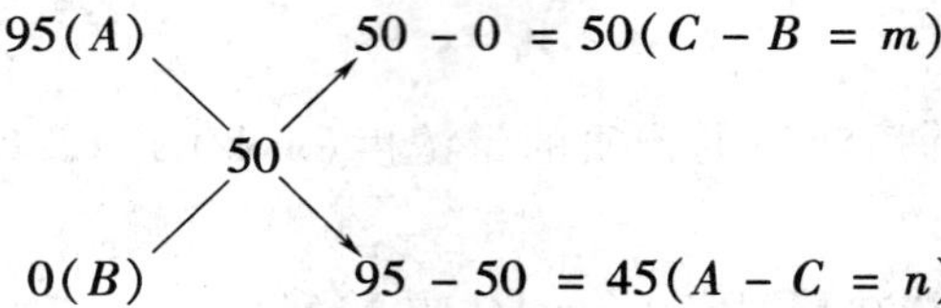

所以，所需浓溶液 95% 的酒精重量与水重量之比为 50∶45，即为 10∶9，混合可得到 50% 的酒精溶液。

使用十字交叉法应注意：只适用于 A、B 为同类性质的溶液，或其中之一为水的情况；此法也可应用于质量浓度(g/L)的计算，但需再进行一次正比例计算。举例如下：

例：已知浓漂液的有效氯为 31.5g/L，计 200L，要求配成含有效氯为 3.5g/L 的漂液，应添加水多少升？

解：先按十字交叉法求出 m、n 值：

(g/L)　　　　(份)

31.5　　　　3.5 - 0 = 3.5(m)

　　　　3.5

0　　　　31.5 - 3.5 = 28(n)

再按正比例计算出实际应加水的体积(V)：

$$3.5 : 28 = 200 : V$$

$$V=\frac{28\times 200}{3.5}=1600(\mathrm{L})$$

四、质量比和体积比

质量比适用于表示极稀溶液的浓度以及微量物质的量，如水的总硬度、重金属离子含量等。单位为 mg/kg 或 $\mathrm{mL/m^3}$；过去也有采用 ppm（parts per million）表示的，指某一物质 100 万份质量中，所含另一物质质量的份数。

五、比例浓度

比例浓度常用来表示原装浓试剂与溶剂的比例，单位以体积表示，为印染厂实际生产中常用的表示方法。如染色车间的印染助剂常预配成一定浓度的溶液，在临用时运用此法量取方便、加料均匀，例如 1∶1HAc 即取 1 份浓醋酸用一份水来稀释[2]。

子项目二　常用标准溶液的配制及标定

一、$c(\mathrm{HCl})=1\mathrm{mol/L}$ 盐酸标准溶液

1. 配制：将 90mL 浓盐酸（分析纯，相对密度为 1.18）缓缓倒入 1L 冷却的无二氧化碳的蒸馏水中，存放于耐酸磨口瓶内，待标定。

2. 标定：称取 1.6g（精确至 0.0001g）于 270～300℃灼烧至恒重的基准无水碳酸钠，用 50mL 蒸馏水溶解至 250mL 锥形瓶内。加 10 滴溴甲酚酞－甲基红混合指示剂，用待标定的盐酸溶液滴定至溶液由绿色变为暗红色。沸煮 2min，冷却后继续用盐酸溶液滴定至溶液呈暗红色。同时做空白试验，分别记录耗用盐酸溶液的毫升数（V），用下式计算盐酸标准溶液的浓度，单位为 mol/L。

$$c(\mathrm{HCl})=\frac{m}{(V_1-V_2)\times 0.05299}$$

式中：m 为无水碳酸钠的质量（g）；V_1 为盐酸溶液的用量（mL）；V_2 为空白试验盐酸溶液的用量（mL）；0.05299 为与 1.00mL 盐酸标准溶液［$c(\mathrm{HCl})=1.000\mathrm{mol/L}$］相当的，以克数表示的无水碳酸钠的质量。

3. 说明：

（1）重复标定两次，双样的相对误差不得超过 0.2%。

（2）其他浓度盐酸标准溶液的配制方法同上，相关溶液及基准物用量见表 1－3。

表 1－3

$c(\mathrm{HCl})$（mol/L）	浓盐酸（mL）	基准无水碳酸钠（g）
1	90	1.6
0.5	45	0.8
0.1	9	0.2

（3）车间用 1.000mol/L 的 HCl 可用 1.000mol/L NaOH 直接标定，用酚酞作指示剂。

二、$c\left(\frac{1}{2}H_2SO_4\right)=1mol/L$ 硫酸标准溶液

1. 配制：将30mL浓硫酸（分析纯，相对密度为1.84）缓缓倒入1L冷却的无二氧化碳的蒸馏水中，存放于耐酸磨口瓶内，待标定。

2. 标定：称取1.6g（精确至0.0001g）于270～300℃灼烧至恒重的基准无水碳酸钠，用50mL蒸馏水溶解至250mL锥形瓶内。加10滴溴甲酚酞—甲基红混合指示剂，用待标定的硫酸溶液滴定至溶液由绿色变为暗红色。沸煮2min，冷却后继续用硫酸溶液滴定至溶液呈暗红色。同时做空白试验，分别记录耗用硫酸溶液的毫升数（V），用下式计算硫酸标准溶液的浓度（mol/L）。

$$c\left(\frac{1}{2}H_2SO_4\right)=\frac{m}{(V_1-V_2)\times 0.05299}$$

式中：m 为无水碳酸钠的质量（g）；V_1 为硫酸溶液的用量（mL）；V_2 为空白试验硫酸溶液的用量（mL）；0.05299为与1.00mL硫酸标准溶液$\left[c\left(\frac{1}{2}H_2SO_4\right)=1.000mol/L\right]$相当的，以克数表示的无水碳酸钠的质量。

3. 说明：

（1）重复标定两次，双样的相对误差不得超过0.2%。

（2）其他浓度硫酸标准溶液的配制方法同上，相关溶液及基准物用量见表1－4。

表1－4

$c\left(\frac{1}{2}H_2SO_4\right)$(mol/L)	浓硫酸（mL）	基准无水碳酸钠（g）
1	30	1.6
0.5	15	0.8
0.1	3	0.2

（3）车间用1.000mol/L的 H_2SO_4 可用1.000mol/L的NaOH直接标定，用酚酞作指示剂。

三、$c(NaOH)=1mol/L$ 氢氧化钠标准溶液

1. 配制：称取100g氢氧化钠（C. P.）溶于100mL的蒸馏水中，摇匀后注入聚乙烯容器中，密闭放置至溶液澄清。用塑料管吸取上层澄清液52mL，注入1L无二氧化碳的蒸馏水中，摇匀，待标定。

2. 标定：称取4g（精确至0.0001g）于105～110℃烘至恒重的基准邻苯二甲酸氢钾，置于250mL锥形瓶中，加80mL无二氧化碳的水使其溶解。加入2滴酚酞指示剂（10g/L），用待标定的氢氧化钠溶液滴定至粉红色。同时做空白试验，分别记录耗用氢氧化钠溶液的毫升数，用下式计算氢氧化钠标准溶液的浓度（mol/L）。

$$c(NaOH)=\frac{m}{(V_1-V_2)\times 0.2042}$$

式中：m 为邻苯二甲酸氢钾的质量(g)；V_1 为氢氧化钠溶液的用量(mL)；V_2 为空白试验氢氧化钠溶液的用量(mL)；

0.2042 为与 1.00mL 氢氧化钠标准溶液[$c(NaOH)=1.000mol/L$]相当的，以克数表示的邻苯二甲酸氢钾的质量。

3. 说明：

(1)重复标定两次，双样的相对误差不得超过 0.2%。

(2)其他浓度氢氧化钠标准溶液的配制方法同上，相关溶液及基准物用量见表 1－5。

表 1－5

c(mol/L)	氢氧化钠饱和溶液(mL)	基准邻苯二甲酸氢钾(g)	无二氧化碳的水(mL)
1	52	4	80
0.5	26	2	80
0.1	5	0.4	50

四、$c(Na_2S_2O_3)=0.1mol/L$ 硫代硫酸钠标准溶液

1. 配制：称取 26g 硫代硫酸钠($Na_2S_2O_3\cdot 5H_2O$)(或 16g 无水硫代硫酸钠)，溶于 1L 蒸馏水中，缓慢沸煮 10min，冷却。将溶液保存在棕色磨口试剂瓶中，两周后标定。

2. 标定：称取 0.15g(精确至 0.0001g)于 120℃烘至恒重的基准重铬酸钾，放入 500mL 碘量瓶中，注入 25mL 蒸馏水溶解。加 2g 碘化钾和 20mL 硫酸溶液(20%)，摇匀后置于暗处放置 10min。取出后，加冷蒸馏水 150mL。然后用待标定的硫代硫酸钠溶液滴定。当滴至溶液呈黄绿色时，加 3mL 淀粉指示剂(5g/L)，继续滴至溶液由蓝色变成亮绿色。同时做空白试验，分别记录硫代硫酸钠溶液耗用毫升数，按下式计算硫代硫酸钠标准溶液的浓度(mol/L)。

$$c(Na_2S_2O_3)=\frac{m}{(V_1-V_2)\times 0.04903}$$

式中：m 为重铬酸钾的质量(g)；V_1 为硫代硫酸钠溶液的用量(mL)；V_2 为空白试验硫代硫酸钠溶液的用量(mL)；0.04903 为与 1.00mL 硫代硫酸钠标准溶液[$c(Na_2S_2O_3)=1.000mol/L$]相当的，以克数表示的重铬酸钾的质量。

五、$c\left(\frac{1}{2}I_2\right)=0.1mol/L$ 碘标准溶液

1. 配制：称取 13g 碘(C.P.)及 35g 碘化钾(C.P.)，溶于 100mL 蒸馏水中，稀释至 1L，摇匀，保存于棕色试剂瓶中，待标定。

2. 标定：称取 0.15g(精确至 0.0001g)预先在硫酸干燥器中干燥至恒重的基准三氧化二砷，置于碘量瓶中，加 4mL 氢氧化钠溶液[$c(NaOH)=1mol/L$]溶解，加 50mL 水，加 2 滴酚酞指示剂(10/L)，用硫酸溶液$\left[c\left(\frac{1}{2}H_2SO_4\right)=1mol/L\right]$中和，加 3g 碳酸氢钠及 3mL 淀粉指示剂(5/L)，用待标定的碘溶液滴定至溶液呈浅蓝色。同时做空白试验，分别记录耗用碘溶液的毫升数，按下式计算碘标准溶液的浓度（mol/L）。

$$c\left(\frac{1}{2}I_2\right)=\frac{m}{(V_1-V_2)\times 0.04946}$$

式中：m 为三氧化二砷的质量（g）；V_1 为碘溶液的用量（mL）；V_2 为空白试验碘溶液的用量（mL）；0.04946 为与 1.00mL 碘标准溶液$\left[c\left(\frac{1}{2}I_2\right)=1.000\text{mol/L}\right]$相当的，以克数表示的三氧化二砷的质量。

项目三　常用仪器设备的操作规程

染整实验涉及的仪器设备种类很多，本项目重点介绍染整实验中常用的仪器设备，对某些专用仪器设备在其他模块相关测试项目中分述。

本项目教学任务是使学生了解常用仪器设备的工作原理与操作规程，掌握操作要点，能正确、安全使用。

子项目一　电子天平

试化验室常用的、较为精确的称量天平有电光天平和电子天平（electronic balance）两种，根据不同的型号，称量精度可从 0.001～0.0001g（1～0.1mg），甚至可达到 0.001mg，即 1g 的百万分之一。由于电子天平称量精确，使用便捷，故应用较为广泛。

一、仪器结构

上海天平仪器厂（现已改名为上海精密科学仪器有限公司）生产的 FA/JA 系列电子天平，是采用 MCS—51 系列单片机的多功能电子天平，配有数据接口，能与电子计算机和各种打印机（如 PP40 等）相连。FA 系列电子天平称量范围可由 0～30g 至 0～210g，其外形结构见图 1－1。JA 系列电子天平称量范围可由 0～120g 至 0～260g，读数精度有 0.1mg 和 1mg 两种。

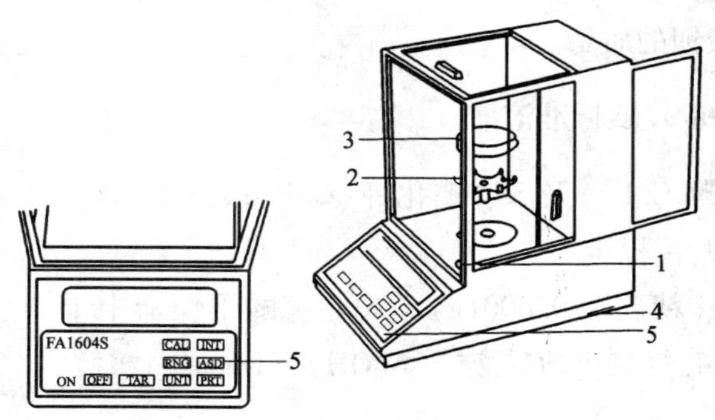

图 1－1　FA1604 上皿电子天平外形图

1—水平仪　2—盘托　3—称盘　4—水平调节脚　5—键盘

二、操作规程

1. 观察水平仪，如水平仪水泡偏移，则调整水平调节脚，使水泡位于水平仪中心。

2. 接通电源，此时显示器并未工作，当预热 1h 后按键盘“ON”开启显示器进行操作使用。

3. 当进入称量模式 0.0000g 或 0.000g 后，方可进行称量。

4. 将需称量的物质置于秤盘上，待显示数据稳定后，直接读数。

5. 若称量物质需置于容器中称量时，应首先将容器置于秤盘上，显示出容器的质量后，轻按“TAR”键（称消零、去皮键），显示消隐，随即出现全零状态，容器质量显示值已去除，即已去皮重。然后将需称量的物质置于容器中，待显示数据稳定后，便可读数。当拿去容器，此时出现容器质量的负值，再按“TAR”键，显示器恢复全零状态，即天平清零。

6. 若有其他特殊要求，可按下列功能键，使用方法详见产品说明书。

7. 称量完毕，轻按“OFF”键，显示器熄灭。若长时间不使用，应拔掉电源线。

子项目二　分光光度计

分光光度计（spectrophotometer）是一种进行定量比色分析用的仪器，在染整实验中，常用来测定染液和整理液浓度，然后通过计算，获得染料的上染百分率、固色率、游离甲醛含量等重要数值。分光光度计有 721 型、722 型、723 型、751 型等，目前使用较广泛的是 722 型。

一、仪器结构

722 型光栅分光光度计是目前使用较普遍的可见光分光光度计。它的工作波长范围为 330nm ~ 800nm。其外形结构见图 1－2，它是由光源室、单色器、试样室、光电管暗盒、电子系统及数字显示器等部件组成。722 型光栅分光光度计外形示意图见图 1－2，结构方框图见图1－3。

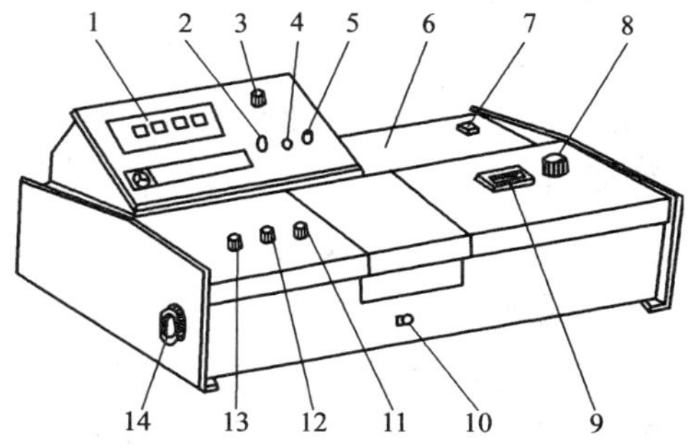

图 1－2　722 型光栅分光光度计外形示意图

1—数字显示器　2—吸光度调零旋钮　3—选择开关
4—吸光度调斜率电位器　5—浓度旋钮
6—光源室　7—电源开关　8—波长手轮
9—波长刻度窗　10—试样架拉手
11—100% T 旋钮　12—0T 旋钮
13—灵敏度调节旋钮　14—干燥器

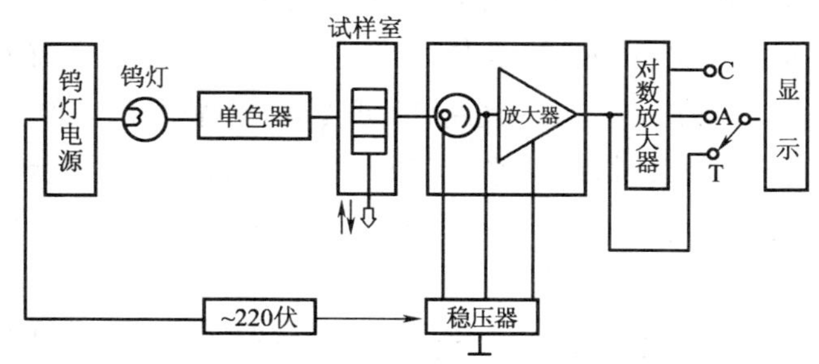

图 1－3　722 型光栅分光光度计仪器结构方框图

二、工作原理

分光光度计的工作原理是基于物质在光照射时,产生对光的吸收效应。当某单色光通过溶液时,光能被吸收而减弱,其减弱程度与溶液的浓度、光径有一定的比例关系。即符合朗伯—比尔定律:

$$\lg \frac{I_0}{I} = KcL$$

式中:K 为吸光系数(常数);L 为溶液的光径长度(即液层厚度);c 为溶液的浓度;I_0 为入射光强度;I 为通过溶液后光的强度;$\lg \frac{I_0}{I}$ 表示光线通过溶液时被吸收的程度,为方便起见用吸光度(A)表示,也可用光密度(D)表示。

由朗伯—比尔定律可知,当 L 一定时,吸光度与溶液的浓度成正比。因此,可以通过对染料溶液吸光度的测定,求得染料溶液的浓度。由于吸光系数(K)与入射光波长、物质的性质和溶液的温度等因素有关,因此测定时,必须使入射光的波长及溶液温度保持一定。

物质对光的吸收具有选择性,各种不同的物质具有其自身的吸收光谱。用比色法进行浓度测定时,应选用最大吸收波长。

三、操作规程

1. 检查电源线、接线是否正常,各个调节旋钮的起始位置是否正确。
2. 将灵敏度旋钮调至“1”挡(放大倍率最小)。
3. 开启电源,指示灯亮,将选择开关置于“T”,波长调至测试用波长。仪器预热 20min。
4. 打开试样室盖(光门自动关闭),调节“0”旋钮,使数字显示为“00.0”;盖上试样室盖,将吸收池处于蒸馏水(或空白液)校正位置,使光电管受光,调节透过率“100%”旋钮,使数字显示为“100.0”。
5. 如果显示不到“100.0”,则可适当增加微电流放大器的倍率挡数(即灵敏度),但尽可能使倍率置低挡使用,这样仪器将有更高的稳定性。改变倍率后必须重新校正“0”和“100%”。
6. 预热后,按上述步骤连续几次调整“0”和“100%”,仪器即可进行正常测定。
7. 吸光度 A 的测量:将选择开关置于“A”,调节吸光度调零旋钮,使得数字显示为“.000”,然后将被测样品移入光路,显示值即为被测样品的吸光度值。
8. 浓度 c 的测量:选择开关由“A”旋至“C”,将已标定浓度的样品放入光路,调节浓度旋钮,使数字显示为标定值,将被测样品放入光路,即可读出被测样品的浓度值。
9. 如果大幅度改变测试波长时,在调整“0”和“100%”后稍等片刻,因光能量变化急剧,使光电管受光后响应缓慢,需一段光响应平衡时间。当稳定后,重新调整“0”和“100%”即可工作。
10. 每台仪器所配套的吸收池应专用,不能与其他仪器上的比色皿混用。
11. 本仪器数字表后盖有信号输出 0 ~ 1000mV,插座 1 脚为正,2 脚为负接地线。

子项目三　酸度计

酸度计(acid-meter)是测定水溶液酸碱度的仪器,染整实验中常用它来测定各种溶液的 pH 值。有些酸度计还可用来测量电极的电动势,以及在搅拌器配合下进行电位滴定或其他毫伏值测定。酸度计的种类很多,常用的有国产 25 型酸度计和 PHS—3C 型精密 pH 计等。

一、仪器结构

PHS—3C 型精密 pH 计采用 3 位半十进制 LED 数字显示,测量精密,适用于化验室取样测定水溶液的 pH 值和电位(mV)值,此外,还可配上离子选择性电极,测定该电极的电极电位。其外形结构见图 1 –4、图 1 –5 和图 1 –6。

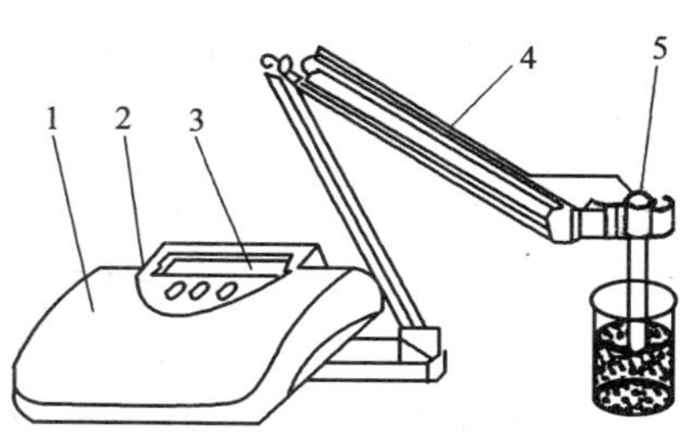

图 1 –4　PHS—3C 型精密 pH 计外形结构

1—机箱　2—键盘　3—显示屏

4—多功能电极架　5—电极

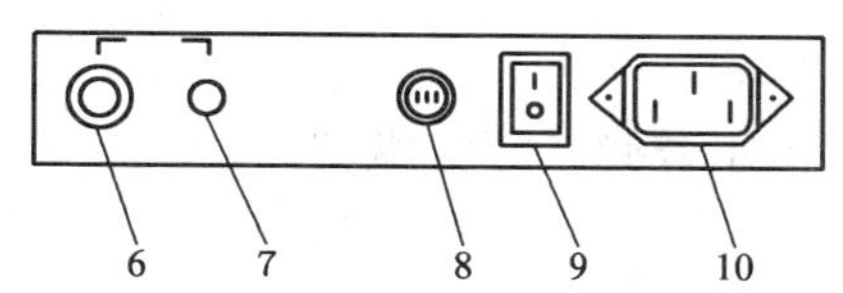

图 1 –5　PHS—3C 型精密 pH 计后面板

6—测量电极插座　7—参比电极接口　8—保险丝

9—电源开关　10—电源插座

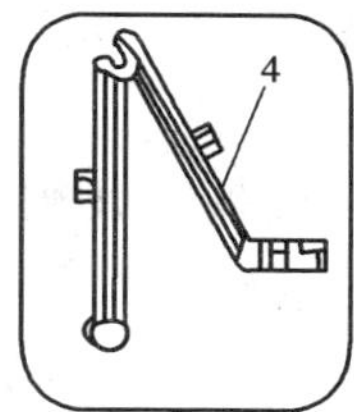

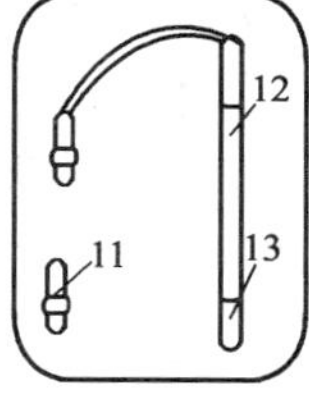

图 1 –6　PHS—3C 型精密 pH 计附件

11—Q9 短路插　12—E—201—C 型 pH 复合电极

13—电极保护套

二、操作规程

1. 准备:

(1)将多功能电极架 4 插入插座中。

(2)将 pH 复合电极 12 安装在电极架 4 上。

(3)将 pH 复合电极下端的电极保护套 13 拨下,并且拉下电极上端的橡皮套,使其露出上端小孔。

(4)用蒸馏水清洗电极。

2. 标定:

(1)在测量电极插座 6 处拔掉 Q9 短路插头 11,插入复合电极 12。

(2)如不用复合电极,则在测量电极插座 6 处插入玻璃电极插头,参比电极接入参比电极接口 7 处。

(3)打开电源开关,按“pH/mV”按钮,使仪器进入 pH 测量状态。

(4)按“温度”按钮,使其显示溶液温度值(此时温度指示灯亮),然后按“确认”键,仪器确定溶液温度后回到 pH 测量状态。

(5)把用蒸馏水清洗过的电极插入 pH = 6.86 的标准缓冲溶液中,待读数稳定后按"定位"键(此时 pH 指示灯慢闪烁,表明仪器在定位标定状态),使读数为该溶液当时温度下的 pH 值。然后按"确认"键,仪器进入 pH 测量状态,pH 指示灯停止闪烁。标准缓冲溶液的 pH 值与温度关系对照表详见酸度计说明书。

(6)把用蒸馏水清洗过的电极插入 pH = 4.00 或 pH = 9.18 的标准缓冲溶液中(如被测溶液为酸性时,缓冲溶液应选 pH = 4.00;如被测溶液为碱性时则选 pH = 9.18 的缓冲溶液),待读数稳定后按"斜率"键(此时 pH 指示灯快闪烁,表明仪器在斜率标定状态),使读数为该溶液当时温度下的 pH 值。然后按"确认"键,仪器进入 pH 测量状态,pH 指示灯停止闪烁,标定完成。

(7)用蒸馏水清洗电极后即可对被测溶液进行测量。

注意:经标定后,"定位"键及"斜率"键不能再按,如果触动此键,此时仪器 pH 指示灯闪烁,请不要按"确认"键,而是按"pH/mV"键,使仪器重新进入 pH 测量即可,而无须再进行标定。一般情况下,在 24h 内仪器不需再标定。

3. 测量 pH 值:

(1)用蒸馏水清洗电极头部,再用被测溶液清洗一次。

(2)若被测溶液和定位溶液温度不同,则用温度计测出被测溶液的温度值,按"温度"键,使仪器显示为被测溶液温度值,然后按"确认"键。

(3)把电极插入被测溶液内,用玻璃棒搅拌溶液,使之均匀后读出该溶液的 pH 值。

4. 测量电极电位(mV 值):

(1)把离子选择电极(或金属电极)和参比电极夹在电极架上。

(2)用蒸馏水清洗电极头部,再用被测溶液清洗一次。

(3)把离子电极的插头插入测量电极插座 6 处。

(4)把参比电极接入仪器后部的参比电极接口 7 处。

(5)把两种电极插在被测溶液内,将溶液搅拌均匀后,即可在显示屏上读出该离子选择电极的电极电位(mV 值),还可自动显示正负极性。

(6)如果被测信号超出仪器的测量范围,或测量端开路时,显示屏会不亮,发出超载报警。

操作流程见图 1-7。

子项目四　白度测定仪

白度测定仪(whiteness meter)主要用于测量非彩色表面平整的物体及粉末的"白度",如纸张、纺织品试样、陶瓷、淀粉、涂料等,其中包括添加荧光增白剂的物品。常用的白度测定仪有 ZBD 型指针式、DSBD—1 型电子数字白度仪等。

DSBD—1 型电子数字白度仪是在 ZBD 型白度仪基础上的更新产品,用于直接测量表面平整物体或粉末的白度程度。对于增白处理过的物体,既能测定与视感度相一致的白度值,又能定量反映该物体荧光增白所反射的量值。

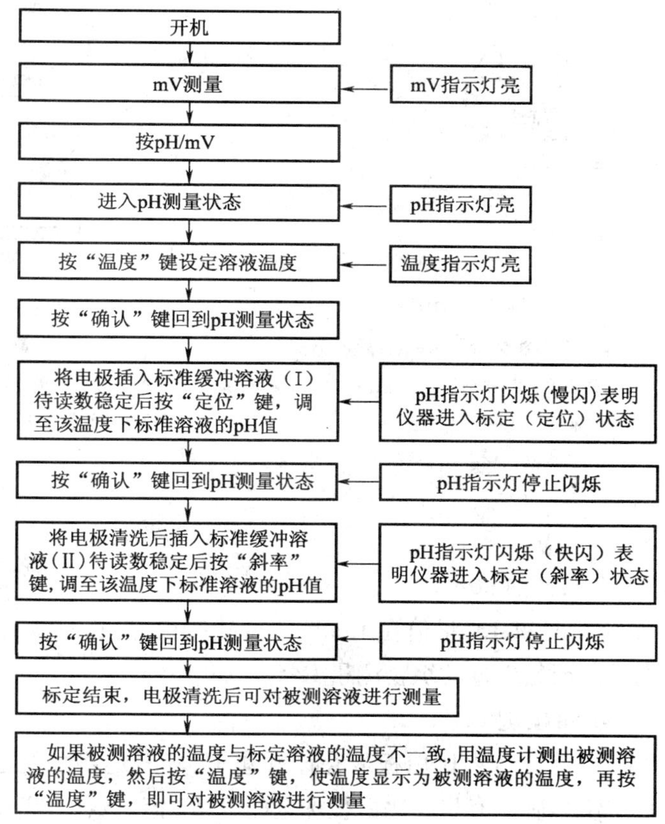

图 1－7　PHS—3C 型精密 pH 计操作流程图

一、仪器结构

DSBD—1 型电子数字白度仪外形结构见图 1－8。

二、工作原理

白度仪是利用光电效应原理，采用双光路和模数转换电路，测量试样表面漫反射的辐射亮度与同一辐照条件下完全漫反射的辐射亮度之比，来达到“白度”、“不透明度”的测量目的。仪器的光路工作原理见图 1－9。

该仪器以低功率的钙卤素灯 1 作为光源，入射光束经第一滤光镜 2，聚光后成平行的光束，通过光栅 3 照射到被测样品 4 上。入射光束的轴线与样品表面的法线成45°夹角。试样表面的漫反射光线经过第二滤光镜 5 射入到测量光电池 6 上。第一滤光镜吸收 500nm 以上的可见光和一部分蓝光，对 360～400nm 的紫外光有较高的透射率。当通过第二滤光镜时，把反射光的紫外线部分滤去，而允许紫外光激发了的荧光波长约为 400nm 的光进入光电池。这样通过第一、第二滤光镜后，仪器不仅能够正确地测出普通白度，而且能够有效地反映出荧光白度。仪器的另一路光经过第三滤色镜 9，将光源恒定的辐通量引向光补偿器 8，使补偿光电池 7 接收该路恒定的辐射光能而作为参比光路。

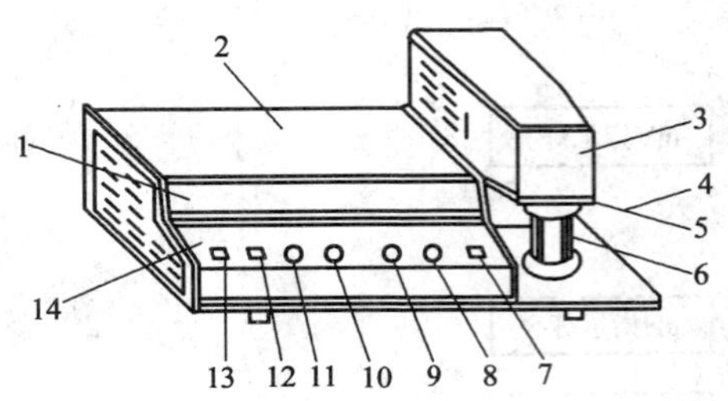

图 1－8　DSBD—1 型白度仪外形结构图

1—读数显示屏　2—后盖板　3—测量头装置　4—试样座
5—测量口　6—滑筒　7—电源开关　8—灯色温调节孔
9—补偿调节孔　10—校准旋钮　11—调零旋钮
12—测量按钮　13—灯电源按键　14—面板

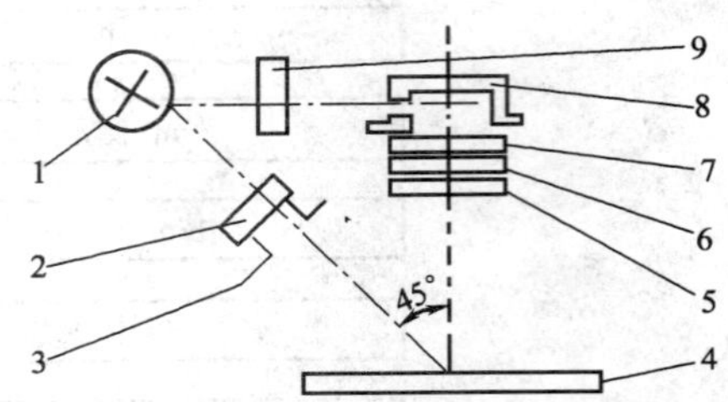

图 1－9　光学系统示意图

1—光源　2—第一滤光镜　3—光栏　4—试样
5—第二滤光镜　6—测量光电池　7—补偿光电池
8—光补偿器　9—第三滤光镜

三、操作规程

1. 开启仪器电源开关 7，预热 30min。

2. 按下面板上的灯电源按键 13，量值在 15min 后变化缓慢，且趋向稳定。

3. 预调：以经荧光增白剂处理过的织物测量 R457 白度为例：

（1）按下仪器面板上测量按键 12。

（2）按下仪器的滑筒 6，将 2 号参比白板放在试样座上，轻轻地将滑筒上升至测量口，调整面板上的校准旋钮 10，使仪器显示值与参比白板标定的 R457 值一致（允差 ±1）。

（3）按下仪器的滑筒 6，取下白板，将黑筒放在试样座上，轻轻地将滑筒上升至测量口，调整面板上的调零旋钮 11，使仪器显示值为 ±000. 0%。

（4）依次重复步骤（2）和（3）直至不需调整校准旋钮与调零旋钮，仪器即能相应显示参比白板标定值（如：+085. 20%）与“ ±000. 0”，此时预调完毕。

4. 测量：

（1）将样品重叠足够的层数（以不透明为限），按下仪器滑筒 6，将被测试样放在试样座 5 上，用紫外光照明光源对样品进行测量，所得样品的白度值为 R_1。

（2）消除照明光源中紫外部分（400nm 以下）对样品进行测量，此时仪器所显示的值为样品未经荧光增白剂处理前的 R457 白度（R_2）。计算荧光增白效果：$F = R_1 - R_2$。

5. 结束测量，关闭电源。

注：对于连续测试且对比程度要求高的样品测试，应该经常以 2 号参比白板标定值校正其漂移量的影响。

子项目五　旋转式黏度计

旋转式黏度计（circumvolve viscometer）是用于测量液体黏度的仪器，在染整试验中常用来测量印花原糊的黏度。染整实验室中应用较广泛的是 NDJ—1 型旋转式黏度计。

一、仪器结构

NDJ—1 型旋转式黏度计外形见图 1 – 10。

该仪器支柱上的齿形面应面向支架正前方，升降夹头应使用内六角螺钉扳头调整夹头紧松螺钉，使夹头既能升降，又能自锁，防止自动坠落。

二、工作原理

仪器用同步电动机以稳定速度旋转，电动机与刻度盘直接连接，同时又通过游丝和转轴带动转子旋转。转子浸在液体中，转动时受到液体阻力作用，所以使游丝产生扭矩与黏滞阻力抗衡，最后达到平衡。由于游丝和刻度盘同速旋转，所以旋转时，与游丝相连的指针和刻度圆盘间产生一扭转角，这就使指针在刻度盘上指出一定读数，这个读数显然与液体的阻力（黏度）成比例。因此，将读数乘上特定的系数即可得液体的黏度。图 1 – 11 为仪器的工作原理图。

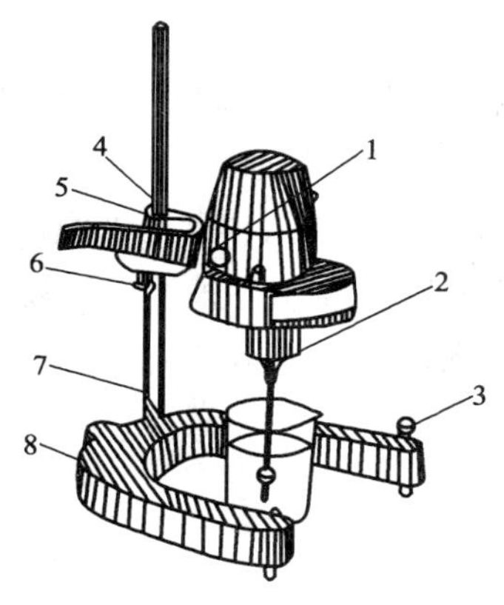

图 1 – 10　NDJ—1 黏度计外形图

1—转速指示点　2—连接螺杆　3—水平调节螺钉

4—夹头紧松螺钉　5—升降夹头　6—手柄固定螺钉

7—支柱　8—支架

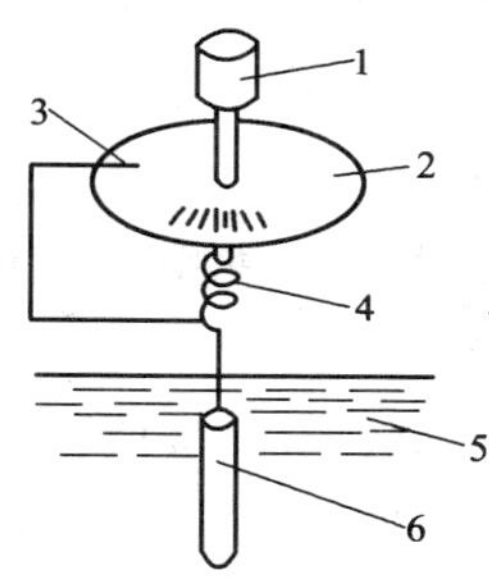

图 1 – 11　NDJ—1 型旋转式黏度计工作原理图

1—同步电动机　2—刻度盘　3—指针

4—游丝　5—被测液体　6—转子

黏度计利用齿轮系统及离合器进行变速，由专用旋钮操作，分四挡转速，根据需要进行变速。

仪器附件配备有五种转子，根据液体黏度高低随同转速配合使用。

为了精确读数，仪器装有指针固定控制机构。当转速较快，无法在旋转时进行读数时，可按下指针控制杆，使指针固定下来后进行读数。

仪器还配有保护架装置，是为了稳定测量和保护转子用。使用保护架能取得稳定的测量结果。

三、操作规程

1. 调节黏度计水平螺钉，确保仪器水平后进行操作。

2. 将被测液体置于直径不小于 70mm 的烧杯或直筒形容器中，准确控制被测液温度，选配适宜的转子，将它旋入连接螺杆。

3. 装好保护架后，旋动升降旋钮，使转子浸入被测液体中，至转子液面标志和液面持平为止。

如手提使用时，可把支架上的装置旋转180°，用引伸索一端旋入连接螺杆，另一端旋上转子进行测定。

4. 按下指针控制杆，开启电动机开关，转动变速旋钮，把选定的转速数（标在旋钮上的）转到向上位置，对准速度指示点。

5. 放松指针控制杆，此时转子已在液体中旋转。经多次旋转后指针趋于稳定，此时按下指针控制杆，使指针与刻度圆盘间相对位置固定下来。

6. 关闭电动机，使指针停在读数窗内，读取读数。如电动机关停时，指针不在读数窗内，可反复开启和关闭电动机，以调整指针位置。必须注意，此时必须继续把指针控制杆按住，直到读好读数为止。

指针读数以30~90范围为宜，如过高或过低可改换转子和转速。转子号数减小，数值增大；转速增大，数值增大。

选择转子和转速时，应先估计被测液体的黏度范围，然后对转子由小到大进行试用。转速应由慢到快。选用原则是：高黏度的液体选用小的转子和慢速，低黏度的液体选用大的转子和快速。

使用零号转子测试低黏度液体时，在装上转子后，将固定套筒套入仪器底部圆筒上，并用套筒固定螺钉拧紧。在外套筒（有底）内注入20~25mL被测液体，控制好被测液温度后，即可进行测定。如配用无底外套筒时，方法基本相同。当外套筒和转子浸入液体时，以固定套筒上的红点作为液面线。

7. 按下列公式计算黏度值。

$$\eta = K \cdot a$$

式中：η 为液体的绝对黏度；K 为系数（表1-6）；a 为指针所指读数。

表1-6

系数 K 转速（r/min）转子规格	60	30	12	6
0	0.1	0.2	0.5	1
1	1	2	5	10
2	5	10	25	50
3	20	40	100	200
4	100	200	500	1000

四、注意事项

1. 仪器适用于常温环境下使用，使用电源的频率和电压应在允许范围内（220V ± 10V，50Hz），否则会影响测量精度。当使用电源频率不准时，可按下式进行修正：

$$实际黏度 = 指示黏度 \times \frac{名义频率}{实际频率}$$

2. 装上转子后不得将仪器侧放或倒放。

3. 不得在未按下指针控制杆时开动电动机或变换转速。

4. “0”号转子装上后不得在无液体情况下旋转，以免损坏轴尖。

5. 使用“0”号转子和引伸索时，不用保护架。

6. 测定非牛顿液体时，可变换转子，不能同时变换转速。

子项目六　小轧车

小轧车(padding mangle)主要用于压轧浸渍各种处理液后的织物，使其均匀带液。目前染整实验室常用的有立式和卧式两种。

一、仪器结构

由瑞比染色试验仪器公司生产的P—AO型立式轧车和P—BO型卧式轧车外形见图1－12。

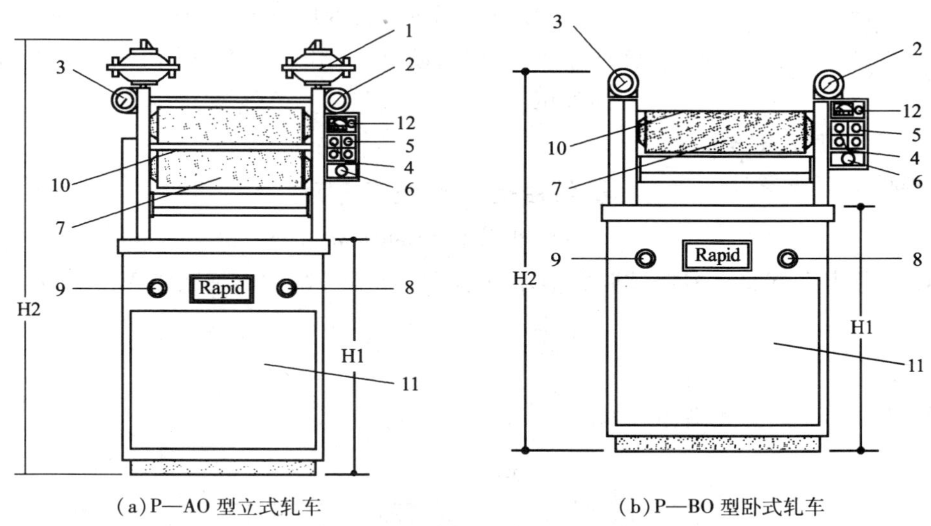

(a)P—AO型立式轧车　　(b)P—BO型卧式轧车

图1－12　立式和卧式轧车

1—膜阀　2,3—压力表　4—加压按钮　5—电动机启动按钮　6—紧急触摸开关　7—橡胶压辊　8,9—压力调节阀　10—保险杠　11—安全膝压板　12—特别指定选购转速可变才有的装置

二、操作规程

1. 接通电源、气源及排液管。卧式轧车压紧端面密封板，关闭导液阀。

2. 按电动机启动按钮5及加压按钮4，轧辊旋转方向见图1－13和图1－14。

3. 分别调整左右压力阀8、9，顺时针方向为增加压力，逆时针方向为降低压力。调整后按卸压按钮，再按加压，重复2～3次，以确定所调压力无误后，向外轻拉调压阀到“LOCK”位置。

4. 用试验用布浸渍、压轧、称重，计算轧余率。重复上述操作，直至轧余率符合试验要求。

5. 准备好试验用浸轧液和织物、清洗轧辊、用浸轧液淋冲轧辊后浸轧织物。

6. 试验完毕，清洗压辊，按卸压按钮和电动机停止按钮。

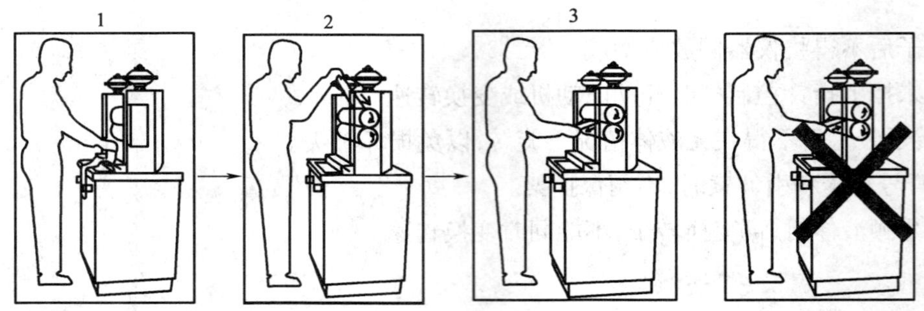

图 1－13　P—AO 型立式轧车轧辊旋转方向示意图

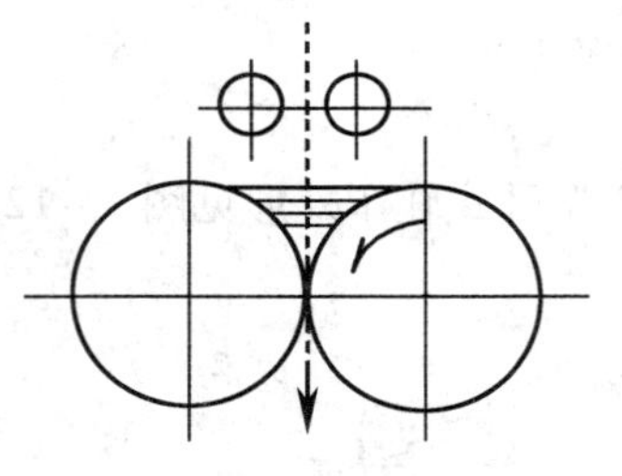

图 1－14　P—BO 型卧式轧车轧辊旋转方向示意图

三、注意事项

1. 轧车切忌反转，且不宜开机时擦拭和摸旋转的轧辊。

2. 如遇紧急情况，压紧急按钮 6 或安全膝压板 11，机台会自动停止运转，同时轧辊释压并响铃。按下紧急按钮后，机台无法启动，若要启动机器，请先将紧急按钮依箭头指示旋转弹起后即可。

子项目七　耐洗色牢度仪

耐洗色牢度仪（water wash fastness tester）适用于各类印染纺织品的耐洗色牢度试验。根据试验杯数不同有多种型号，如 SW—8 型、SW—12 型、SW—24 型等。

一、仪器结构

SW—12A 型耐洗色牢度仪结构见图 1－15。

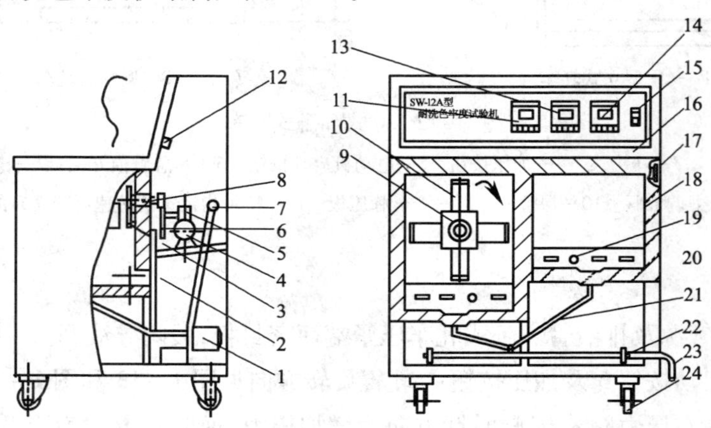

图 1－15　SW—12A 型耐洗色牢度仪结构示意图

1—排水泵　2—加热保护器　3—被动齿轮　4—电动机　5—减速器　6—电动机齿轮副　7—排水接口　8—主动齿轮　9—旋转架　10—试杯　11—工作室温度控制仪　12—时间继电器　13—蜂鸣器　14—预热室温度控制仪　15—排水开关　16—门盖　17—电源开关　18—保温层　19—温度传感器　20—管状加热器　21—排水管道　22—排水管接口　23—水管　24—走轮

二、操作规程

1. 确认设备已安装保护接地，并出水管出口处离地面高度至少 800mm。

2. 往工作室内灌注蒸馏水或三级水，水位高度控制在高、低位刻度线之间。

3. 顺时针扳动电源开关 17，打开电源。

4. 对控制面板（图 1 – 16）进行各种功能设置：即工作室水浴温度设定、试杯工作时间设定、预热室水浴温度设定。

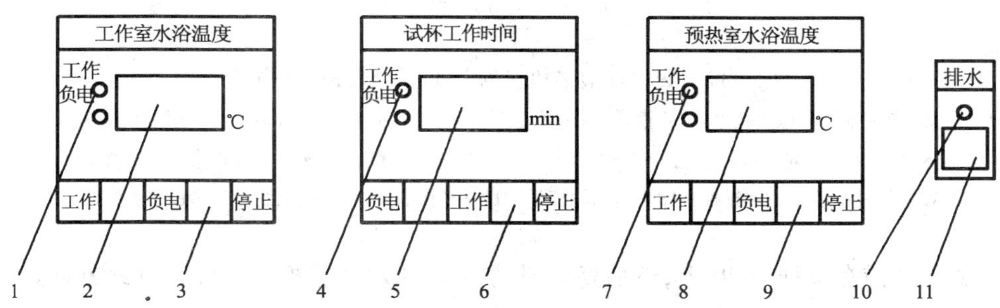

图 1 – 16　SW—12A 型耐洗色牢度仪控制面板

1，4，7—指示灯　2，5，8—数显器　3，6，9—控制按钮　10—排水指示灯　11—排水开关

5. 做好试液、试样的准备工作，把盛有试液的试验杯放在预热室内预热。

6. 当机内水浴温度到达规定时，切断电源，打开门盖 16，把试液、试样和不锈钢珠放入试杯，紧固试杯盖，逐一装上旋转架 9（试杯插入插口后，稍用力下压后顺时针转 45°，且应均匀放置，保证转动时重心稳定），然后盖上门盖，重新接通电源，使机器进入正常运转状态。

7. 当蜂鸣器发生断续音响，表示设定试验时间已到。打开门盖，取出试杯（稍用力下压后逆时针旋转 45°），打开试杯倒出试液、试样和钢珠。

8. 如不连续试验，操作排水按钮 15，排尽机内水，切断总电源（如果使用蒸馏水，可长期保留）。

9. 试验结束，将试杯洗净，并需松开弹簧压环，以保证压簧环的持续弹性。试杯经长期使用后，若压簧环疲劳或橡胶密封圈损坏而引起不严，应及时更换。

子项目八　耐摩擦色牢度仪

耐摩擦色牢度仪（crock-meter）主要用于各类纺织品、皮革等耐摩擦色牢度试验。根据功能不同有多种型号，如 Y571DB 型、Y571D 型等。根据自动化程度分为手动式和电动式两类。

一、仪器结构

Y571D 型为多功能色牢度摩擦仪，可进行干、湿摩擦，刷洗等牢度的测试。其外形构造如图 1 – 17 所示。

二、操作规程

1. 检查并确认各机件灵活、可靠后，接通电源。

2. 将捏手 16 按顺时针方向转动，撑起往复扁铁 4。

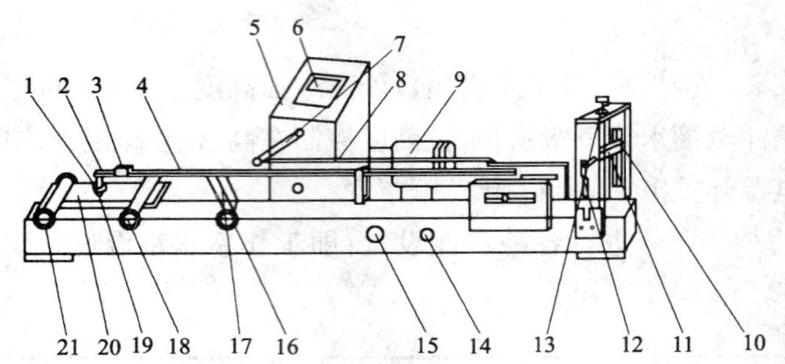

图 1－17　Y571D 型多功能色牢度摩擦仪外形结构图

1—套圈　2—摩擦头球头螺母　3—重块　4—往复扁铁　5—减速箱　6—计数器　7—曲轴　8—连杆　9—电动机　10—压轮　11—滚轮　12—摇手柄　13—压力调节螺钉　14—启动开关　15—电源开关　16—撑柱捏手　17—撑柱　18—右凸轮捏手　19—摩擦头　20—试样台　21—左凸轮捏手

3. 将试样平铺在试样台 20 上，然后逆时针方向旋转左凸轮捏手 21，顺时针方向旋转右凸轮捏手 18，压紧试样。

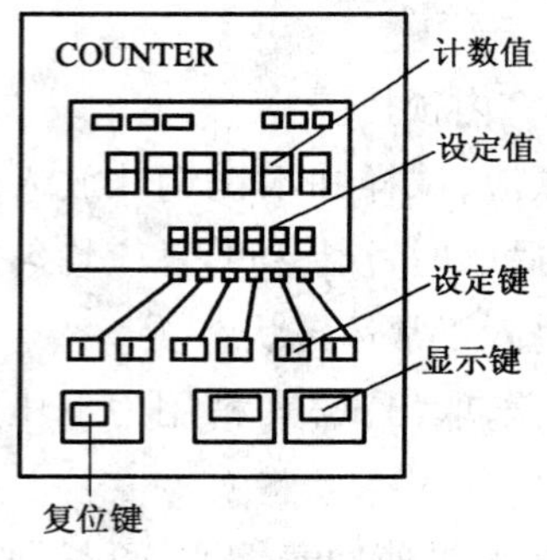

图 1－18　Y571D 型多功能色牢度摩擦仪计数器

4. 将标准试验白布放在套圈 1 上，贴紧摩擦头 19 上，推套圈夹牢试布。

5. 将撑住捏手 16 按逆时针方向转，放下往复扁铁。

6. 设定往复次数：由减速器 5 上方的计数器来设定往复次数（图 1－18），该计数器最多可设往复次数为 999999 次，由 6 个按键组成，每个按键代表一位，而且每一个按键均能从 0～9 自动循环。

7. 把电源开关 15 拨至“开”档，按下“启动”开关 14，仪器开始工作。往复运动次数达到设定次数时仪器自动停止。如果做第二次试验，则按下启动键，便可工作，工作次数仍以设定显示值为准。

8. 如果在试验中途需停机，可以将电源开关拨在“关”档，仪器即会停机。第二次开机时，仪器仍从零开始计数。

9. 如需要移动试样上的摩擦位置时，可用手捏住试样台上左右凸轮捏手 21、18，稍用力推或拉即可移动试样台。

10. 如做湿摩擦牢度时，只需将标准衬布浸湿后，放在压轮 10 与滚轮 11 之间挤干，然后将衬布套在磨头上即可做试验。

11. 试样结束后，切断电源，将仪器清理加罩。

子项目九　耐汗渍色牢度仪

耐汗渍色牢度仪（perspiration fastness tester）主要用于各类纺织材料和纺织品的耐汗渍色牢度试验，也可测定各类纺织品的耐水、耐海水、耐唾液色牢度。

一、仪器结构

该仪器由烘箱和试验仪[包括重锤(50±0.5)N、弹簧压架、夹板、紧定螺钉、座架]两部分组成。如YG(B)631型汗渍色牢度试验和Y(B)902型汗渍色牢度烘箱。其结构示意图分别见图1-19和图1-20。

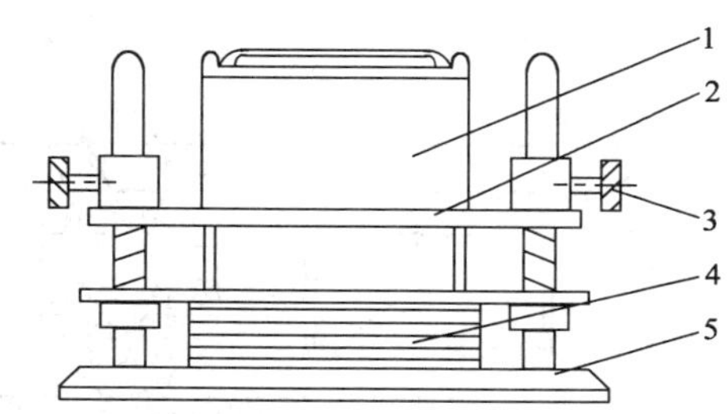

图1-19　YG(B)631型汗渍色牢度仪结构示意图

1—重锤　2—弹簧压架　3—紧钉螺钉　4—夹板　5—座架

图1-20　Y(B)902型汗渍色牢度烘箱外形图

二、操作规程

1. 接通烘箱电源,按下电源开关。

2. 设定所需要的测试温度和时间,如表1-7所示。

表1-7

模　式	温　度	精　度	烘干时间	停止测试	提　示
普通烘干	37℃	±2℃	4h	自动	警音
快速烘干	70℃	±2℃	1h	自动	警音

3. 按下"启动"键,仪器开始加热(加热指示灯亮),至所设定温度后(加热指示灯灭)。恒温所设定温度2min后,仪器响起警音,提醒放试样。

4. 将组合试样夹在试样板(塑料夹板)中间,然后一起放入座架和弹簧压架之间,随即在弹簧板上放置重锤,紧定螺钉拧紧后,移去重锤。

5. 打开烘箱仓门,将按要求准备好的试样放入接水盘,再一起放入恒温箱,关好仓门。按下"启动"键,仪器开始计时。

6. 到所需烘干时间后,仪器自动停止,并响起警音,提醒操作者取出试样。

7. 测试结束后,关闭电源开关,切断电源,用干布擦拭仓门,关好仓门。

子项目十　织物强力试验仪

织物强力试验仪(tensile tester)用于测定织物断裂强力和断裂伸长等。型号较多,如

YG028 型万能材料试验机、YG026PC 型多功能电子织物强力机、HD026N 型多功能电子织物强力仪等。

一、仪器结构

多功能电子织物强力仪可用于定速拉伸、剥离、撕破、顶破、缝口拉伸、弹性回复试验(定伸长负荷、定负荷伸长),其结构示意图见图 1－21。

控制箱面板键功能如图 1－22 所示。

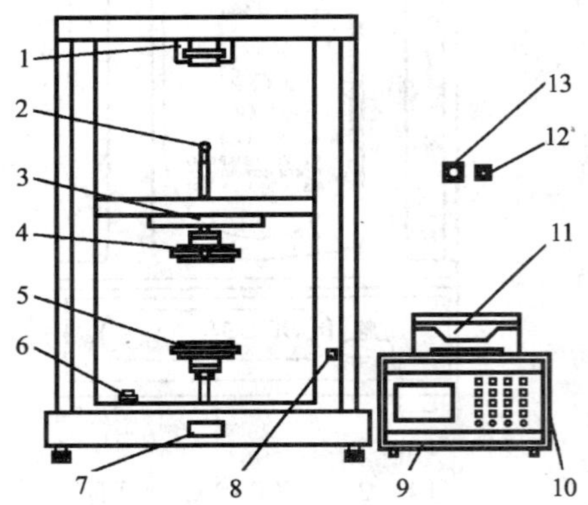

图 1－21 HD026N 型多功能电子织物强力仪整机示意图

1—顶破夹持器 2—顶破头 3—传感器 4—上夹持器 5—下夹持器 6—水平泡 7—产品铭牌 8—启动按钮 9—控制箱 10—电源开关 11—打印机 12—传感器插座 13—控制电缆插座

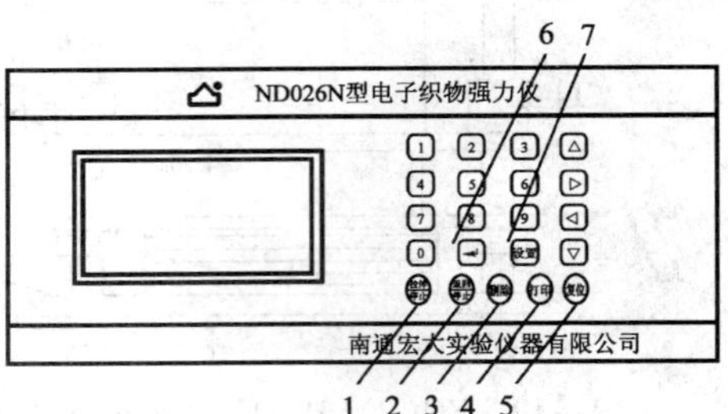

图 1－22 控制箱面板键功能示意图

1—拉伸/停止键 2—返回/停止键 3—删除键 4—打印键 5—复位键 6—←键 7—设置键

二、操作规程

1. 按要求安装好仪器,接通电源。开启“电源”开关,仪器自动进入自检状态,30s 后如果自检不正常,屏幕会出现“警告”,按警告提示操作,直至自检正常。

2. 按“设置”键进入设置状态,按屏幕提示进行各种参数设置(设置方法略)。

3. 基本设置工作结束,按“←”键二次返回设置主菜单,再按“←”键一次,进入工作状态。以定速拉伸试验操作为例:

4. 按“←”键进入工作状态,(在拉伸前)屏幕显示:

第 0 次	
力　值:0.00	N
力峰值:0.00	N
伸　长:0.00	mm
伸长率:0.00	%
时　间:0.00	S

一次拉伸结束后,按“△”“▽”键,屏幕显示:

第 1 次	
力　值：0.00	N
力峰值：××.××	N
伸　长：××.××	mm
伸长率：××.××	%
时　间：××.××	S
按△▽键显示下屏幕	

第 1 次	
强　度：	
断裂功：×.××	J
定伸长负荷：	
定负荷伸长：	
按△▽:键显示下屏幕	

在完成第一次拉伸后，如按键不起作用，请检查打印机电源是否开启，打印机是否缺纸。

在总次数拉伸结束后，按"▽"键，屏幕显示：

总结算值　　按△▽键显示下一屏	
伸长率平均值：××.××	%
断裂功平均值：×.××	J
时间平均值：×.××	S

总结算值　　按△▽键显示下一屏	
强力 CV 值：××.××	%
伸长 CV 值：××.××	%
断裂功 CV 值：××.××	%
强力平均值：××.××	N
伸长平均值：××.××	mm

以上屏幕显示，可按需要用"△""▽"键选择。

5. 使用外置预加张力夹夹持时（设置参数项中预加张力必须设为"0"），试样按规定裁取后，将其先夹在上夹持器上，再嵌入下夹持器，夹上规定张力夹。将上夹持器略松后再旋紧，旋紧下夹持器，取下张力夹。按"启动"键，开始拉伸。

6. 使用内置预加张力时，在设置参数中设置好"预加张力"值，将试样先夹在上夹持器上，再嵌入下夹持器，试样必须平整、垂直，然后旋紧下夹持器，注意试样必须无张力或者张力小于设定张力值。按"启动"键，开始拉伸。

7. 在进行织物顶破实验时，先将定长值设定为450mm，然而校定长一次。把已安装好试样的顶破夹持器，放进机座的夹持器轨道内，按"启动"键开始顶破实验。

8. 其他试验操作详见产品说明书。

子项目十一　折皱回复试验仪

折皱回复试验仪（crease recovery tester）主要用于测定纺织品的抗皱防皱能力，常以折皱回复性的优劣衡量树脂整理产品的质量。测试方法有垂直法和水平法两种，我国常用垂直法，国际上多采用水平法。下面以垂直法为例进行介绍。

一、仪器结构

垂直法测定折皱回复角时，试样的痕线与水平面是相互垂直的。我国广泛采用的是 YG541

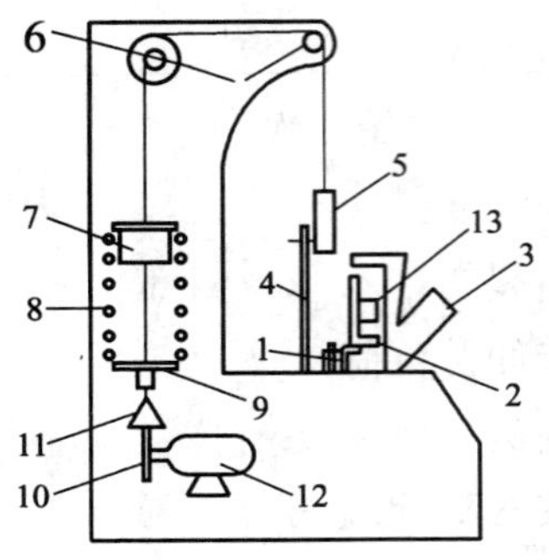

图 1－23　YG541 型折皱弹性仪示意图

1—支撑电磁铁　2—试样翻板　3—光学投影仪　4—重锤导轨　5—重锤　6—滑轮　7—电磁铁　8—弹簧　9—电磁铁闷盖　10—传动链轮　11—三角形顶块　12—电动机　13—试样

型、YG541D 型折皱弹性仪，后者测试数据可直接打印输出。它们可以同时测试 10 只试样。YG541 型折皱弹性仪示意图见图 1－23。

二、基本原理

裁取一定形状和尺寸的试样，折叠后压上规定重量，并保持一定时间。卸除压力，经过一定时间的回复，测量其折皱回复角。

三、操作规程

1. 取平整布样（应无折痕弯曲或变形部位）一块，剪取具有代表性的试样 10 只（五经、五纬），如图 1－24 所示。试样承压面积为 15mm × 18mm。

2. 依次将 10 只试样固定翼装入试样夹内，使试样的折叠线与试样夹的折叠线标记线重合，沿折叠线对折试样，不要在折叠处施加任何压力。

3. 在对折好的试样上放上透明压板及 10N（1.019kgf）重锤，压板中心、重锤的中心须与试样有效承压面积的中心相重合。见图 1－25。

4. 压至 5min 后去除重锤，使试样夹持器连同压板一起翻转 90°，随即卸去压板，测定 15s 和 5min 时的急、缓折皱回复角。如试样回复翼有轻微弯曲或扭转，应以挺直部分的中心线为基准。见图 1－26。

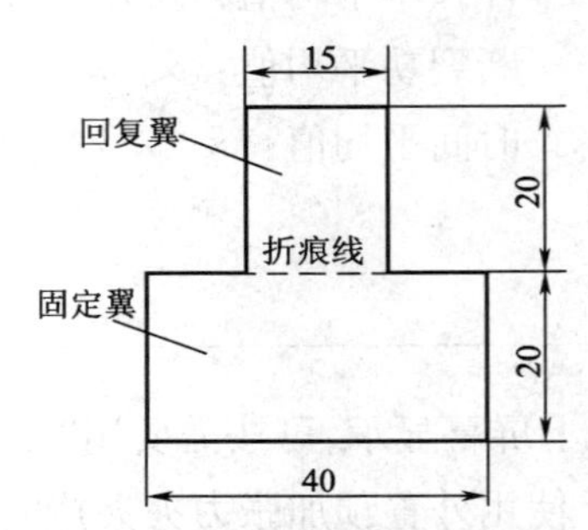

图 1－24　折皱回复性单元试样（单位：mm）

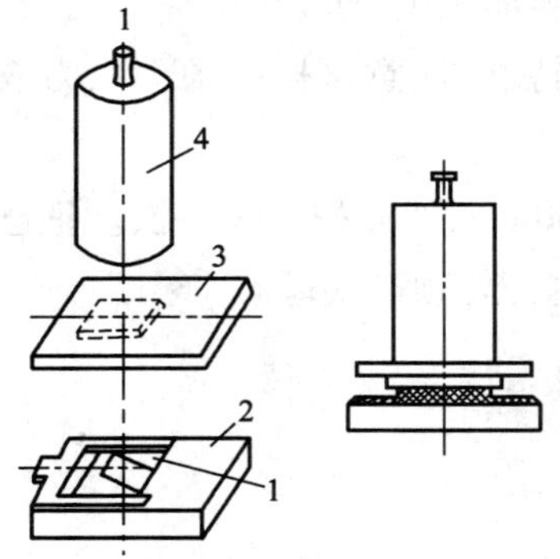

图 1－25　试样加压装置示意图

1—试样　2—试样夹　3—压板　4—重锤

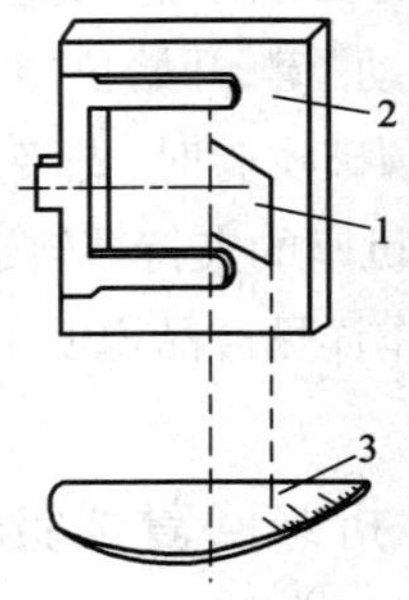

图 1－26　垂直法折皱回复角测量示意图

1—试样　2—试样夹　3—量角器

5. 计算经、纬向折皱回复角的平均值至小数点一位，按一般数字修正规则，保留整数，以经、纬向折皱回复角之和来表示总折皱回复角。

子项目十二　红外线染色试样机

染色试样机种类繁多，按加热方式不同有红外线、甘油浴和水浴；按染色温度不同可分为常压高温式、高温高压式和多用异温异压式数；按染色时被染物运动方式不同，又可分为升降式、转瓶式和循环泵式。红外线染色试样机（infrared laboratory dyeing machine）既适用于常压条件，又适用于高温高压条件，广泛用于棉、毛、化纤等纱线或织物的染色。

一、仪器结构

该仪器装有红外线加热装置，以特殊探针控制红外线的照射来达到染色的目的。比水浴、甘油浴加热清洁、安全、方便。同时试杯是斜置于轮盘上运转，不同于传统的垂直上下搅拌方式，可以防止染色织物产生折痕、色花等。该机也可应用于耐洗色牢度的测定。结构示意图见图 1－27。

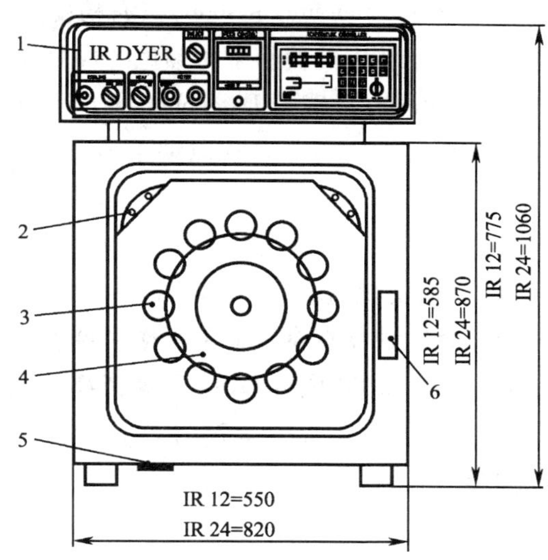

图 1－27　红外线染色试样机示意图

1—控制面板　2—红外线灯管　3—钢杯位置　4—转轮　5—限制加热开关　6—门钮

二、操作规程

1. 将染杯置于转轮上，同时要将探针插入探针杯内。
2. 选用事先已设定的正确程序。
3. 开启加热开关，同时选择适度的转速。
4. 开启冷却系统开关。
5. 按下电动机旋转按钮，机械将按预先设定的程序执行。程序执行完毕后会响铃。
6. 关闭加热开关，取出染杯，清洗染样及染杯。

三、注意事项

1. 每次试验必须更换探针杯子里的水，水温与染杯内的温度相同。
2. 每个杯子（含探针杯子）的水量不可超过 ±1.5% 误差。
3. 在注射添加助剂时，每一杯注射后即旋转 20s，然后再注射下一个杯子，以防产生色花。
4. 染色程序完毕后，染杯必须充分冷却，否则缸盖闭锁不易开启。

5. 必须先将染色流程设计好后,再输入电脑程序。

6. 红外线染色机是以红外线加热产生热能染色,并根据实际侦测杯内温度回传电脑而决定加热与否,因此不可在中途加入染杯。

7. 红外线机因实际侦测一只杯子内温度而控制温度,所以每杯重量须相同。

8. 应特别注意设定升温速度最高不可超过3℃/min,更不可设为0(0表示全速升温);降温速度可设为0(0表示全速降温);注意启动段的温度和时间设定,否则温度有漂动现象。

9. 感温棒请务必放入侦测杯底。

子项目十三　计算机测色配色仪

计算机测色配色仪(computer color matching system)具有精度高、重现性好、速度快、资料便于保存、检索全面等特点,尤其适用于纺织品贸易中对颜色的仲裁,故在印染行业的应用越来越广泛。国内外常见的有美国Macbeth公司、瑞士Datacolor公司、日本电气公司及北京光学仪器厂等企业生产的各种型号的计算机测色配色仪。现以瑞士Datacolor公司DC—SF600 PLUS型测色配色仪为例做简单介绍。

一、仪器结构

分光光度仪:双光束、闪光式,精度较高。

测色配色软件:多语言操作系统,建立在Windows操作平台上。

计算机:数据处理之用,PⅢ500、128M内存、20G硬盘,64K真实颜色显示卡或更高配置,2×串联接口,1×LPT接口,17″彩色显示器(1024×768)。

打印机:激光或彩色喷墨打印机均可。

(一)分光光度仪主要指标

1. 积分球式双光束分光光度计,硫酸钡涂层。
2. 测量几何状态:漫反射8°(d/8°)。
3. 测量多孔径:LAVϕ30mm;MAVϕ20mm;SAVϕ9mm;USAVϕ6.5mm。
4. 波长范围:360~700nm测量范围。
5. 波长精度:3nm测量分辨率或更小,双128位阵列接收或以上(双256位)。
6. 反射率范围:0~200%。
7. 光源:脉冲氙灯,模拟D_{65}光源。
8. 测量时间:1s(包括数据处理)。
9. 仪器自身测量重现性:0.02 DE CIELAB以下。
10. 仪器间数据交换性:最好0.15DE CIELAB以下;一般0.35DE CIELAB以下。
11. 使用环境:5~40℃、20%~80%相对湿度(非凝结状态)。

(二)软件主要功能

1. 配方计算。
2. 染料基础资料的输入。
3. 品质控制。

4. 快速修色。
5. 可与化验室自动滴液系统联机使用。

二、工作原理

分光光度仪测色原理见图 1－28。

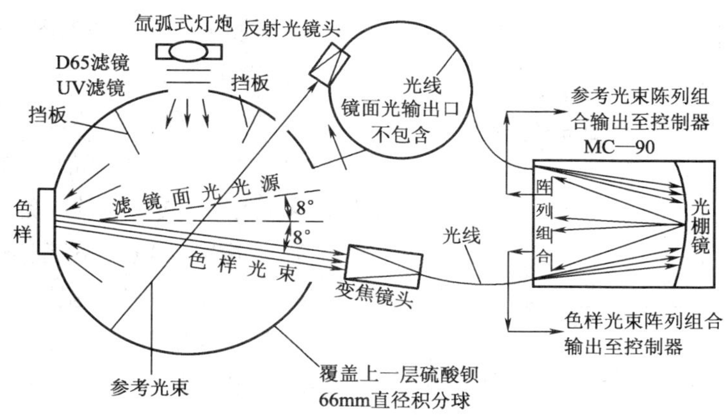

图 1－28　分光光度仪测色原理示意图

三、操作规程

1. 依次打开分光光度仪、电脑电源。
2. 校正分光仪。
3. 开启软件测量样品，取得反射率数据。
4. 选择要进行的品管或配色功能项目。
5. 做配色工作。
6. 按得到的配方打样。
7. 打好的样品再测量，与原样比较色差。
8. 符合允差范围，转入下一步；如不符合，运用修色功能调整配方，重新打样至合格。
9. 合格配方存档，送车间生产用。

子项目十四　连续轧蒸试样机

连续轧蒸试样机（laboratory pad-steam range）主要用于实验室打轧染小样及其他加工，适用于饱和蒸汽固色的染料染色，如活性染料、还原染料轧染。织物压吸染液后进入蒸箱内，经短时间汽蒸而固色，可避免空气氧化等。它模拟大样生产工艺与操作，能获得较满意的再现性。现以台湾瑞比染色试机有限公司生产的 PS—JS 连续轧蒸试样机为例进行介绍。

一、仪器结构

该设备主要包括一对卧式轧辊（NBR 橡胶材质，宽度 300mm，直径 125mm）；一组染液槽（容量约 500mL，使用后可自动喷淋清洗）；一组容布量为 6m 的蒸汽烘箱。样布滞留蒸箱内的

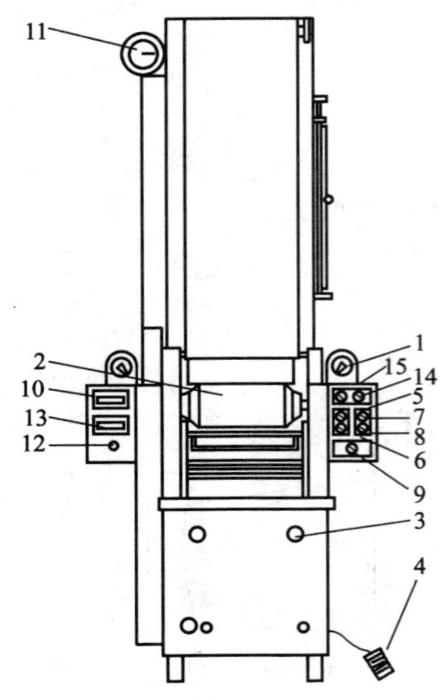

图1-29　PS—JS 连续轧蒸试样机正面主视图

1—压力表　2—橡胶轧辊　3—调压阀　4—脚踏开关
5—加压按钮　6—释压按钮　7—电动机启动按钮
8—电动机停止按钮　9—紧急按钮
10—数位温度显示器　11—类比式温度指示表
12—调速旋钮　13—滞留时间指示
14—染槽清洗开关　15—染槽清洗指示灯

时间可通过调整布速来改变，通过蒸箱的时间为20s~120s，并以数字显示；蒸箱出口以水封槽式密封，水封槽另附温度控制器自动给水调节水温。汽蒸温度为102℃±2℃，有数字和指针式双重显示。

其外形正面主视图如图1-29所示。

二、操作规程

1. 查看压缩空气是否正常供应（最高使用压力为0.6MPa），导布辊和轧辊是否清洁；机器是否穿妥导布，同时另外准备一份导布。

2. 依次开主电源系统、空压机、蒸汽系统，检查温度是否达到所需温度。

3. 调整所需轧余率，检查水封槽是否有水及温度设定。

4. 将染液或助剂倒入液槽，按电动机按钮及加压按钮。

5. 调整调速旋钮，并检查滞留时间表是否符合要求。

6. 织物浸透、轧压，通过橡胶辊进入蒸箱后，将液槽升降开关拨到“ON”位置。

7. 当织物通过水封槽后，按卸压按钮及电动机停止按钮。

8. 取下织物，进行下道工序。

9. 试验结束，关闭蒸汽、水、压缩空气、电源等。

10. 开排水阀，清洁导布辊，将封口水排除。

子项目十五　连续轧焙试样机

连续轧焙试样机（laboratory pad-thermosol range）主要用于实验室打轧染小样及其他整理加工，适用于使用干热空气焙烘或定形的工艺，如分散染料热熔染色、树脂整理等。它模拟大样生产工艺与操作，大大缩小了大样与小样之间的差异。现以台湾瑞比染色试机有限公司生产的PT—J 连续轧焙试样机为例介绍。

一、仪器结构

该试样机由一组卧式轧辊（宽度300mm，直径125mm）、一组染液槽（内含4个液槽，每槽体积约100mL）、一组红外线、一室热风烘房和一室焙烘房组成。染色工艺流程为浸轧→红外线烘干→热风烘干→热熔焙烘。其外形结构如图1-30所示。

二、操作规程

1. 查看压缩空气是否正常供应，调整所需轧余率。

2. 清洗轧辊并擦干后，按电动机按钮及加压按钮。

3. 织物浸渍染液后，经过高精度的卧式轧辊轧压，即用两支夹布棒固定在连续运转中的链条上，夹布棒可由链条上的夹子固定。

4. 织物随链条运行，首先经过红外线烘干，再经中间烘干过程，即进入热熔烘箱中，最后自动退料到存放槽中。

5. 试验结束，清洗轧辊，按卸压按钮及电动机停止按钮。

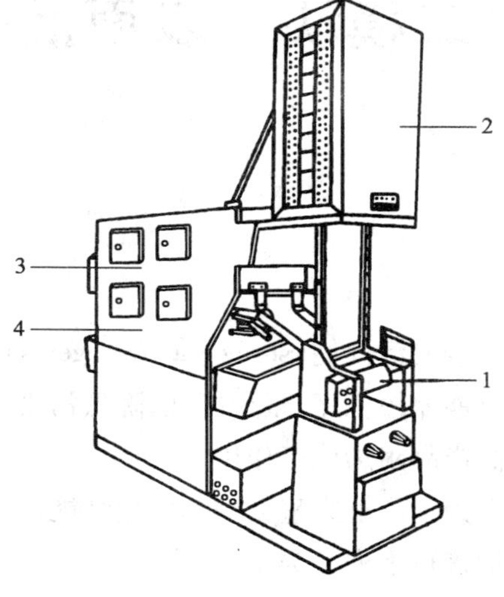

图 1－30　PT—J 连续轧焙试样机
1—二辊卧式轧车　2—红外线烘干
3—热风烘干　4—热熔焙烘

复习指导

1. 了解化学危险品使用和管理常识。

2. 掌握实验室安全防范守则及事故急救与处理的常用方法。

3. 掌握溶液浓度常用的表示与计算方法，初步掌握常用标准溶液的配制与标定。

4. 了解染整实验常用仪器设备的工作原理、基本构造，掌握安全操作规程。

思考题

1. 火灾发生时，如何选用正确的灭火方法？

2. 已知某一水溶性染料的浓度为 20g/L，体积为 500mL，若配成浓度为 2g/L 的染液，应添加多少毫升水？

3. 实验室小轧车若遇紧急情况应如何正确操作？

参考文献

[1] 徐昌华．化验员必读[M]．南京：江苏科学技术出版社，1982.
[2] 廖佐纳．印染化验与分析[M]．成都：四川科学技术出版社，1985.

第二模块　表面活性剂性能测试

表面活性剂(surface active agents)是染整加工中用量最大、品种最多、应用最广的助剂,它具有能缩短工序,减少能耗,降低污染,提高产品质量和生产效率,赋予产品特殊的性能和效果,提高产品附加值等作用。

为了了解染整助剂的应用性能,更好地指导产品的开发、生产与应用,根据不同的需要常对助剂进行下列三类检测:

1. 常规检验:又称质量检验,根据企业标准或统一标准(国标或行标等),对商品助剂进行出厂检验或进厂验收。

2. 应用试验:根据工艺应用要求,对开发或应用的助剂进行试验,确保助剂能符合生产工艺要求,并保证染整产品获得优良的外观和预期的内在质量。

3. 分析研究:采用适当的仪器和方法,对助剂的化学组成进行分析,为助剂产品的开发和研究服务。

染整厂实用中以常规检验和应用试验为主。应用试验方法主要有两种,即对比法和模拟法。对比法是在相同条件下,将待测样品(试样)与对比样品(标样)进行平行试验,一般用于测定染整助剂的应用性能,如润湿(渗透)性、乳化性、分散性、去污性、匀染性、固色力等。模拟法是参照染整加工过程中的工艺条件进行小样试验,通过测定试验样品的相关性能,评判染整助剂产品的优劣或对生产工艺的适用性。此法大多用于染整助剂的应用性能测试和印染工艺的适应性试验,其结果比较直观、实用。

项目一　表面活性剂含固量的测定

含固量(solid content)是指利用烘干法测得的商品表面活性剂中不挥发分的含量。

商品表面活性剂除表面活性剂本身外,还含有挥发分及少量添加剂。挥发分是指水和沸点低于水的物质以及对热不稳定易分解或解聚的物质。一般情况下,商品表面活性剂中挥发分是水。所以利用烘干法测定含固量,可以简单、直观地了解商品表面活性剂中的含水量。

本项目的目标任务是使学生了解表面活性剂含固量的基本概念,掌握表面活性剂含固量测定的基本方法。

一、实验方案

取同一只待测样品 3 份,进行平行试验。

二、实验准备

1. 仪器设备:恒温烘箱、干燥器、称量瓶、电子天平等。

2. 染化药品:待测样品。

三、方法原理

待测样品经高温(105℃)烘干,水以及比水沸点低的物质蒸发,残留部分为不挥发分。不挥发分重量与样品总重量之比即为含固量。

四、操作步骤

1. 将称量瓶烘干后放入干燥器中备用。

2. 迅速称取空称量瓶重量(W_0),然后用该称量瓶称取样品约1g,并记录湿料瓶重量(W_1)。

3. 将湿料瓶置于105℃烘箱内烘至恒重(约3~4h)后立即放入干燥器中。

4. 20~30min后称取干料瓶重量(W_2)。

5. 计算待测样品的含固量。

$$\text{含固量} = \frac{W_2 - W_0}{W_1 - W_0} \times 100\%$$

五、注意事项

平行实验条件要保持一致,特别要注意由称量瓶所导致的误差。

六、实验报告

填写实验报告,实验报告如表2-1所示。

表2-1

样品名称 / 测试结果			
	1#	2#	3#
W_0(g)			
W_1(g)			
W_2(g)			
含固量(%)			
平均含固量(%)			

项目二　表面活性剂离子性鉴别

表面活性剂按其在水溶液中能否电离分为二大类,即离子型和非离子型。离子型表面活性剂根据其在水中电离后的带电情况又可分为阴离子型、阳离子型和两性型三类。其中以阴离子型、阳离子型和非离子型表面活性剂最为常用。

了解表面活性剂的离子性(ionic),有助于应用者合理选用并有效地发挥助剂的作用。表面活性剂离子性鉴别方法有亚甲基蓝—氯仿鉴别法、橙色素Ⅱ号鉴别法等，以亚甲基蓝—氯仿鉴别法应用最为广泛。

本项目训练的任务是使学生了解亚甲基蓝—氯仿鉴别法的基本原理，掌握表面活性剂离子性鉴别的一般方法。

一、实验方案

选择 3 ~ 4 只具有一定代表性的表面活性剂样品（如扩散剂 NNO、渗透剂 JFC、匀染剂 1227、高温匀染剂 EH 等），逐一标上编号，分别鉴别。

二、实验准备

1. 仪器设备：容量瓶（1000mL）、具塞试管（25mL）等。

2. 染化药品：98% 硫酸（C. P.）、无水硫酸钠（C. P.）、氯仿（C. P.）、亚甲基蓝（A. R.）、磺化琥珀酸辛酯钠盐（渗透剂 OT）、待测样品（如扩散剂 NNO、渗透剂 JFC、匀染剂 1227、高温匀染剂 EH）等。

3. 溶液制备：

（1）亚甲基蓝试液：称取 0. 03g 亚甲基蓝，用水调溶，加入 12g 浓硫酸和 50g 无水硫酸钠，用蒸馏水稀释至 1000mL 待用。

（2）0. 05% 磺化琥珀酸辛酯钠盐（渗透剂 OT）溶液。

（3）0. 1% 待测样品溶液。

三、方法原理

此法是以对抗反应及其变化形式为基础的[1]。亚甲基蓝实为碱性染料，在适当的条件下与阴离子表面活性剂反应，生成不溶于水的物质。可表示为：

$$R^-M^+ + R'^+X^- = R^-R'^+ + M^+X^-$$

式中：R^-M^+ 为阴离子表面活性剂；R'^+X^- 为碱性染料（亚甲基蓝）；$R^-R'^+$ 为产物，一般不溶于水，但能溶于有机溶剂（如氯仿等）；M^+X^- 为副产物，一般为可溶于水的盐类。

四、操作步骤

1. 吸取亚甲基蓝试液 8mL，置于 25mL 具塞试管中，加 5mL 氯仿。

2. 逐滴加入 0. 05% 磺化琥珀酸辛酯钠盐溶液，每加一滴便盖上塞子剧烈摇动，静止使其分层，观察水层和氯仿层的色泽，若上下层色泽不一致，继续滴加，直至上下两层色泽深度相同为止（约 10 ~ 12 滴）。

3. 加入 2mL 0. 1% 的待测样品溶液，摇动，静止使其分层。

4. 根据试管中上下层溶液颜色深浅判断结果：

（1）若氯仿层色泽深，水层几乎无色，则为阴离子型表面活性剂。

（2）若水层色泽深，则为阳离子型表面活性剂。

（3）若两层色泽大致相同，且水层呈乳液状，说明有非离子型表面活性剂存在。

五、注意事项

1. 若无渗透剂 OT，可用其他阴离子表面活性剂代替。

2. 若色泽不易分辨，可用2mL水代替试样作对照试验。

3. 由于试剂为酸性，因此对纯粹的羧酸盐类阴离子表面活性剂较难判别。

六、实验报告

填写实验报告，实验报告见表2－2。

表2－2

待测样品 测试结果	1#	2#	3#	4#
现象				
结论				

项目三　非离子表面活性剂浊点的测定

浊点（cloud point）是指非离子表面活性剂溶液由均相变为非均相（即由清晰透明变为混浊）时的温度。了解表面活性剂的浊点，有助于应用者合理选用，确保工艺效果。

本项目训练的任务是使学生了解浊点的基本概念，掌握非离子表面活性剂浊点测定的基本方法。

子项目一　简易法

一、实验方案

任选2只非离子表面活性剂样品（如平平加O、渗透剂JFC等），分别测定其溶液从澄清至完全混浊时的温度，每个样品至少重复试验3次。

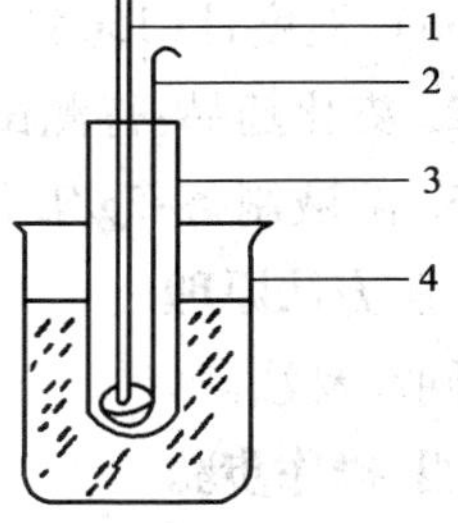

图2－1　浊点测定简易装置

1—温度计　2—铜丝搅棒

3—试管　4—烧杯

二、实验准备

1. 仪器设备：试管、毛细管、烧杯（1000mL）、恒温水浴锅、温度计（100℃）、铜丝搅棒（图2－1）等。

2. 染化药品：待测试样（可选择平平加O、渗透剂JFC）。

3. 溶液制备：1%待测样品溶液。

三、方法原理

若对一定浓度的表面活性剂溶液缓慢加热，溶液将从透明变为混浊，此时的温度即为浊点；或将表面活性剂溶液加热至液体完全不透明后，在不断搅拌下冷却，溶液又从混浊变为澄清，此时的温度称为浊点。

四、操作步骤

1. 取1%待测样品溶液5mL于试管中，置于水浴中慢慢加温。

2. 不断搅拌，直至溶液完全混浊，立即记录溶液混浊时的温度。

3. 降温至溶液呈透明状，重新缓慢加温且搅拌，直至溶液完全混浊并记录。

4. 重复上述操作 3 次，计算平均浊点。

五、注意事项

1. 此法适用于浊点低于 90℃的样品，若测定高浊点样品时，可将试样配制成 1% 的 10% 氯化钠溶液，结果用 CL. P_{10}表示（CL. P_0 为用蒸馏水配制溶液的浊点）。

2. 当样品中有盐或碱存在时，浊点一般降低；若加入少量阴离子表面活性剂，浊点升高。

六、实验报告

填写实验报告，实验报告如表 2－3 所示。

表 2－3

样品名称 / 测试结果						
	1#	2#	3#	1#	2#	3#
浊点（℃）						
平均浊点（℃）						

子项目二　安瓿法[2]

一、实验方案

任选 2 只非离子表面活性剂样品（如平平加 O、高温匀染剂 EH 等），分别测定其溶液混浊完全消失时的温度，每个试样至少测定 2 次。

二、实验准备

1. 仪器设备：碘量瓶（250mL）、量筒（100mL）、吸管、安瓿（外径 14mm、内径 12mm、高 120mm）、温度计（150℃，分度为 0.1℃）、具有加热的磁力搅拌器、电子天平等。

2. 染化药品：待测试样（可选择平平加 O、高温匀染剂 EH 等）。

3. 溶液制备：5g/L 待测样品溶液。

三、方法原理

同简易法。

四、操作步骤

1. 吸取待测样品溶液于安瓿中，深度控制在约 40mm。

2. 用酒精灯将安瓿口封死，再用丝网将安瓿罩住，移入装有导热体的烧杯中，使安瓿上端略伸出烧杯。为防止因封口不好而产生安瓿爆裂，在装置前应放置安全玻璃或透明塑料保护屏。测试装置见图 2－2。

3. 将温度计插入加热浴内安瓿旁，开动磁力搅拌器并加热。

4. 当安瓿内液体变混浊时，停止加热。

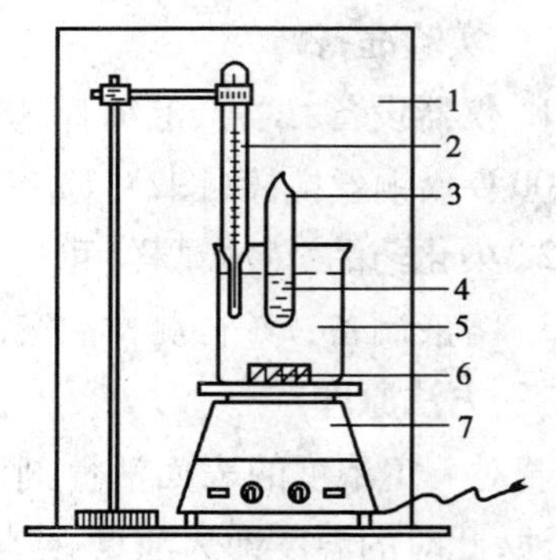

图 2－2　安瓿法测试装置示意图

1—安全屏　2—温度计　3—密封安瓿　4—试样溶液　5—换热浴　6—搅拌器　7—加热器

5. 继续搅拌，使溶液冷却，记录溶液混浊完全消失时的温度。

6. 平行测定 2 次，每次结果误差要求不大于 0.5℃，计算平均浊点。

五、注意事项

1. 此法主要适用于由脂肪醇、脂肪酸、脂肪酸酯、脂肪胺、烷基酚等亲油性化合物与环氧乙烷缩合而成的非离子表面活性剂浊点的测定。

2. 此法适用于高于 90℃ 时溶液变混浊的表面活性剂试样。

六、实验报告

填写实验报告，实验报告见表 2－4。

表 2－4

样品名称 / 测试结果				
	1#	2#	1#	2#
浊点（℃）				
平均浊点（℃）				

项目四　表面活性剂渗透力的测定

渗透是指液体润湿织物毛细管壁的过程。润湿与渗透有着密切的联系，其基本原理相似，前者发生在织物的表面，后者作用于织物的内部。所以，凡具有润湿效果的助剂，也具有良好的渗透作用。从此意义上说，润湿剂也就是渗透剂。

根据不同的加工工艺及产品特点，选择合适的润湿（渗透）剂，对优化工艺、降低成本、提高产品质量具有现实的意义。表面活性剂润湿（渗透）性的测试方法主要有帆布沉降法和纱线沉降法两种，前者应用更为广泛。

本项目训练的任务是使学生掌握表面活性剂渗透力帆布沉降法测试方法，学会评价不同助剂的润湿（渗透）性能。

一、实验方案

1. 表面活性剂浓度与渗透力（penetrability）的关系

选定一待测样品，按表 2－5 方案配制 8 份溶液，分别测定不同浓度下表面活性剂的渗透力，然后绘制试样浓度 C 与沉降时间 t 之间的关系曲线。

表 2－5

试样编号	C_1	C_2	C_3	C_4	C_5	C_6	C_7	C_8
试样浓度 C(g/L)	0.25	0.5	0.75	1.25	1.75	2.5	3.75	5.0
取 50g/L 样品溶液（mL）	2.5	5	7.5	12.5	17.5	25	37.5	50
加蒸馏水合成（mL）	500							

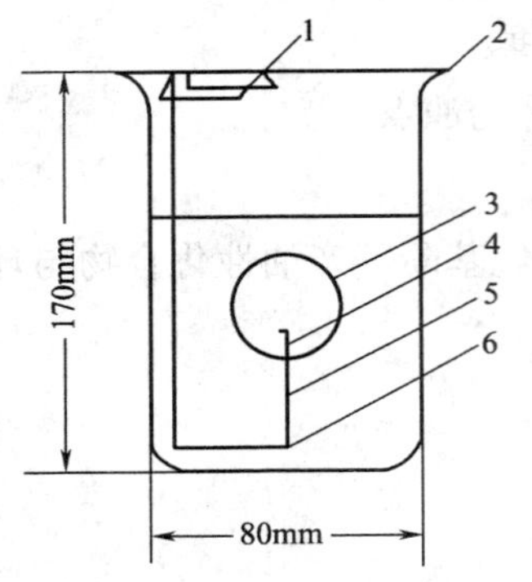

图 2-3　帆布沉降法测试装置示意图[3]
1—铁丝架　2—烧杯　3—帆布片　4—鱼钩
5—丝线　6—铁丝架小钩

2. 不同的表面活性剂渗透性能比较

任选 2 只表面活性剂样品进行对比试验。一般配制 0.1% 的样品溶液，在同一浓度条件下分别测定标准帆布的沉降时间，平行试验 3 次。

二、实验准备

1. 仪器设备：高型烧杯（800mL、内径 80mm）、秒表、420 号鱼钩（约重 24mg，亦可用同重量的细钢针制成）、铁丝架（可用直径为 2mm 的镀锌铁丝弯制成），仪器设备详见图 2-3。

2. 染化药品：待测样品（可选择渗透剂 JFC、拉开粉 BX 等）。

3. 实验材料：棉帆布圆形试片，规格为 27.77tex（21 支）3 股 ×27.77tex（21 支）4 股鞋面帆布，直径为 35mm，质量为 0.38 ~0.39g。

4. 溶液制备：50g/L、0.1% 待测样品溶液，或根据工艺要求制备。

三、方法原理

将不易润湿的、规定重量的织物放入一定浓度的表面活性剂溶液中，织物被溶液润湿增重后下沉，通过测定织物完全润湿（即从接触溶液到沉降至某一位置）所需的时间，可以评价该表面活性剂的润湿（渗透）性能。若沉降时间短，表示该助剂的润湿性能好。也可通过调整助剂溶液浓度，使沉降时间相同来计算相对渗透力。

四、操作步骤

1. 按不同的实验方案分别配取样品溶液 500mL，置于 800mL 高型烧杯中（液面高 105mm），静止，除去泡沫。

2. 用预先准备好的渔钩尖端钩住帆布试片（距试片边缘约 2 ~3mm），鱼钩的另一端缚一根尼龙丝线，线端打一小圈，套入铁丝架底的小圆钩上。

3. 用镊子轻轻夹住帆布试片，随铁丝架进入液面，并达烧杯底中心处（铁丝架搁在烧杯边上），同时开启秒表。

4. 此时帆布试片浸浮于试液中（帆布圆片顶端距液面 10mm，用尼龙丝线长短调节），随着试液进入纤维内部，帆布被润湿而开始下沉，当帆布试片降至烧杯底部时，按停秒表，记下沉降时间。

5. 以同样的操作平行测试 3 次，计算平均值。

也可以采用简易测试法，即将帆布试片轻轻平放于装有 500mL 样品溶液的高型烧杯中，同时开启秒表。当帆布试片降至烧杯底部时，立即按停秒表，记录沉降时间。平行测试 8 ~10 次，计算平均值。

6. 根据不同的实验方案要求，绘制试样浓度 C 与沉降时间 t 之间的关系曲线并比较不同试样的渗透性能。

五、注意事项

1. 测试温度一般控制在20℃ ±2℃，为了解助剂在实际生产中的应用情况，也可以在给定条件下试验。

2. 缚尼龙丝线时，应控制丝线的长短，缚好后，最好在杯外比试一下，确保圆片浸浮在一定高度。

六、实验报告

1. 记录测试结果（表2－6），以试样浓度 C 为横坐标，沉降时间 t 为纵坐标制图。

表2－6

试样名称 / 测试结果								
	C_1	C_2	C_3	C_4	C_5	C_6	C_7	C_8
平均沉降时间 t(s)								

2. 记录测试结果，比较不同样品的渗透性能（表2－7）。

表2－7

样品名称 / 测试结果						
	1#	2#	3#	1#	2#	3#
沉降时间 t(s)						
平均沉降时间 t(s)						
渗透力评价						

项目五　表面活性剂乳化力的测定

两种互不相溶的液体，其中一相以微滴状分散于另一相而形成乳液，这种作用称为乳化作用。乳化作用广泛应用于染整加工，如洗涤、涂料印花等。乳液的稳定性主要取决于互不相溶的液体两相的表面张力大小，因此选择优异的表面活性剂作乳化剂是形成乳液的首要条件。

本项目的目标任务是使学生了解乳液的基本性质，掌握表面活性剂乳化力（emulsifiability）测试基本方法，学会评价乳化剂的乳化性能。

子项目一　分相法

一、实验方案

取标准样品和待测样品进行对比试验，分别测定其乳化液分层至一定程度（如出水分10mL）所需要的时间。

二、实验准备

1. 仪器设备：具塞量筒（100mL）、秒表、天平等。

2. 染化药品：液状石蜡、标准样品、待测样品（可选择平平加 O、乳化剂 OP 等）。

3. 溶液制备：25g/L 标准样品溶液、25g/L 待测样品溶液。

三、方法原理

分相法是将一定量不溶于水的油类(如白火油、有色油、石蜡等)加入含有乳化剂的水溶液中,用机械方法搅拌或振荡,使其生成乳液。经静置后,水、油两相逐渐分层。根据一定量的水或油分离出来所需要的时间来判断该助剂乳化力的大小。

四、操作步骤

1. 分别取标准样品和待测样品溶液 20mL,置于 100mL 具塞量筒中。
2. 加入 20mL 液蜡,加盖,在 34℃水浴中保温 5min。
3. 剧烈振荡 10 次后,在 34℃水浴中静置 1min,并重复操作 5 次。
4. 立即开启秒表,记录出水分至 10mL 刻度时的时间 t。
5. 根据所测得的时间,评价助剂的乳化力:

若 $t_{待} > t_{标}$,待测样品为合格,即待测样品的乳化力比标准样品大;

若 $t_{待} < t_{标}$,待测样品不合格,即待测样品的乳化力比标准样品小。

五、注意事项

1. 摇荡时用力要均匀。
2. 若没有标准样品,可选择另一合适的乳化剂作为参比对象。

六、实验报告

填写实验报告,实验报告见表 2-8。

表 2-8

样品名称 / 测试结果		
分层时间 t(min)		
乳化力评价		

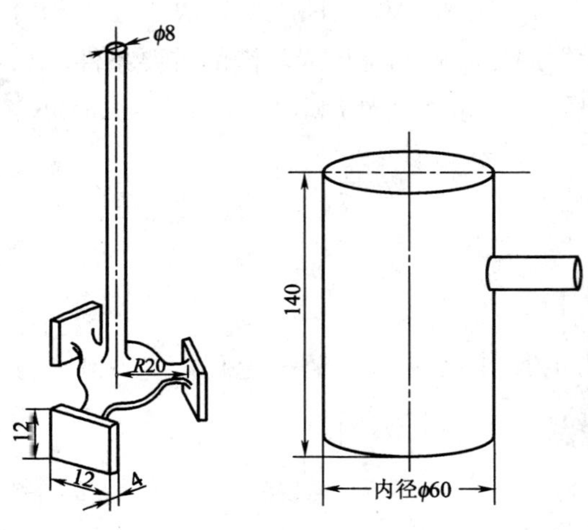

图 2-4 浆式搅拌器及圆柱形杯(单位:mm)

子项目二 比色法[4]

一、实验方案

任选待测样品 2 只,分别与燃料油配制成混合物,然后进行对比试验,每只试样至少测定 3 次。

二、实验准备

1. 仪器设备:球形分液漏斗(60mL)、移液管(10mL、20mL、25mL)、容量瓶(25mL、50mL、100mL)、具刻度烧杯(50mL)、天平、手持式转速表、秒表、水平振荡器、搅拌器(图 2-4)、分光光度计。

2. 染化药品:氯仿(C.P.)、无水硫酸钠(C.P.)、船用内燃机燃料油(赛氏黏度 400~500s;20℃下密度 0.8872g/cm^3)、待测样品。

3. 配制测试混合物：称取燃料油 30g（精确至 0.1g），放入搅拌器中搅拌。再称取待测样品 0.6g（精确至 0.05g），滴加到正在搅拌的燃料油中。调节搅拌速度为 1400～1500r/min，搅拌 0.5h 后待用。

三、方法原理

比色法是将乳化剂与具有颜色的油类以一定比例充分混合后加入水中，经过振荡，生成乳化液。静止分层后，用溶剂萃取乳化层中的油，然后测定萃取液的吸光度 A。再从标准工作曲线上找到对应的乳化油量，从而计算出乳化力的大小。

四、操作步骤

1. 制备标准工作曲线。称取燃料油 0.5g（精确至 0.001g），用氯仿稀释至 100mL。分别吸取 1mL、2mL、3mL、4mL、5mL、6mL，各稀释至 50mL，测定其吸光度 A 值。以测得的吸光度 A 值为横坐标，已知油的含量（g/L）为纵坐标绘制标准工作曲线。

2. 样品的测定。在 3 只 60mL 分液漏斗中各加规定温度的蒸馏水 25mL，然后分别加入预先配制好的待测样品与燃料油混合物 0.2g（精确至 0.001g），再各加蒸馏水 25mL。

将分液漏斗置于水平振荡器上，振荡 2min，然后垂直置于支架上静止 30s。放下乳化层溶液 30mL 于烧杯中，用移液管将溶液搅动均匀后吸取 10mL，放入另一 60mL 分液漏斗中。用氯仿约 50mL，分几次进行萃取，萃取液收集在 50mL 容量瓶中，直至刻度处。若发现萃取液较混浊，可加入无水硫酸钠进行脱水，使溶液成褐色透明。

在 $\lambda = 400\text{nm}$ 波长下，氯仿作为对比液，对 3 只容量瓶内的萃取液进行吸光度 A 测定。并依据吸光度 A 值，从标准工作曲线上找到对应的含油量。

3. 乳化力的计算：

$$\text{乳化力} = \frac{\text{乳化层中含油量}}{\text{加入油量}} \times 100\% = \frac{C \cdot V \cdot 50/10}{M \cdot 30/(30+0.6)} \times 100\%$$

式中：C 为从工作曲线上查得的乳化油量（g/L）；V 为萃取液体积（L）；M 为加入乳化剂和燃料油的量（g）。

五、注意事项

每只样品平行测试 3 次，且 3 次中至少 2 次结果的差不超过平均值的 5%。

六、实验报告

填写实验报告，实验报告见表 2－9。

表 2－9

样品名称 / 测试结果						
	1#	2#	3#	1#	2#	3#
吸光度						
乳化力						
平均乳化力						
乳化力评价						

项目六　表面活性剂分散力的测定

将微粒状固体均匀地分散于液体中形成悬浮液，这种作用称为分散作用。悬浮液广泛应用于染整加工，如分散染料、还原染料轧染等。分散体系的稳定性很大程度取决于分散剂，所以测试、评价分散剂分散力（dispersibility）的大小具有实际意义。

本项目训练的任务是使学生了解分散剂分散原理，掌握表面活性剂分散力测定的基本方法，学会评价扩散剂的分散性能。

子项目一　分散指数法

一、实验方案

实验方案参见表2－10。

表2－10

溶液名称＼试样序号	1#	2#
待测样品溶液A	测定时计量	—
待测样品溶液B	—	测定时计量
油酸钠溶液	5mL	5mL
碳酸钙硬水	10mL	10mL
蒸馏水	30mL	30mL

二、实验准备

1. 仪器设备：具塞量筒（100mL）、天平等。

2. 染化药品：油酸（C. P.）、无水碳酸钠（C. P.）、无水氯化钙（C. P.）、七水硫酸镁（C. P.）、待测样品（选择分散剂NNO、平平加O等）。

3. 溶液制备：

（1）5g/L油酸钠溶液：称取油酸2.32g，加蒸馏水400mL，加热溶解，在加热搅拌下加入0.5g无水碳酸钠（分批加入），使溶液pH值为9，并全部溶解。定量转移至500mL容量瓶中，用蒸馏水稀释至刻度，最终pH值在8～9之间。

（2）1g/L碳酸钙硬水（相当于英国硬度70°）：以0.665g无水氯化钙及0.986g七水硫酸镁溶于水中，稀释至1000mL。

（3）2.5g/L待测样品溶液。

三、方法原理

将一定量的油酸钠或钠肥皂溶液与过量的氯化钙溶液混合生成钙皂，然后加入分散剂样品。根据溶液飘浮出钙皂絮状凝聚物的多少或分散在水中的钙皂多少来判断分散性的优劣。也可以根据产生相同量凝聚物所使用的助剂用量来计算样品的相对分散力。分散指数法是测定使生成的钙皂全部分散所需要的样品的最低用量。

四、操作步骤

1. 取5g/L油酸钠溶液5mL，置于100mL具塞量筒中，加入少量2.5g/L待测样品溶液（注意计量，不要过量），然后加入1g/L碳酸钙硬水10mL，再加30mL蒸馏水。

2. 加盖倒转20次，每次均回到起始位置静止30s，观察钙皂分散情况，若有凝聚沉淀，则说明分散剂用量不足，继续加待测样品溶液。

3. 重复上述操作，直至溶液呈半透明状，无大块凝聚物存在即为终点。

4. 记录所加待测样品溶液的V（mL），并计算分散指数$LSDP$值（%）：

$$LSDP = \frac{V \times 2.5}{5 \times 5} \times 100\%$$

$LSDP$为油酸钠在一定硬水中所需分散剂的重量百分率。

五、注意事项

1. 为准确判断终点，可以先加入碳酸钙硬水，然后计量滴加待测样品溶液，必要时还可以准备一只参照样作对比试验。

2. 接近终点时，待测溶液滴加速度要慢，且振荡应充分。

六、实验报告

填写实验报告，实验报告见表2－11。

表2－11

试样序号 / 测试结果	1#	2#
	待测样品 A	待测样品 B
分散剂用量（mL）		
$LSDP$值		
分散力评价		

子项目二　滤纸渗圈法[5]

一、实验方案

实验方案参见表2－12。

表2－12

试样序号 / 组成	待测样品		标准样品		
	1#	2#	3#	4#	5#
分散剂溶液（mL）	19	20	19	20	21
快色素大红3RS溶液（mL）	5	5	5	5	5

续表

组成 \ 试样序号	待测样品		标准样品		
	1#	2#	3#	4#	5#
0.50mol/L 硫酸溶液(mL)	4	4	4	4	4
水(mL)	72	71	72	71	70
总体积(mL)	100	100	100	100	100

注 所吸取的标准样品溶液和待测样品溶液体积,可按它们的分散力范围调节。

二、实验准备

1. 仪器设备:磁力加热搅拌器、容量瓶(500mL)、玻璃漏斗(ϕ8cm)、移液管(1mL、5mL)、刻度吸管(5mL、10mL、25mL)、DP—1 型分散力测定仪、秒表、铅笔、不锈钢直尺、恒温水浴锅等。

2. 染化药品:无水乙醇(C. P.)、硫酸(C. P.)、氢氧化钠(C. P.)、快色素大红 3RS(工业品)、分散剂标准样品、待测样品。

3. 实验材料:快速定性滤纸(ϕ11cm)。

4. 溶液制备:

(1)33%氢氧化钠溶液。

(2)0.50mol/L 硫酸溶液。

(3)快色素大红 3RS 溶液:称取 6g 快色素大红 3RS(精确至 0.01g)于烧杯中,加无水乙醇 6mL 打浆,加 33%氢氧化钠溶液 6mL,搅拌均匀,加 60℃蒸馏水 88mL,搅拌配制成快色素大红 3RS 溶液,过滤,冷却至室温备用。

(4)1g/L 分散剂标准样品溶液和待测样品溶液。

三、方法原理

滤纸渗圈法是在定量的快色素大红 3RS 溶液中,分别加入定量的分散剂标准样品溶液和待测样品溶液,在规定温度及搅拌情况下,加入定量的硫酸溶液,使快色素中的反式重氮盐转为顺式重氮盐,并与色酚偶合成红色不溶性偶氮染料粒子。然后将此溶液滴加到滤纸上,通过比较待测样品与标准样品的渗圈大小,计算分散剂的分散力。

四、操作步骤

1. 按实验方案表分别吸取标样样品溶液和待测样品溶液,置于 5 只 150mL 烧杯中,加入规定量的蒸馏水。

2. 分别加入快色素大红 3RS 溶液 5.0mL 后,置于恒温水浴锅(或冷水浴)中,保持温度 20℃ ±2℃。

3. 分别取出置于磁力搅拌器上,在相同的搅拌速度条件下,加硫酸溶液 4mL,搅拌 2min,取下静置,将此测试液备用。

4. 把两张滤纸经纬向呈 90°交叉重叠置于有机玻璃和玻璃板之间,用移液管从烧杯中部吸取 1mL 测试液,逐滴滴于有机玻璃板中心的小孔中。

5. 当最后一滴测试液渗入滤纸后，用秒表计时间，2min后把滤纸取出。

6. 立即用铅笔划出红色渗圈的最长直径 D_1，并在垂直于 D_1 方向划出直径 D_2（图 2－5），将滤纸晾干。

7. 按下式分别计算 5 个测试液的分散力，并分档清楚，即：$F_2 > F_1$，$F_5 > F_4 > F_3$

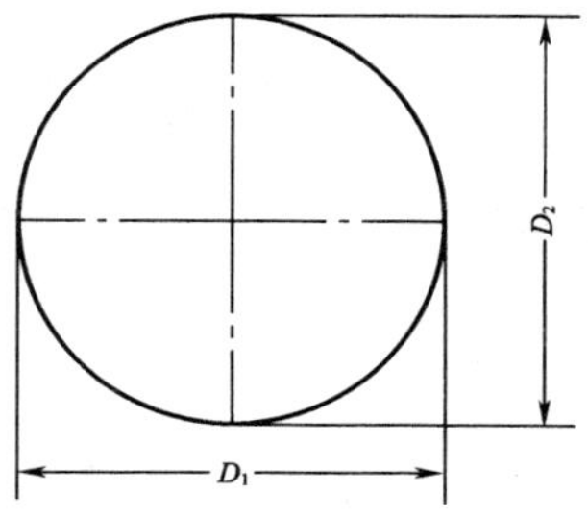

图 2－5　滤纸扩散渗圈示意图

$$F = \frac{D_1^2 + D_2^2}{2}$$

式中：D_1 为红色渗圈区的最长直径（mm）；D_2 为与红色渗圈区最长直径呈垂直方向的直径（mm）。

8. 把待测样品的 F_1 值分别与标准样品的 F_3、F_4、F_5 值比较：

若接近于 F_3 值，则待测样品的分散力值 P_1 按公式 $P_1 = \frac{F_1}{F_3} \times 100\%$ 计算；

若接近于 F_4 值，则待测样品的分散力值 P_1 按公式 $P_1 = \frac{F_1}{F_4} \times 105\%$ 计算；

若接近于 F_5 值，则待测样品的分散力值 P_1 按公式 $P_1 = \frac{F_1}{F_5} \times 110\%$ 计算。

9. 同理，把待测样品的 F_2 值分别与标样的 F_3、F_4、F_5 值比较：

若接近于 F_3 值，则待测样品的分散力值 P_2 按公式 $P_2 = \frac{F_2}{F_3} \times 95\%$ 计算；

若接近于 F_4 值，则待测样品的分散力值 P_2 按公式 $P_2 = \frac{F_2}{F_4} \times 100\%$ 计算；

若接近于 F_5 值，则待测样品的分散力值 P_2 按公式 $P_2 = \frac{F_2}{F_5} \times 105\%$ 计算。

10. 计算待测样品的分散力，即 $P = \frac{P_1 + P_2}{2}$，然后进行分散力的评定：

若待测样品的分散力为 100% ±1%，则评定为 100%；

若待测样品的分散力为 105% ±1%，则评定为 105%；

若待测样品的分散力为 101% ~104% 之间，则评定为 100% ~105%。

五、注意事项

1. 本方法 P_1 与 P_2 值的绝对值应小于 5%，若大于 5%，则需重新测定。

2. 待测样品的 F 值若不在标准样品的 F 值范围内，则应调整样品用量（体积），重新配制测试液。

3. 标准样品和待测样品溶液浓度的配制，可视分散剂分散力大小而定。

六、实验报告

填写实验报告，实验报告见表 2－13。

表 2－13

测试结果 \ 试样序号	待测样品		标准样品		
	1#	2#	3#	4#	5#
F 值					
P_1 值;P_2 值					
P 值					
分散力评价					

项目七　表面活性剂发泡力的测定

泡沫在染整加工中可以起到积极的作用，如有利于节约用水、减少废水、降低能耗、提高生产效率，尤其在低给液工艺中，如泡沫染色、印花、整理等，泡沫具有很大的潜力。但泡沫也会给操作带来不便，造成染色、印花不匀等质量问题。所以在实际生产中，根据工艺的不同需要，选择具有合适发泡力的助剂是很重要的。

本项目训练的任务是使学生掌握表面活性剂发泡力（foamability）测试的基本方法，学会评价助剂的发泡性能。

子项目一　起泡比法

一、实验方案

取标准皂片和待测样品进行对比试验，分别测定其发泡体系放置一定时间后能保持泡沫量的多少，每个试样平行测定 2～3 次。

二、实验准备

1. 仪器设备：具塞量筒（100mL）、天平等。
2. 染化药品：标准皂片、待测样品（可选择渗透剂 JFC、渗透剂 T 等）。
3. 溶液制备：0.125% 标准皂片溶液和待测样品溶液。

三、方法原理

采用某种方式将空气带入液体中，表面活性剂在气—液界面就形成坚固的膜而成气泡，通过测定产生气泡量的多少（用泡沫的体积或高度表示），了解表面活性剂起泡性的大小。泡沫形成后，在一定时间内气泡量的减少可用于表示消泡性。

四、操作步骤

1. 分别取 0.125% 标准皂片溶液和待测样品溶液 10mL，置于 2 只 100mL 具塞量筒中。
2. 加蒸馏水稀释至 30mL，加盖，剧烈震荡 10 次。
3. 静止 30s 后，立即记录泡沫体积（mL）。
4. 按上述操作，每只试样平行试验 2～3 次，每次应重新取样。

5. 根据下列公式计算起泡比：

$$起泡比 = \frac{泡沫体积}{试液体积}$$

起泡比越大，说明表面活性剂起泡力越强。

五、注意事项

1. 振荡条件应均匀一致，一上一下为一次。

2. 若没有标准皂片，可选择另一助剂作为参比对象。

六、实验报告

填写实验报告，实验报告见表 2－14。

表 2－14

样品名称 / 测试结果				
	1#	2#	1#	2#
泡沫体积(mL)				
平均起泡比				
发泡力评价				

子项目二　改进 Ross－Miles 法[6]

一、实验方案

任选 2 只待测样品进行对比试验，通过至少平行试验 3 次。通过测定试样的泡沫量和消泡速率，评价待测样品的发泡性能。

二、实验准备

1. 仪器设备：刻度量筒（500mL）、容量瓶（1000mL）、恒温水浴（带有循环水泵）、泡沫仪［包括分液漏斗（容量 1000mL）、计量管（长 70mm，内径 1.9mm ±0.02mm，壁厚 0.3mm）、夹套量筒（容量 1300mL，刻度分度容量 10mL）、支架等］。仪器设备见图 2－6～图 2－9。

2. 染化药品：碳酸钙（C. P.）、待测样品。

3. 溶液制备：

（1）3mmol/L 钙离子硬水（按 GB/T 1325 规定配制）

（2）待测样品溶液：按工作浓度或其产品标准中规定的试验浓度配制溶液。稀释用水可以用由鼓泡法被空气饱和的蒸馏水或用 3mmol/L 钙离子硬水。配制溶液时，先加少量水调成浆状，然后用预热至 50℃ 的规定水溶解。必须很缓慢地混合，以防止泡沫形成。不搅拌，保持溶液在 50℃ ±0.5℃，直至实验进行。

三、方法原理

通过测定溶液下流时产生的气泡量（用泡沫的体积或高度表示）、泡沫形成后在一定时间内气泡量的减少，评价表面活性剂的起泡性能。

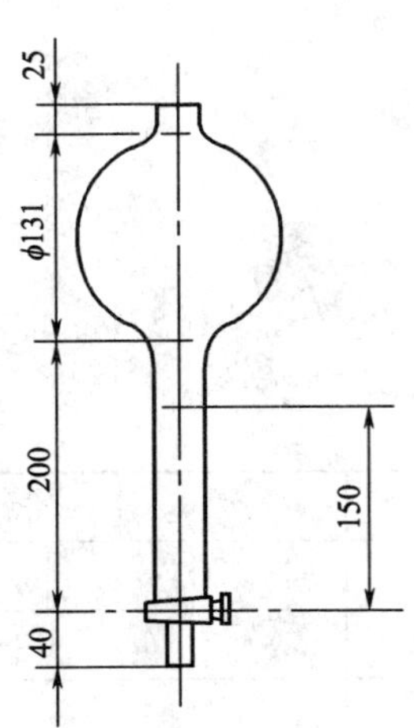

图 2－6　分液漏斗（单位：mm）

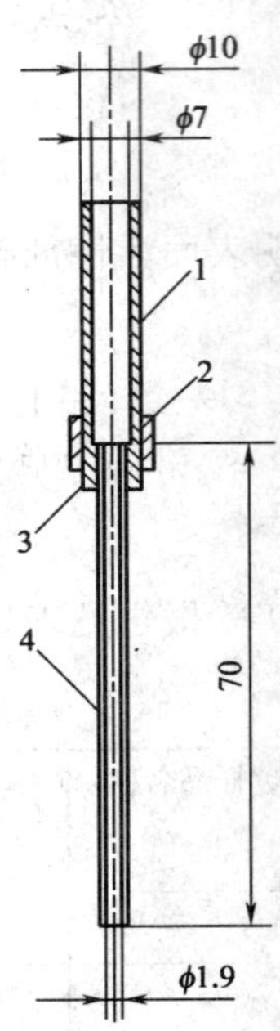

图 2－7　计量管装配图（单位：mm）

1—玻璃管　2—橡皮管　3—钢安装管　4—不锈钢计量管

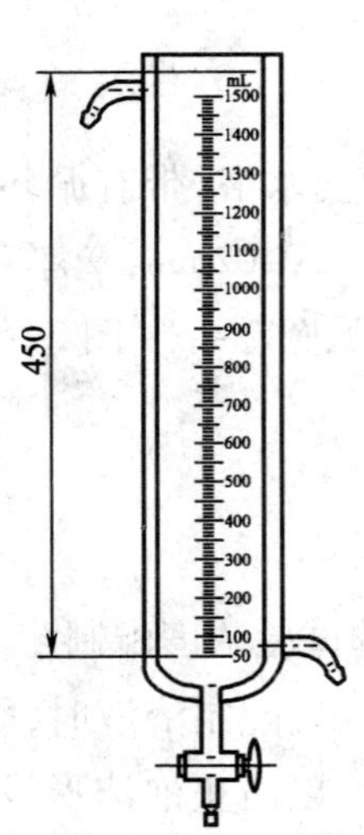

图 2－8　夹套量筒（单位：mm）

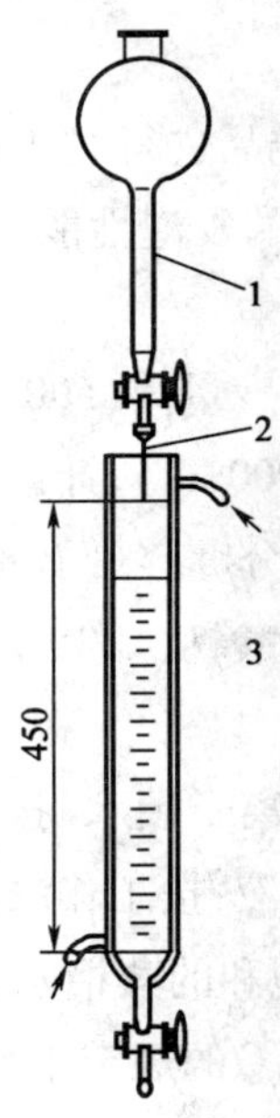

图 2－9　仪器装配示意图（单位：mm）

1—分液漏斗　2—计量管　3—夹套量筒

四、操作步骤

1. 仪器安装及准备：

(1)用橡皮管将恒温水浴的出水管和回水管分别连接至夹套量筒夹套的进水管(下)和出水管(上)，调节恒温水浴温度至50℃ ±0.5℃。

(2)装配带有计量管的分液漏斗，调节支架，使量筒的轴线和计量管的轴线相吻合，并使计量管的下端位于量筒内50mL溶液的水平面上450mL标线处。

(3)将配制好的试样溶液沿内壁倒入夹套量筒至50mL标线处，避免在表面形成泡沫。也可用灌装分液漏斗的曲颈漏斗来灌装。

第一次测量时，将部分试液灌入分液漏斗至150mm刻度处。为此，将计量管的下端浸入保持50℃ ±0.5℃的盛于小烧杯中的一份试液内，并用连接到分液漏斗顶部的适当抽气器吸引液体(这是避免在旋塞孔形成气泡的最可靠方法)。在测量进行前，将小烧杯保持在分液漏斗下面。

为了完成灌装，用500mL刻度量筒量取500mL保持在50℃ ±0.5℃的试液缓慢倒入分液漏斗，以免生成泡沫。也可用专用曲颈漏斗，使曲颈的末端贴在分液漏斗的内壁上来达到。为了随后的测量，将分液漏斗放空至旋塞上面10~20mm的高度。将盛满保持在50℃ ±0.5℃的试验溶液的烧杯，如以前那样放在分液漏斗下面，用试验溶液灌装分液漏斗至150mm刻度处，然后，如上所述倒入500mL保持在50℃ ±0.5℃的试验溶液。

2. 测量：

(1)使溶液不断地流下，直到水平面降至150mm刻度处，记录流出时间。

流出时间与观测的流出时间算术平均值之差大于5%的所有测量应予忽略，异常的长时间表明在计量管或旋塞中有空气泡存在。

(2)在液流停止后30s、3min、5min，分别测量泡沫体积(仅仅泡沫)。

如果泡沫的上面中心处有低洼，按中心与边缘之间的算术平均值记录读数。

进行重复测量时，每次均需按样品溶液配制要求重新配制新鲜溶液，取得至少3次误差在允许范围的结果。

3. 结果表示：

以所形成的泡沫在液体停止后30s、3min和5min时的毫升数来表示结果，必要时可绘制相应的曲线，以重复测定结果的算术平均值作为最后结果。重复测定结果之间的差值应不超过15mL。

五、注意事项

1. 测量时溶液的时效应不少于30min，不大于2h。

2. 选择其他条件(指水的硬度、温度等)配制溶液，应写入实验报告。

六、实验报告

填写实验报告，实验报告见表2-15。

表 2－15

测试结果＼样品名称								
	1#	2#	3#	平均	1#	2#	3#	平均
液流停止后泡沫体积(mL)								
30s 后泡沫体积(mL)								
3min 后泡沫体积(mL)								
5min 后泡沫体积(mL)								
起泡性能评价								

项目八　表面活性剂洗涤力的测定

洗涤性能是指表面活性剂洗除纺织品上污垢的能力。净洗过程比较复杂,它包括织物润湿、污垢脱离、乳化、分散、增溶等过程。洗涤力(washing ability)的测定方法有人工污垢法和自然污垢法,本项目主要介绍人工污垢法。

人工污垢法是采用模拟实际污垢的方法配制人工污垢,然后制备标准污布进行洗涤试验。由于污垢种类、污染程度、附着状态、基质原料及洗涤条件不同,对洗涤力的结果测定有较大的影响,所以用此法测定去污力与实际情况有差异。

自然污垢法是用实际穿着沾污后的织物进行洗涤试验。如日本采用衣领污布测定法,即:将长 12～13cm 两块棉布缝在一起,制作成两倍大小的假领子,并将接缝对准脖颈正中,缝在工作服领子上。工人穿着一星期后,收集假领,做洗涤力试验。试验时,将假领中间的接缝拆开,编上号码,用不同的洗涤剂作对比试验。此法更贴近实际,但污布制取较困难,故不常用。

本项目训练的任务是使学生了解洗涤基本原理,掌握表面活性剂洗涤力测试的基本方法,学会评价洗涤剂的洗涤性能。

一、实验方案

选择表 2－16 中的一种试验方法,用标准洗涤剂样品溶液和待测洗涤剂样品溶液作对比试验。

表 2－16

试剂＼实验方法	方法一	方法二
羊毛脂(g)	2	2
炭黑(g)	3	—
蓖麻油(g)	4	—
四氯化碳(mL)	160	—
碳素墨水(g)	—	10

续表

试剂＼实验方法	方法一	方法二
牛油(g)	—	2
乙二醇乙醚(mL)	—	50
乙醇(mL)	—	98.5

二、实验准备

1. 仪器设备：玻璃研钵、烧杯(200mL、400mL)、广口瓶(250mL)、容量瓶(500mL、1000mL)、量筒(200mL)、搪瓷烧杯(1000mL)、恒温水浴锅、天平、洗衣板刷、磁力加热搅拌器、SW—12 耐洗色牢度试验机、不锈钢珠(直径为6mm)、小轧车等。

2. 染化药品：炭黑(高耐磨粉末)、蓖麻油(工业用)、羊毛脂(医学用)、四氯化碳(C. P.)、乙二醇乙醚(C. P.)、95%乙醇(C. P.)、羊毛脂(医学用)、牛油(工业用20号)、碳素墨水、标准洗涤剂、待测样品等。

3. 实验材料：全毛白坯女衣呢2块(每块6cm×12cm，规格为05495号64支)、变(褪)色灰色样卡。

4. 溶液制备：0.2%标准洗涤剂溶液和待测样品溶液，也可根据产品洗涤力大小调整浓度。

三、方法原理

用模拟实际污垢的方法配制人工污垢，使织物均匀吸附，待溶剂挥发制成标准污布。将标准污布放在一定浓度的洗涤剂溶液中，在规定条件下洗涤处理，经清洗并干燥后，目测标准污布的褪色情况。

四、操作步骤

(一)方法一

1. 标准污布制备：

(1)称取炭黑3g，蓖麻油4g，用玻璃研钵调研均匀。

(2)加入已溶解的羊毛脂2g，在研磨情况下将160mL四氯化碳分次加入研钵中。

(3)将调研好的污液倒入200mL烧杯中，加温至40℃。

(4)搅拌均匀后，将白坯女衣呢正反面往返浸渍一次(每次时间约30s)。

(5)取出，用玻璃棒夹挤多余的污液，平摊自然晾干。

(6)将晾干后的标准污布用洗衣板刷正反面往返刷至乌黑均匀，并剪成2块5cm×5cm正方形待用。

2. 洗涤实验：

(1)在两只250mL广口瓶中分别加入0.2%的标准洗涤液和待测样品溶液各100mL。

(2)将广口瓶放在水浴中预热至50℃后，投入已准备好的标准污布，并盖上瓶塞。

(3)加热5min后，取出广口瓶摇荡1min(约60次)，并重复此操作三次。

(4)将污布取出，洗涤，烘干，然后用灰色样卡评级。

(二)方法二

1. 标准污布制备:

(1)在 200mL 烧杯中加入 100mL 95%乙醇,在搅拌情况下滴加 100g 碳素墨水。

(2)再加入 815mL 95%乙醇,充分搅拌,直至混合均匀,待用。

(3)在 1000mL 搪瓷烧杯中加入 20g 羊毛脂、20g 牛油和 500mL 乙二醇乙醚。

(4)将搪瓷烧杯置于水浴锅上加热至 60℃,使之充分溶解。

(5)移出水浴锅冷却至 30℃,用乙二醇乙醚稀释至 1000mL,待用。

(6)用全毛女衣呢浸轧炭黑颜料溶液(二浸二轧,20~25℃,轧液率 85%),室温下平摊于桌面自然晾干。

(7)再浸轧油脂溶液(二浸二轧,50℃,轧液率 85%),室温下自然晾干。

(8)将污布剪成直径为 5.4cm 的圆片 2 块备用。

2. 洗涤实验:

(1)量取标准洗涤液和待测样品溶液各 200mL,分别置于耐洗色牢度试验机的不锈钢烧杯中。

(2)分别放入标准污布圆片一块和不锈钢珠 50 粒,加盖封闭后移入试验机内,在 50℃条件下洗涤 30min。

(3)取出,水洗,在室温下自然干燥后用灰色样卡评级。

五、注意事项

1. 为保证标准污布乌黑度、含油量一致,尽量采用小轧车二浸二轧。

2. 应注意选择乌黑度基本一致的标准污布试验,以保证实验结果的可比性。

3. 洗涤实验时,应保持洗涤液的温度不发生较大的变化。当被测样品的浊点低于 50℃时,应在浊点温度以下进行实验,并在实验报告中注明实验温度。

4. 标准污布若不及时使用,应贮放在棕色瓶中密封保存。

六、实验报告

填写实验报告,实验报告见表 2-17。

表 2-17

样品名称 / 测试结果		
褪色牢度(级)		
洗涤力评价		

项目九　表面活性剂稳定性实验

染整加工大多以水为介质,酸、碱是常用的化学品,所以耐酸、耐碱、耐硬水、耐热等性能是衡量表面活性剂品质的基本指标。若表面活性剂的稳定性(stability)差，除了影响其作用效果外，还将影响染整产品的质量。

本项目训练的任务是使学生了解表面活性剂耐酸、耐碱、耐硬水性能的基本测试方法，学会评价助剂的工艺适用性。

子项目一 耐酸稳定性实验[8]

一、实验方案

实验方案参见表2-18。

表2-18

溶液 \ 序号	1#	2#	3#	4#	5#	6#
硫酸	0.4g(0.22mL)	1.0g(0.55mL)	2.0g(1.1mL)	0.4g(0.22mL)	1.0g(0.55mL)	2.0g(1.1mL)
甲酸	0.4g(0.34mL)	1.0g(0.85mL)	2.0g(1.7mL)	0.4g(0.34mL)	1.0g(0.85mL)	2.0g(1.7mL)
2g/L样品溶液	200mL	200mL	200mL	—	—	—
5g/L样品溶液	—	—	—	200mL	200mL	200mL

二、实验准备

1. 仪器设备：圆底烧瓶(250mL)、球形冷凝器(300mL)、移液管(2mL)、量筒(250mL、500mL)、容量瓶(1000mL)、烧杯(150mL、600mL)、电热恒温水浴锅等。

2. 染化药品：硫酸(C.P.)、甲酸(C.P.)、待测样品。

3. 溶液制备：

(1)2g/L试样溶液：称取试样2g(称准至0.1g)，溶于1000mL蒸馏水中。

(2)5g/L试样溶液：称取试样5g(称准至0.1g)，溶于1000mL蒸馏水中。

三、方法原理

酸对某些表面活性剂类纺织助剂有水解作用，水解产物的溶解性能不同于原来助剂，因此可从溶液外观变化(如溶解度、色泽等)来判断该种助剂在酸性水溶液中的耐酸性。

四、操作步骤

1. 根据实验方案表，在6只250mL圆底烧瓶中分别加入2g/L或5g/L待测样品溶液200mL和规定量的硫酸和甲酸，目测溶液的外观。

2. 然后加热至沸腾进行回流。从回流开始计时，在30min、60min、120min共目测3次，并记录溶液外观。

3. 停止加热，放置过夜。次日再目测一次，如有混浊或沉淀，再升温至60℃后目测一次。以第二次测试结果为准。

4. 结果评定：

(1)目测评级标准：

1级：溶液完全澄清；

1~2级:溶液乳白色至微混浊;

2级:溶液混浊但无絮状物;

2~3级:溶液非常混浊但无絮状物或油状物分出;

3级:不论溶液清或混浊,有絮状物或油状物分出。

(2)评级。表面活性剂经三种浓度的酸测试后,按评级标准来评定其耐酸的等级,可分为最高耐酸级、耐酸级,有条件的耐酸级及非耐酸级共四级。具体规定如下:

最高耐酸级:经三种浓度的酸测试,结果达到1级或静置过夜后达到1~2级的;

耐酸级:经中等浓度的酸测试后,在评级中达到1级或1~2级的;

有条件的耐酸级:经中等浓度的酸测试后,在评级中达到2级或2~3级以及在低浓度的酸测试后达到2级的;

非耐酸级:经最低浓度的酸测试后,达到3级的。

五、实验报告

填写实验报告,实验报告见表2-19。

表2-19

现象(等级) \ 样品 程序		2g/L样品溶液			5g/L样品溶液		
		1#	2#	3#	4#	5#	6#
加硫酸和甲酸							
加热回流	30min						
	60min						
	120min						
放置过夜							
继续升温至60℃							
评定结果							

子项目二　耐碱稳定性实验[9]

一、实验方案

实验方案参见表2-20。

表2-20

样品序号 溶液名称	1#	2#	3#	4#	5#	6#	7#	8#
2g/L碳酸钠测试液	200mL							
5g/L碳酸钠测试液		200mL						
2g/L氢氧化钠测试液			200mL					
5g/L氢氧化钠测试液				200mL				

续表

溶液名称 \ 样品序号	1#	2#	3#	4#	5#	6#	7#	8#
2g/L 硫化钠测试液					200mL			
5g/L 硫化钠测试液						200mL		
2g/L 连二亚硫酸钠测试液							200mL	
5g/L 连二亚硫酸钠测试液								200mL

二、实验准备

1. 仪器设备：圆底烧瓶（250mL）、球形冷凝器（300mL）、移液管（2mL、20mL）、量筒（250mL、500mL）、容量瓶（1000mL）、烧杯（150mL、600mL）、电热恒温水浴锅。

2. 染化药品：无水碳酸钠（C. P.）、氢氧化钠（C. P.）、硫化钠（C. P.）、连二亚硫酸钠（C. P.）、待测样品。

3. 溶液制备：

（1）2g/L 碳酸钠测试液：分别称取待测样品 2g（称准至 0. 1g）及无水碳酸钠 4g（称准至 0. 1g），各用 450mL 蒸馏水溶解，然后将两种溶液移入 1000mL 容量瓶中，稀释至刻度，摇匀备用。

（2）5g/L 碳酸钠测试液：称取待测样品 5g（称准至 0. 1g），配制方法同（1）。

（3）2g/L 氢氧化钠测试液：称取样品 2g（称准至 0. 1g），用 450mL 蒸馏水溶解，在另外 400mL 蒸馏水中加入 1. 5mL400g/L 的氢氧化钠溶液，然后将两种溶液都移入 1000mL 容量瓶中稀释刻度，摇匀备用。

（4）5g/L 氢氧化钠测试液：称取样品 5g（称准至 0. 1g），配制方法同（3）。

（5）2g/L 硫化钠测试液：称取样品 2g（称准至 0. 1g），用 450mL 蒸馏水溶解。再称取无水碳酸钠 8g（称准至 0. 1g），用 200mL 蒸馏水溶解。最后称硫化钠 40g，用 200mL 蒸馏水溶解。将配好的三种溶液先后移入 1000mL 容量瓶中，稀释至刻度，摇匀备用。

（6）5g/L 硫化钠测试液：称取样品 5g（称准至 0. 1g），配制方法同（5）。

（7）2g/L 连二亚硫酸钠测试液：称取样品 2g（称准至 0. 1g），用 500mL 蒸馏水溶解。另吸取 400g/L 的氢氧化钠溶液 16mL，用 400mL 蒸馏水稀释。将此两种溶液混合，移入 1000mL 容量瓶中，然后慢慢加入连二亚硫酸钠 4g（称准至 0. 1g），使完全溶解。最后用蒸馏水稀释至刻度摇匀备用。

（8）5g/L 连二亚硫酸钠测试液：称取试样 5g（称准至 0. 1g），配制方法同（7）。

三、方法原理

碱对某些表面活性剂类纺织助剂有水解作用，水解后的产物溶解性能不同于原来助剂，因此可从溶液外观变化（如溶解度、色泽等）来判断该种助剂在碱性水溶液中的耐碱性。

四、操作步骤

1. 根据实验方案表，取 1# ~6# 测试溶液各 200mL，分别置于 6 个已编号的 250mL 圆底烧瓶中，观察溶液的外观。

2. 然后加热至沸腾进行回流。从回流开始计时，于30min、60min、120min共目测3次溶液外观。

3. 回流2h后，停止加热，放置过夜。次日再目测一次，如有混浊或沉淀，需升温至沸腾后，再目测一次。以第二次测试结果为准。

4. 取7# ~8#测试溶液各200mL，分别置于两个250mL的圆底烧瓶中，观察溶液外观。

5. 将烧瓶移至电热恒温水浴锅中进行保温。当溶液内温度达到60℃时开始计时，于30min、60min、120min共目测3次，记下溶液外观。

6. 2h后取出烧瓶，放置过夜。次日再目测一次，如有混浊或沉淀，须再加热至60℃，观察其外观是否有变化。

7. 结果评定：

(1)目测评级标准：

1级：溶液完全澄清；

1~2级：溶液乳白色至微混浊；

2级：溶液混浊但无絮状物；

2~3级：溶液非常混浊但无絮状物或油状物分出；

3级：不论溶液清或混浊，有絮状物或油状物分出。

(2)评级。表面活性剂对四种碱测试液的耐碱性，按上述评级标准来评定其耐碱的等级，可分为最高耐碱级、耐碱级、非耐碱级共三级。具体规定如下：

最高耐碱级：两种浓度的试样经测试后，在评级中达到1级或1~2级的；

耐碱级：两种浓度的试样经测试后，其中只有一种浓度的试样在评级中达到1级或1~2级、甚至2级，以及静止12 h后属于2~3级的；

非耐碱级：两种浓度的试样经测试后，其中只有一种浓度的试样在评级中达到3级的。

五、实验报告

填写实验报告，实验报告见表2-21、表2-22。

表2-21

<table>
<tr><td colspan="2" rowspan="2">样品 / 现象(等级) / 程序</td><td colspan="2">碳酸钠测试液</td><td colspan="2">氢氧化钠测试液</td><td colspan="2">硫化钠测试液</td></tr>
<tr><td>1#</td><td>2#</td><td>3#</td><td>4#</td><td>5#</td><td>6#</td></tr>
<tr><td colspan="2">原测试液</td><td></td><td></td><td></td><td></td><td></td><td></td></tr>
<tr><td rowspan="3">加热回流</td><td>30min</td><td></td><td></td><td></td><td></td><td></td><td></td></tr>
<tr><td>60min</td><td></td><td></td><td></td><td></td><td></td><td></td></tr>
<tr><td>120min</td><td></td><td></td><td></td><td></td><td></td><td></td></tr>
<tr><td colspan="2">放置过夜</td><td></td><td></td><td></td><td></td><td></td><td></td></tr>
<tr><td colspan="2">继续升温至沸</td><td></td><td></td><td></td><td></td><td></td><td></td></tr>
<tr><td colspan="2">评定结果</td><td colspan="2"></td><td colspan="2"></td><td colspan="2"></td></tr>
</table>

表 2－22

程序 \ 现象（等级） \ 样品		连二亚硫酸钠测试液	
		7#	8#
原测试液			
60℃水浴保温	30min		
	60min		
	120min		
放置过夜			
继续升温至60℃			
评定结果			

子项目三 耐硬水稳定性实验[10]

一、实验方案

实验方案参见表 2－23。

表 2－23

样品溶液 \ 序号	硬水溶液 S_1					硬水溶液 S_2					硬水溶液 S_3				
	1#	2#	3#	4#	5#	6#	7#	8#	9#	10#	11#	12#	13#	14#	15#
用量（mL）	5.0	2.5	1.2	0.6	0.3	5.0	2.5	1.2	0.6	0.3	5.0	2.5	1.2	0.6	0.3

二、实验准备

1. 仪器设备：平底磨口比色管（50mL）、移液管（5mL，分刻度为 0.05mL）、恒温水浴、离心分离机等。

2. 染化药品：待测样品。

3. 溶液制备：

（1）硬水溶液 S_1：$c\left(\frac{1}{2}Ca^{2+}\right)=6mmol/L$（按 GB 6367 配制）。

（2）硬水溶液 S_2：$c\left(\frac{1}{2}Ca^{2+}\right)=9mmol/L$（按 GB 6367 配制）。

（3）硬水溶液 S_3：$c\left(\frac{1}{2}Ca^{2+}\right)=12mmol/L$（按 GB 6367 配制）。

（4）50g/L 待测样品溶液：称取 50g 待测样品（精确至 0.01g），溶于 1000mL 蒸馏水中，在不超过 50℃条件下配成试液。对含有不溶性无机物的表面活性剂样品配成试液后，需离心分离，直至清晰后备用。

三、方法原理

表面活性剂在硬水中与钙离子（镁离子）之间进行交换形成某种化合物，根据其溶解度大小或由于离子力、盐效应等使溶液胶体状态起变化的原理可测定表面活性剂在硬水中的稳定性。

将不同浓度的表面活性剂溶液与不同的已知钙硬度的水溶液混合，将混合液在规定的条件下静置，观察其外观。外观状态可分为：清晰、乳色、混浊、少量沉淀或凝聚物、大量沉淀或凝聚物等类别。

由于钙硬度和镁硬度之间无根本的区别，因此本方法采用钙硬度表示。

四、操作步骤

1. 取 15 只平底磨口比色管分成三组，每组 5 只，用移液管吸取 5.0mL、2.5mL、1.2mL、0.6mL、0.3mL 试样，分别置于每组的各个试管中。

2. 在三组试管中分别加入 S_1、S_2、S_3 已知钙硬度的水溶液至刻度，盖紧瓶塞后，慢慢上下翻转试管，每秒 1 次，重复 10 次，操作时尽量避免产生泡沫。

3. 将 15 只试管在 20℃ ±3℃ 下分别进行试验，在此温度下观察溶液的变化情况并将结果记录下来。

4. 按表 2 –24 对 15 只测定结果分别评分：

不清晰的液体，但透过液体能看到物体的，评为乳色；

不清晰的液体，透过液体不能看到物体的，评为混浊；

若沉淀或凝聚物的厚度小于或等于 0.5cm 时，评为少量沉淀或凝聚物；

若沉淀或凝聚物的厚度大于 0.5cm 时，评为大量沉淀或凝聚物；

若液体处于两个评分值之间，取较低的分值。

表 2 –24

液体的外观	评分值	液体的外观	评分值
清晰	5	少量沉淀或凝聚物	2
乳色	4	大量沉淀或凝聚物	1
混浊	3	—	—

注 结果表述应注明试验温度。

5. 将 15 只试管的评分值的总和按表 2 –25 确定平均稳定性。

表 2 –25

15 个评分值总和	平均稳定性（级）	15 个评分值总和	平均稳定性（级）
15 ~ 18	1	57 ~ 74	4
19 ~ 37	2	75	5
38 ~ 56	3	—	—

1 级表示该表面活性剂在硬水中的稳定性为差，5 级表示该表面活性剂在硬水中的稳定性为好。

6. 将每组评分值相加，按表 2 –26 评定差示稳定性。

表 2-26

每组评分值的总和	差示稳定性	每组评分值的总和	差示稳定性
5～6	1 级 $=\overline{1}$	19～24	4 级 $=\overline{4}$
7～12	2 级 $=\overline{2}$	25	5 级 $=\overline{5}$
13～18	3 级 $=\overline{3}$		

表面活性剂在 S_1、S_2、S_3 三组不同已知钙硬度水溶液中的差示稳定性依次排列为 $\overline{XXX}$，即 $\overline{111}$ 表示该表面活性剂在硬水中的稳定性为最差，$\overline{555}$ 表示该表面活性剂在硬水中的稳定性为最好。

五、实验报告

填写实验报告，实验报告参见表 2-27。

表 2-27

序号 / 结果	硬水溶液 S_1					硬水溶液 S_2					硬水溶液 S_3				
	1#	2#	3#	4#	5#	6#	7#	8#	9#	10#	11#	12#	13#	14#	15#
现象															
外观分值															
平均稳定性（级）															
每组评分值的和															
差示稳定性															
三组评分值总和															
平均稳定性（级）															
结论															

子项目四　工艺适用性实验

按照子项目一至子项目三进行耐酸、耐碱、耐硬水稳定性实验操作比较复杂，所以工厂可根据需要进行工艺适用性实验，这种方法比较实用，即针对各助剂的实际应用条件进行实验。

一、实验方案

1. 表面活性剂高温耐碱性实验（表 2-28）。

表 2-28

序号 / 条件	1#	2#	3#	4#	5#
烧碱浓度（g/L）	20	40	60	80	100
样品浓度（%）			1		
温度（℃）			95		

观察在不同浓度烧碱条件下，表面活性剂溶液的外观情况。若溶液澄清或无明显变化，表明该表面活性剂耐此浓度的碱。若溶液混浊，表明该表面活性剂不耐此浓度的碱。

2. 不同浓度烧碱对表面活性剂渗透力的影响试验（表 2－29）。

表 2－29

条件 \ 序号	1#	2#	3#	4#	5#
烧碱浓度（g/L）	20	40	60	80	100
样品浓度（%）	1				
温度（℃）	室温				

观察在不同浓度的烧碱下，表面活性剂溶液的外观情况，并测定其渗透力。

二、实验准备

1. 仪器设备：烧杯（250mL、500mL）、量筒（100mL、500mL）、温度计（100℃）等。
2. 染化药品：烧碱（工业品）、待测表面活性剂样品等。
3. 实验材料：纯棉细帆布（详见项目四渗透力测定）。

三、方法原理

按照该助剂的使用环境和工艺要求（包括酸、碱用量、生产用水硬度、温度、浓度等）配制试样溶液，放置工艺要求所需时间，观察溶液外观，看其有无絮凝和飘油现象。

四、操作步骤

1. 取样品溶液适量（方案 1 取 100mL，方案 2 取 500mL）共 5 份，分别置于 5 只烧杯中。
2. 按实验方案，在烧杯中分别加入不同量的烧碱，使其满足试验碱浓要求。
3. 搅拌均匀后，在规定测试条件下观察溶液有无絮凝和飘油现象，并记录现象。
4. 方案 2 按帆布沉降法操作要求测定渗透力（若溶液已出现絮状，不必再测定）。
5. 评价该表面活性剂的稳定性。

五、实验报告

1. 表面活性剂高温耐碱性试验（表 2－30）。

表 2－30

烧碱浓度	20g/L	40g/L	60g/L	80g/L	100g/L
溶液现象					
耐碱性评价					

2. 不同碱浓度对表面活性剂渗透力的影响试验（表 2－31）。

表 2－31

烧碱浓度	20g/L	40g/L	60g/L	80g/L	100g/L
溶液现象					
渗透力（秒）					
耐碱性评价					

项目十 助剂分析综合实验

一、实验目的

1. 培养学生综合应用专业知识的能力,学会采用简便、有效、快捷的方法准确鉴别染整助剂的类别,测试主要应用性能,从而指导工艺应用。

2. 培养学生独立思考、独立操作,分析问题和解决问题的能力。

3. 培养学生计划工作、团结协作的能力。

二、实验内容

1. 某助剂厂送来两只不同牌号的染色助剂,要求提供下列测试服务:

(1)属于何种类型的表面活性剂?

(2)能否用于高温高压染色(考虑浊点问题)?

(3)哪一种更适用于轧染(要求快速渗透和低泡沫)?

2. 某助剂厂推荐一高效精练剂,为了解该助剂的应用性能,需作下列分析试验:

(1)该助剂与其他类型表面活性剂的相容性如何?

(2)该助剂的渗透力能力如何?

(3)该助剂的去污效果如何?

(4)该助剂的能耐的氢氧化钠多少 g/L?

(5)该助剂的贮存稳定性如何?

三、具体要求

1. 由学生自行设计实验方案,包括测试项目、测试方案、操作步骤等。

2. 开出实验所需仪器设备、染化药品及试验材料清单。

3. 在规定时间内完成。

4. 编写测试报告,格式应规范,数据应正确。

☞ 复习指导

1. 掌握表面活性剂结构特征、分类及其离子性鉴别基本原理及方法。

2. 掌握表面活性剂润湿力、乳化力、分散力、发泡力、洗涤力测定原理与方法。

3. 了解表面活性剂稳定性测定基本原理与方法。

4. 能根据工艺要求设计助剂应用分析与测试方案。

☞ 思考题

1. 助剂的含固量高是否表明其有效成分高? 烘干法适用的范围。

2. 用亚甲基蓝—氯仿鉴别表面活性剂离子性时,氯仿层在水层的上层还是下层?

3. 采用哪些方法可以提高非离子型表面活性剂的浊点?

4. 影响织物润湿(渗透)性能的主要因素有哪些?

5. 分别阐述乳化作用、分散作用原理。

6. 阐述洗涤剂洗涤过程。

7. 为何合成洗涤剂比肥皂耐硬水?

8. 评价某一匀染剂能否适用于高温高压染色的基本程序。

参考文献

[1]金咸穰. 染整工艺实验[M]. 北京:纺织工业出版社,1987.

[2]GB/T 5559—1993 环氧乙烷型及环氧乙烷—环氧丙烷嵌段聚合型非离子表面活性剂浊点的测定[S]. 北京:中国标准出版社,1997.

[3]HG/T 2575—1994 表面活性剂润湿力的测定(浸没法)[S]. 北京:中国标准出版社,1997.

[4]GB 6369—1986 表面活性剂乳化力的测定(比色法)[S]. 北京:中国标准出版社,1997.

[5]GB 5550—1990 表面活性剂分散力测定法[S]. 北京:中国标准出版社,1997.

[6]GB/T 7462—1994 表面活性剂发泡力的测定(改进 Ross - Miles 法)[S]. 北京:中国标准出版社,1997.

[7]GB/T 6371—1995 表面活性剂 纺织助剂 洗涤力的测定[S]. 北京:中国标准出版社,1997.

[8]GB 5555—1985 表面活性剂 纺织助剂 耐酸性测定法[S]. 北京:中国标准出版社,1997.

[9]GB 5556—1985 表面活性剂 纺织助剂 耐碱性测定法[S]. 北京:中国标准出版社,1997.

[10]GB/T 7381—1993 表面活性剂 在硬水中稳定性的测定方法[S]. 北京:中国标准出版社,1997.

第三模块　纺织材料性能测试

纺织材料的性能是影响纺织和染整工艺的要素之一，又是判断和比较材料好坏的依据，它关系到产品的使用效果及价值体现。不同用途的产品，有着不同的性能要求，因此运用现代测试手段，全面了解各种纤维及其制品的性能，对于纺织产品设计、染整工艺设计人员来说有着重要的意义。

织物的品种繁多，用途各异，它们在使用和加工过程中，受到各种外界因素的复杂作用，其性能的表现可以是简单的，也可以是复杂的，但具有一定共性，一般可以分为以下几类：

1. 物理力学性能：是指纤维及其制品对各种外界作用力的适应能力。如：拉伸、撕裂、顶破、剪切、弯曲、磨损等性能。这些性能关系到纺织品的使用性能和寿命。

2. 化学性能：是指纤维及其制品对各种化学品的适应能力。如：耐酸、碱、氧化剂、还原剂及有机溶剂等性能。

3. 外观性能：是指纤维制品的颜色、光泽、保形性、悬垂感、挺括感、免烫性、起毛起球等性能。这些性能影响着纺织品的外观效果。

4. 组成性能：是指组成纱线或织物的纤维原料及各组分混纺比例等。纺织材料的成分及各组分含量对纺织品的性能起着至关重要的作用。也是决定和影响染整工艺的重要因素。

本模块重点介绍纤维制品的主要物理机械性能、部分化学性能和外观性能，及常见织物的组成性能的分析测试方法。通过本模块的学习，使学生掌握纺织材料的性能及其检测与评价方法，学会按不同的使用要求合理地选择和制订染整加工工艺。

项目一　纺织材料成分分析

随着化学纤维的发展，各种纤维原料及其制成的纯纺或混纺织物日益增多。不同的纤维制品不仅物理化学性能不同，染整加工方法及工艺条件也不相同。因此，分析与了解被加工纤维及其制品的组成，有助于染整工作者合理制订工艺，从而确保产品质量。

纺织材料成分分析(composition analysis)是根据各种纺织纤维在不同条件下所表现出的性质差异而区分鉴定的。纤维鉴别的方法很多，常用的有燃烧法、化学溶解法、显微镜观察法和药品着色法等。

本项目训练的任务是使学生了解各类纤维的燃烧特性、溶解性能、形态特征及着色性能，掌握纺织材料成分分析的常用方法，并能综合运用各种方法，较准确、迅速地鉴别未知纤维及其制品的成分。

子项目一　燃烧法[1]

一、实验方案

取纤维素纤维(cellulose fiber)(如棉、麻、黏胶纤维等)、蛋白质纤维(protein fiber)(如羊毛、蚕丝等)、合成纤维(synthetic fiber)(如涤纶、锦纶、腈纶等)若干份作为未知纤维,标上编号,逐一燃烧,观察特征。依据各种纤维的燃烧性能,推断纤维所属的类别。

二、实验准备

1. 仪器设备:镊子、剪刀、酒精灯等。

2. 实验材料:各种纺织纤维、纱线或织物若干。

三、方法原理

利用各种纤维材料不同的燃烧特征,根据纤维在火焰下燃烧时的现象、气味以及燃烧后残留物状态来分辨纤维类别。

四、操作步骤

1. 将酒精灯点燃,取10mg左右的纤维用手捻成细束,试样若为纱线则剪成一小段,若为织物则分别抽取经纬纱数根。

2. 用镊子夹住一端,将另一端徐徐靠近火焰,观察纤维对热的反应情况。

3. 将纤维束移入火焰,观察纤维在火焰中和离开火焰后的燃烧现象,嗅闻火焰刚熄灭时的气味。

4. 待试样冷却后观察灰烬颜色、手感和形状。

5. 逐一观察各种纤维的燃烧现象,并记录下来,对照表3-1常用纤维燃烧特征,初步判断纤维的类别。

表3-1

纤维类别	燃烧状态	气味	灰烬颜色和形态
棉	靠近火焰不熔不缩,接触火焰即燃烧,离开火焰继续燃烧	燃纸味	呈细而软的灰黑絮状
麻	与棉相似	燃纸味	呈细而软的灰白絮状
黏胶纤维	与棉相似	燃纸味	灰烬很少,呈灰白色
天丝	与棉相似	燃纸味	为松散的青黑色絮状
醋纤	靠近火焰熔缩,接触火焰熔融燃烧,离开火焰熔化燃烧	醋味	呈硬而脆不规则黑色
羊毛	靠近火焰卷缩,接触火焰逐渐燃烧,边冒烟边起泡,离开火焰燃烧缓慢,有时自灭	燃毛发臭味	松脆、有光泽的黑色块状
蚕丝	与羊毛相似	燃毛发臭味	呈松而脆的黑色颗粒
大豆纤维	靠近火焰熔缩,接触火焰时燃烧缓慢有响声,离开火焰自灭	燃毛发臭味	呈脆而黑小珠状

续表

纤维类别	燃烧状态	气味	灰烬颜色和形态
涤纶	靠近火焰熔融收缩，接触火焰燃烧，离开火焰继续燃烧，但易熄灭	有甜味	呈硬而光亮的深褐色圆珠状，不易捻碎
锦纶	靠近火焰熔融收缩，接触火焰熔融燃烧，离开火焰即熄灭	有特殊气味	呈硬淡棕色透明圆珠状
腈纶	靠近火焰即收缩，接触火焰熔融燃烧，离开火焰继续燃烧冒黑烟	有辛辣味	呈黑色不规则小珠，易碎
丙纶	靠近火焰边收缩边熔融，接触火焰熔融燃烧，离开火焰继续燃烧	轻微沥青味	硬而光亮的蜡状物

五、注意事项

1. 某些通过特殊整理的织物，如防火、抗菌、阻燃等织物不宜采用此种方法。

2. 该方法较适宜于纺织纤维、纯纺纱线、纯纺织物或纯纺纱交织物的原料鉴别。

3. 在用嗅觉闻燃烧时的气味时，应注意勿使鼻子太凑近试样。正确的方法应该是：一手拿着刚离开火焰的试样，将试样轻轻吹熄，待冒出一股烟时，用另一只手将试样附近的气体扇向鼻子。

六、实验报告

填写实验报告，实验报告见表3－2。

表3－2

试样编号	燃烧现象	气味	灰烬颜色和形态	结论
1#				
2#				
3#				
4#				
5#				
6#				
……				

子项目二　化学溶解法

一、实验方案

取纤维素纤维（棉、麻、黏胶纤维等）、蛋白质纤维（羊毛、蚕丝等）、合成纤维（涤纶、锦纶、腈纶等）若干份作为未知纤维，编号。逐一注入同一种溶剂，观察纤维在溶剂中的溶解情况。依据各种纤维的溶解性能，推断纤维所属的类别。

二、实验准备

1. 仪器设备:试管、试管架、试管夹、温度计(100℃)、恒温水浴锅、玻璃棒、电炉等。

2. 染化药品:氢氧化钠(C. P.)、盐酸(C. P.)、硫酸(C. P.)、甲酸(C. P.)、间甲酚(C. P.)、二甲基甲酰胺(C. P.)。

3. 实验材料:各种纺织纤维、纱线或织物若干。

4. 溶液制备:5%氢氧化钠、20%盐酸、75%硫酸、85%甲酸。

三、方法原理

利用各类纤维材料对酸、碱、有机溶剂等化学试剂的稳定性不同,通过不同化学试剂、不同温度的溶解试验鉴别纤维所属类别。

四、操作步骤

1. 将待测纤维(若试样为纱线则剪取一小段纱线;若为织物则抽出织物经纬纱少许)分别置于试管内。

2. 在各试管内分别注入某种溶剂,在常温或沸煮5min下并加以搅拌处理,观察溶剂对试样的溶解现象,并逐一记录观察结果。

3. 依次调换其他溶剂,观察溶解现象并记录结果。

4. 参照表3-3常用纤维的溶解性能,确定纤维的种类。

五、注意事项

1. 由于溶剂的浓度和温度不同,纤维的可溶性表现不一样,所以应严格控制溶剂的浓度和温度。

2. 整理用剂对溶解法干扰很大,因此,如果处理的是织物,测试前必须经预处理,将织物上的整理剂去除。

3. 溶剂对纤维的作用可以分为溶解、部分溶解和不溶解等几种,而且溶解的速度也不同,所以在观察纤维溶解与否时,要有良好的照明,以避免观察误差。

表3-3

纤维类别	20%盐酸	75%硫酸	5%氢氧化钠(煮沸)	85%甲酸	间甲酚	二甲基甲酰胺
棉	I	S	I	I	I	I
麻	I	S	I	I	I	I
黏胶纤维	I	S	I	I	I	I
羊毛	I	I	S	I	I	I
蚕丝	I	S	S	I	I	I
醋纤	I	S	P	S	S(常温)	S
涤纶	I	I	I	I	S(加热)	I
锦纶	S	S	I	S	S(加热)	I
腈纶	I	I	I	I	I	S(加热)
丙纶	I	I	I	I	I	I

注 S——溶解,I——不溶解,P——部分溶解。

六、实验报告

填写实验报告,实验报告见表3-4。

表3-4

现象 试样编号 处理条件	$1^{\#}$	$2^{\#}$	$3^{\#}$	$4^{\#}$	$5^{\#}$	$6^{\#}$	……
5% NaOH(沸)							
20% HCl(室温)							
75% H_2SO_4(室温)							
二甲基甲酰胺(沸)							
间甲酚(沸)							
结论							

子项目三 显微镜观察法[2]

一、实验方案

取纤维素纤维(棉、麻、黏胶纤维等)、蛋白质纤维(羊毛、蚕丝等)、合成纤维(涤纶、锦纶、腈纶等)若干份作为未知纤维,标上编号。逐一制作纵向和横截面切片,放置在显微镜下观察。依据各种纤维的纵向和横截面形态特征,推断纤维所属的类别。

二、实验准备

1. 仪器设备:显微镜、载玻片、盖玻片、哈氏切片器、剃须刀片、镊子。

2. 染化药品:甘油、火棉胶(以上均为工业品)。

3. 实验材料:各种纺织纤维、纱线或织物若干。

三、方法原理

利用显微镜观察未知纤维的纵向和横截面形态,对照纤维的标准显微照片,或依据各种纤维的纵向及横截面形态特征,鉴别未知纤维的类别,并初步确定属于纯纺还是混纺产品。

四、操作步骤

1. 纤维纵向观察:

(1)将纤维并向排齐(若为纱线则剪取一小段退去捻度,若为织物则分别抽取织物经纱与纬纱并退去捻度,抽取纤维)置于载玻片上,滴一滴甘油,盖上盖玻片。

(2)将放有试样的载玻片放在载物台夹持器内,按规定步骤调节显微镜至呈现清晰图像。

(3)将在显微镜下观察到的纤维纵向形态描绘在纸上。取下试样,用滤纸擦去甘油,继续装上另一种纤维试样进行观察。

(4)对照各种纤维纵向的特征或标准照片,判断未知纤维的类别。

2. 纤维横截面观察:

通常用哈氏切片器(图3-1)切片后观察,其操作过程如下:

(1)将切片器上匀给螺丝向上旋转,使螺杆下端升离狭缝,提起销子,将螺座转到与底板成

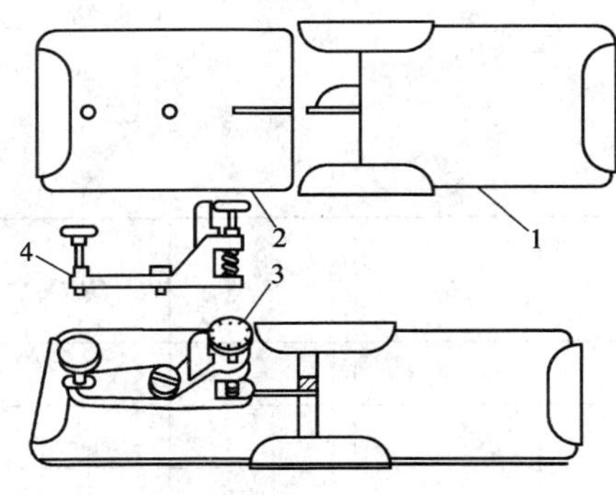

图3－1　纤维切片器结构示意图
1,2—底板　3—匀给螺丝　4—销子

垂直位置。将底板2从底板1中抽出。

(2)把整理好的一束纤维试样嵌入底板2中间的狭缝中,再把底板1的塞片插入底板2的狭缝,使试样压紧。

(3)用刀片切去露在底板正反两面的纤维,将螺座恢复到原来的位置并将其固定。此时匀给螺丝的螺杆下端正对准底板2中间的狭缝。

(4)旋转匀给螺丝,使螺杆下端与纤维试样接触,再顺螺丝方向旋转螺丝上刻度2～3格,使试样稍稍顶出板面,然后在顶出的纤维表面用玻璃棒薄薄涂上一层火棉胶。稍放片刻,用锋利的刀片沿底座平面切下切片。

(5)将第一片切片丢弃,再旋转螺丝上刻度一格半,涂上火棉胶稍等片刻切片。

(6)按此法切下所需片数试样。

(7)将切片放在载玻片上,滴上一滴甘油,盖上盖玻片。将盖玻片置于显微镜下,按纤维纵向观察操作方法进行观察,并将观察到的切片图形描绘在纸上[1]。

(8)对照表3－5常见纤维的横截面、纵向形态特征,判断纤维的类别。

表3－5

纤维类别	横截面形态	纵向形态
棉	腰圆形,有中腔	扁平带状,有天然转曲
羊毛	圆形或近似圆形,有些有毛髓	表面有鳞片,有天然卷曲
蚕丝	不规则三角形	光滑平直,纵向有条纹
苎麻	腰圆形,有中腔,胞壁有裂纹	有横节,竖纹
亚麻	多角形,有中腔	有横节,竖纹
普通黏胶纤维	锯齿形,有皮芯结构	表面平滑,纵向有沟槽
天丝	圆形,有皮芯结构	表面光滑均匀无条痕
醋酯	三叶形或不规则锯齿形	表面有纵向条纹
腈纶	圆形或哑铃形	平滑或有条纹
涤纶、锦纶、丙纶	圆形(除异形丝)	平滑

五、注意事项

1. 切片时,可将纤维束固定在羊毛或麻纤维中,使纤维保持平直,防止纤维倒伏而影响切片质量。

2. 盖玻片合上后,应注意尽量排除空气,不能有气泡,以免影响观察效果。

六、实验报告

填写实验报告,实验报告见表3－6。

表 3－6

试样编号	横截面形态特征	纵向形态特征	结　论
1#			
2#			
3#			
4#			
5#			
6#			
……			

子项目四　药品着色法[3]

一、实验方案

取纤维素纤维（棉、麻、黏胶纤维等）、蛋白质纤维（羊毛、蚕丝等）、合成纤维（涤纶、锦纶、腈纶等）若干份作为未知纤维，标上编号。逐一与 HI—1 号纤维鉴别着色剂着色或与碘—碘化钾饱和溶液着色反应。依据各种纤维的着色情况，并对照已知纤维标准色卡，推断纤维所属的类别。

二、实验准备

1. 仪器设备：玻璃棒、烧杯（500mL、50mL）、试管、镊子、电炉等。

2. 染化药品：正丙醇（C. P.）、碘（C. P.）、碘化钾（C. P）、HI—1 纤维鉴别着色剂等。

3. 实验材料：未染色或未经整理剂处理过的单一成分的各种纤维、纱线和织物；HI—1 号纤维鉴别着色卡或纤维着色标样。

4. 溶液制备：

（1）1% HI—1 号着色剂工作液：准确称取 1g HI—1 号，放置于干燥烧杯中，加 10mL 正丙醇，使其部分溶解，在不断搅拌下，加入 90mL 60℃热水，使其充分溶解[2]。

（2）碘—碘化钾饱和溶液：将碘 20g 溶解于 100mL 的碘化钾饱和溶液中[2]。

三、方法原理

不同纤维对某些化学试剂的着色性能不同，通过对未知本色纤维试样进行着色试验，然后与已知纤维标准色卡比较，达到鉴别纤维类别的目的。

四、操作步骤

1. HI—1 号纤维鉴别着色剂着色：

（1）取未知纤维一小束（约 20mg），按浴比 1∶30 量取 1% HI—1 号着色剂工作液，并投入着色液中沸煮 1min。

（2）取出试样，用冷水洗净、晾干。

（3）将着色后的试样对照表 3－7 常见纤维的着色反应，确定纤维类别。

2. 碘—碘化钾饱和溶液着色：

(1)取待测纤维(若是织物则将织物碎块或抽出纱线)一小束(约20mg),放入试管中。

(2)在试管内加入碘—碘化钾饱和溶液,使其浸泡0.5~1min。

(3)取出试样,用水洗净、晾干。

(4)对照表3-7常见纤维的着色反应,确定纤维类别。

表3-7

纤维	HI—1号纤维着色剂着色	碘—碘化钾饱和溶液着色
棉	灰	不染色
毛	桃红	淡黄
蚕丝	紫	淡黄
麻	深紫	不染色
黏胶纤维	蓝绿	黑蓝青
醋酯	艳橙	黄褐
涤纶	黄	不染色
锦纶	深棕	黑褐
腈纶	艳桃红	褐
丙纶	嫩黄	不染色
维纶	桃红	蓝灰
氨纶	红棕	—

五、注意事项

试样必须为未经染色的散纤维或纯纺织品。

六、实验报告

填写实验报告,实验报告见表3-8。

表3-8

显色 / 着色剂 \ 试样序号	1#	2#	3#	4#	5#	6#	……
HI—1号纤维鉴别着色剂							
碘—碘化钾饱和溶液着色剂							
结论							

项目二　混纺织品纤维含量分析

为了发挥各种纤维的优良性能,取长补短,满足各种产品不同用途的要求,并降低成本,采用两种或两种以上的纤维进行混纺或交织的品种愈来愈多。但不同的混纺制品有着不同的染整加工性能,作为从事染整工艺的技术人员,掌握混纺织品纤维含量(mixture ratio)的分析方法,是合理制订染整工艺的基础。

本项目训练的任务是使学生了解常见混纺织品纤维含量分析的基本原理,掌握两组分、三组分及四组分纤维混纺产品定量化学分析的测试方法,学会测定常见混纺织品的混纺比例。

子项目一　两组分混纺织品的纤维含量分析——化学分析法[4]

一、实验方案

实验方案、实验材料及实验条件见表3-9。

表3-9

涤/棉试样(g)	1	涤/棉试样(g)	1
75%硫酸(mL)	100	时间(min)	60
温度(℃)	50±5	—	—

二、实验准备

1. 仪器设备:电子天平、称量瓶、有塞三角烧瓶(250mL)、玻璃坩埚、吸滤瓶、量筒(100mL)、烧杯(100mL、200mL)、干燥器、剪刀、温度计(100℃)、玻璃棒、恒温水浴锅。

2. 染化药品:硫酸(C. P.)、氨水(C. P.)。

3. 实验材料:涤/棉纱线或织物。如试样为纱线则剪成1cm长;如试样为织物,应将其剪成碎块或拆成纱线(注意每个试样应包含组成织物的各种纤维组成),并去除试样上的油脂、浆料等杂质。每种试样取两份,每份1g。

4. 溶液制备:

(1)75%硫酸溶液:在冷却条件下,将1000mL浓硫酸(密度1.84g/mL)慢慢加入到570mL水中。硫酸浓度在73%~77%范围。

(2)稀氨水溶液:将80mL浓氨水(密度0.880g/mL)用水稀释至1000mL。

三、方法原理

利用纤维素纤维与其他纤维耐酸稳定性的不同,选择合适浓度的硫酸,溶解涤/棉产品中的棉组分,以求得涤纶组分的净干重含量,并由差值求出棉的净干重量百分率。

四、操作步骤

1. 试样烘干:将预先准备好的试样置于称量瓶内,放入烘箱中,同时将瓶盖放在旁边,在105℃±3℃温度下烘至恒重(指连续两次称得试样重量的差异不超过0.1%)。

2. 冷却:将烘干后的试样迅速移入干燥器中冷却,冷却时间以试样冷至室温为限(一般不能少于30min)。

3. 称重:试样冷却后,从干燥器中取出称量瓶,在电子天平上迅速(在2min内称完)并准确称取试样干重 W(精确到0.001g)。

4. 溶解:将试样放入三角烧瓶中,每克试样加100mL 75%硫酸,盖紧瓶塞,摇动烧瓶使试样浸湿。将烧瓶保持50℃±5℃、60min,并每隔10min用力摇动1次。

5. 过滤清洗：用已知干重的玻璃砂芯坩埚过滤，将不溶纤维移入玻璃砂芯坩埚，用少量75%硫酸溶液洗涤烧瓶。真空抽吸排液，再用75%硫酸溶液倒满玻璃砂芯坩埚，靠重力排液，或放置1min后用真空抽吸排液，再用冷水连续洗数次，用稀氨水洗2次，然后用冷水充分洗涤。每次洗液先靠重力排液，再以真空抽吸排液。

6. 最后把玻璃砂芯坩埚及不溶纤维按烘燥试样同样要求烘干、冷却，并准确称取残留纤维的重量 W_A。

7. 计算涤纶和棉纤维的净干含量百分率。

$$涤纶含量百分率 = \frac{W_A}{W} \times 100\%$$

$$棉纤维含量百分率 = 100\% - 涤纶含量百分率$$

式中：W_A 为残留纤维的干重(g)；W 为预处理后试样的干重(g)。

五、注意事项

1. 在干燥、冷却、称重操作中，不能用手直接接触玻璃砂芯坩埚、试样、称量瓶等，以免造成试验误差。

2. 称量时动作要快，以防止纤维吸潮后影响实验结果。

3. 被溶解纤维必须溶解完全，所以处理过程中应经常用力振荡。

4. 滤渣必须充分洗涤，并用指示剂检验是否呈中性，否则残留物在烘干时，溶剂浓缩，影响分析结果。

5. 此法适合于所有纤维素纤维与涤纶的混纺织品纤维含量的分析。其他常见的两组分混纺织品的纤维含量分析建议方案见表3-10。

表3-10

序号	纤维组成	方 法	试剂和分析步骤
1	羊毛与涤纶	碱性次氯酸钠法	每克试样加入1mol/L碱性次氯酸钠溶液100mL，在25℃±2℃保温30min，水洗，0.5%醋酸溶液洗，水洗，烘干。残留涤纶
2	Lyocell或竹纤维与羊毛或蚕丝	碱性次氯酸钠法	同上。残留竹纤维
3	羊毛与腈纶	二甲基甲酰胺法	每克试样加入二甲基甲酰胺溶液100mL，在90~95℃保温1h，水洗，烘干。残留羊毛
4	Modal与腈纶	二甲基甲酰胺法	同上。残留Modal纤维
5	棉、麻、蚕丝、毛与甲壳素纤维	5%乙酸法	每克试样加入5%乙酸溶液100mL，在50℃±2℃保温30 min，水洗，烘干。溶解甲壳素纤维
6	Lyocell与锦纶	80%甲酸法	每克试样加入80%甲酸溶液100mL，并在25℃±5℃保温15 min，水洗，烘干。残留Lyocell纤维
7	黏胶纤维、大豆纤维与棉或麻	甲酸/氯化锌法	每克试样加入甲酸/氯化锌溶液100mL，在40℃±2℃保温2.5h，水洗，烘干。残留棉或麻

续表

序号	纤维组成	方　法	试剂和分析步骤
8	大豆纤维 与蚕丝或毛	3%氢氧化钠法	每克试样加入3%氢氧化钠溶液100mL，在90～95℃保温30 min，水洗，烘干。残留大豆纤维
9	大豆纤维与涤纶	75%硫酸法	同涤/棉织品。残留涤纶
10	大豆纤维与黏胶 纤维或Modal纤维	20%盐酸法	每克试样加入20%盐酸溶液100mL，在25℃±2℃保温30min，水洗，烘干。残留黏胶纤维或Modal纤维
11	锦纶与 涤纶或丙纶	20%盐酸法	同上。残留涤纶或丙纶

六、实验报告

填写实验报告，实验报告见表3－11。

表3－11

实验结果＼试样名称	涤/棉织品	
	试样1	试样2
试样干重 W(g)		
残留纤维干重 W_A(g)		
混纺比例(涤:棉)		
平均混纺比例(涤:棉)		

子项目二　两组分混纺织品的纤维含量分析——CU纤维细度仪法[5]

一、实验准备

1. 仪器设备：CU纤维细度仪(包括摄像头、光学显微镜、计算机、打印机)、哈氏切片器、镊子、刀片、载玻片、盖玻片。

2. 染化药品：甘油或石蜡油。

3. 实验材料：棉/麻织物(5cm×5cm，将经纱和纬纱抽出后分别称重)。

二、方法原理

将棉/麻织品制成纤维的纵向切片，利用CU纤维细度仪测试一定数量的纤维直径(一般测量棉和麻纤维的直径至少各200根)。通过对各组分纤维的比重进行折算，可计算出棉和麻纤维的重量百分含量。

三、操作步骤

1. 使用哈氏切片器制样：在载玻片上滴一滴甘油或石蜡油，然后将截取的纤维倒入其中再充分搅拌，截取纤维的长度控制在80～100μm。

2. 在桌面上双击CU纤维细度仪，点击采集图像，按“确定”按钮。

3. 点击纤维细度测量，选择“纤维含量”，按“启用宏”，屏幕上出现空白的专用“纤维含量实验”数据表窗口。

4. 最小化数据表窗口后可看到屏幕左边是采集窗口，右边是操作控制台。点击控制台“输入操作者”按钮，输入操作人名称；点击控制台“选择纤维种类”框，选出棉和麻纤维；点击控制台“经纱/纬纱”按钮，输入对应的试样重量。

5. 在图像采集窗口中点击鼠标右键，可使窗口中的图像在动态和冻结状态间转换。在冻结状态下测量纤维直径：移动光标到待测纤维的一侧，点击左键；移动光标到待测纤维的另一侧，再点击左键，此时，测出的纤维直径值已显示在控制台的“直径”栏中，在键盘上按下与纤维种类对应的数字键即可将此纤维的直径输出至数据表中。在活动状态下，在键盘上按下与纤维种类对应的数字键可直接输出纤维的种类记数。

6. 重复上一步骤操作，至测量完棉和麻各200根的纤维直径，且测试根数达1000根为止。

7. 最大化数据表窗口，即可得到棉和麻纤维的含量。

四、注意事项

1. 此方法亦可用于其他动物毛纤维混纺织品纤维含量的分析，如山羊绒/羊毛织品等。

2. 试样若为纱线，在操作步骤中，不需输入试样的重量。

3. 载玻片与盖玻片要洁净，尽量不要有与纤维片段近似尺寸的灰尘杂质。

五、实验报告

填写实验报告，实验报告见表3－12。

表3－12

试样名称 / 实验结果				
	经　向		纬　向	
纤维名称				
测量根数				
总根数				
直径(μm)				
CV(%)				
纤维含量(%)				
混纺比				

子项目三　三组分混纺织品的纤维含量分析[6]

一、实验方案

实验方案参见表3－13。

表3－13

实验条件	第一阶段	第二阶段
毛/黏/涤试样(g)	x	y

续表

实验条件	第一阶段	第二阶段
碱性次氯酸钠溶液(mL/g 试样)	100	—
75%硫酸(mL/g 试样)	—	100
温度(℃)	25	50±5
时间(min)	30	60

二、实验准备

1. 仪器设备:电子天平、称量瓶、有塞三角烧瓶(250mL)、玻璃砂芯坩埚、吸滤瓶、量筒(100mL)、烧杯、干燥器、剪刀、温度计(100℃)、玻璃棒、恒温水浴锅、烘箱。

2. 染化药品:氢氧化钠(C. P.)、硫酸(C. P.)、冰醋酸(C. P.)、氨水(C. P.)、次氯酸钠(C. P.)。

3. 实验材料:毛/黏/涤纱线或织物。如试样为纱线则剪成1cm长;如试样为织物,应将其拆成纱线或剪成碎块(注意每个试样应包含组成织物的各种纤维组成);每个试样取两份,每份试样1g。

4. 溶液制备:

(1)碱性次氯酸钠溶液:在1000mL浓度为1mol/L的次氯酸钠溶液中加入氢氧化钠5g。

(2)0.5%醋酸溶液:吸取5mL冰醋酸用1000mL水稀释。

(3)75%硫酸溶液(详见子项目一两组分混纺织品的纤维含量分析)。

(4)稀氨水溶液(详见子项目一两组分混纺织品的纤维含量分析)。

三、方法原理

利用毛、黏、涤三种纤维对化学试剂的稳定性差异,选择合适浓度的碱性次氯酸钠溶解羊毛纤维,硫酸溶解黏胶纤维,最终保留涤纶。通过逐个溶解、称重,由不溶解纤维的重量分别算出各组分纤维的百分含量。

四、操作步骤

1. 将制备好的试样放入称量瓶内,在105℃±3℃下烘至恒重,冷却后准确称取试样干重M。

2. 将已称重的试样放入烧杯中,每克试样加入100mL碱性次氯酸钠溶液,在不断搅拌下,于25℃左右处理30min。待羊毛充分溶解后,用已知干重的玻璃砂芯坩埚过滤。然后用少量次氯酸钠溶液洗3次,蒸馏水洗3次,再用0.5%醋酸溶液洗2次,用蒸馏水洗至中性。

3. 将玻璃砂芯坩埚及不溶纤维于105℃±3℃烘至恒重,移入干燥器冷却、称重,可得不溶纤维重量R_1。

4. 将上述不溶试样放入三角烧瓶中,每克试样加75%硫酸溶液100mL,盖紧瓶塞,摇动锥形瓶使试样浸湿。将锥形瓶保持50℃±5℃、60min,并每隔10min用力摇动1次。待试样溶解后经过滤、清洗、烘干后称取干重R_2。

5. 计算各组分纤维净干重含量百分率。

$$涤纶含量百分率 = \frac{R_2}{M} \times 100\%$$

$$黏胶纤维含量百分率 = \frac{R_1}{M} \times 100\% - 涤纶含量百分率$$

$$羊毛含量百分率 = 100\% - 黏胶含量百分率 - 涤纶含量百分率$$

五、说明

此法亦适用于毛/棉/涤、丝/黏/涤、毛/麻/涤产品的纤维含量分析。其他三组分混纺织品的纤维含量分析建议方案见表3－14。

表3－14

纤维组成			应用方法
第一组分	第二组分	第三组分	
毛、丝	黏胶纤维	棉、麻	碱性次氯酸钠法 甲酸/氯化锌法
毛、丝	锦纶	棉、黏胶纤维、苎麻	碱性次氯酸钠法 80%甲酸法
丝	毛	涤纶	75%硫酸法 碱性次氯酸钠法
锦纶	腈纶	棉、黏胶纤维、苎麻	80%甲酸法 二甲基甲酰胺法
锦纶	棉、黏胶、苎麻	涤纶	80%甲酸法 75%硫酸法
黏胶纤维	棉、麻	涤纶	甲酸/氯化锌法 75%硫酸法

六、实验报告

填写实验报告，实验报告见表3－15。

表3－15

干燥重量 \ 试样名称		毛/黏/涤织品	
		试样1	试样2
试样干重 M(g)			
不溶纤维干重(g)	R_1		
不溶纤维干重(g)	R_2		
涤纶纤维含量(%)			
黏胶纤维含量(%)			
羊毛纤维含量(%)			
平均纤维含量(涤∶黏∶羊毛)(%)			

子项目四 四组分混纺织品的纤维含量分析[7]

一、实验方案

实验方案参见表 3 – 16。

表 3 – 16

编 号	纤维组成	试剂和分析步骤
1	羊毛、锦纶、腈纶、黏胶纤维	(1) 1mol/L 次氯酸钠溶解羊毛 (2) 20% 盐酸溶解锦纶 (3) 二甲基甲酰胺溶解腈纶
2	羊毛、锦纶、苎麻、涤纶	(1)1mol/L 次氯酸钠溶解羊毛 (2)20% 盐酸溶解锦纶 (3)75% 硫酸溶解苎麻
3	羊毛、腈纶、棉、涤纶	(1) 1mol/L 次氯酸钠溶解羊毛 (2) 二甲基甲酰胺溶解腈纶 (3) 75% 硫酸溶解棉
4	蚕丝、黏胶纤维、棉、涤纶	(1) 1mol/L 次氯酸钠溶解蚕丝 (2) 甲酸/氯化锌溶解黏胶纤维 (3) 75% 硫酸溶解棉
5	蚕丝、锦纶、腈纶、涤纶	(1)1mol/L 次氯酸钠溶解蚕丝 (2)20% 盐酸溶解锦纶 (3)二甲基甲酰胺溶解腈纶

二、实验准备

1. 仪器设备:索氏萃取器(接受瓶 250mL)、恒温水浴锅、真空抽气泵、电热鼓风烘箱、电子天平、干燥器、有塞三角烧瓶(250mL)、玻璃砂芯坩埚、称量瓶、抽气滤瓶、温度计、量筒、烧杯等。

2. 染化药品:盐酸(C. P.)、硫酸(C. P.)、甲酸(C. P.)、氯化锌(C. P.)、二甲基甲酰胺(C. P.)、次氯酸钠(C. P.)

3. 实验材料:四组分纤维混纺纱线或织物。试样若为纱线则剪成 1cm 长;若为织物,应拆成纱线或剪成碎块。每种试样取两份,每份试样 1g。

4. 溶液制备:20% 盐酸溶液、75% 硫酸溶液、甲酸/氯化锌溶液(具体方法详见子项目一两组分混纺织品的纤维含量分析)。

三、方法原理

利用混纺产品中各组分纤维耐化学试剂稳定性不同,选择适当的试剂,依次溶解混纺产品中的几个纤维组分。根据不溶纤维的重量计算出各组分纤维的百分含量。

四、操作步骤

1. 将试样置于已知重量的称量瓶内,放入 105℃ ±3℃烘箱中,烘干后,盖上瓶盖,移入干燥器内冷却后称其试样干重 m。

2. 根据试样组成的纤维种类,选择适当的溶剂,将试样按顺序依次溶解处理(试剂和分析步骤详见表 3 – 16,操作步骤参见子项目一两组分混纺织品的纤维含量分析)。

3. 将不溶纤维和玻璃砂芯坩埚在105℃ ±3℃烘箱中烘至恒重后，称取不溶纤维的重量。

4. 计算各组分纤维净干含量百分率。

$$P_4 = \frac{r_3}{m} \times 100\%$$

$$P_3 = \frac{r_2}{m} \times 100\% - P_4$$

$$P_2 = \frac{r_1}{m} \times 100\% - \frac{r_2}{m} \times 100\%$$

$$P_1 = 100\% - (P_2 + P_3 + P_4)$$

式中：P_1 为 A 纤维净干百分率；P_2 为 B 纤维净干百分率；P_3 为 C 纤维净干百分率；P_4 为 D 纤维净干百分率；r_1 为试样经第一种试剂处理，去除 A 纤维后，剩余纤维的干重(g)；r_2 为试样经第二种试剂处理，去除 B 纤维后，剩余纤维的干重(g)；r_3 为试样经第三种试剂处理，去除 C 纤维后，剩余纤维的干重(g)；m 为试样干重(g)。

5. 常见四组分纤维混纺织品纤维含量分析步骤与试剂的选择。

五、注意事项

二甲基甲酰胺、甲酸/氯化锌等有毒性，使用时，应采用妥善的安全保护措施。

六、实验报告

填写实验报告，实验报告见表 3－17。

表 3－17

试样名称 / 干燥重量			
试样干重(g)			
试剂名称			
不溶纤维重量(g)	r_1	r_2	r_3
各组分纤维净干百分含量(%)	P_4		
	P_3		
	P_2		
	P_1		

项目三　织物的耐用性能测试

织物在加工及其使用过程中，要受到拉伸、撕裂、顶裂、磨损等破坏。这些指标直接关系到织物的使用性能和使用寿命。其中，织物的耐磨性是影响耐用性能的主要指标，它是织物强力、延伸度和回弹性三种机械性能的综合表现。织物的强力包括拉伸强力、撕破强力、顶破强力等，考核织物的物理机械性能，有助于了解纤维制品的耐用性能（endurance），并且可以判断织物在染整加工过程中的损伤程度。

子项目一　织物拉伸强力的测定[8]

纺织品在加工、服用过程中经常承受各种方向的拉伸力，它是导致织物损坏的作用力的主要形式。织物拉伸断裂性能的基本指标包括：断裂强力、断裂伸长率、断裂长度、断裂功等。其中织物的断裂强力是用来评价染整产品内在质量的重要指标之一。如棉织物漂白方法选择不当、工艺条件控制不合理，可能导致强力下降。所以，了解织物强力的测定方法，有助于合理控制染整加工工艺条件，保证产品质量。

本项目的目标任务是使学生了解待测织物的拉伸断裂力学特征，掌握织物拉伸强力（tensile strength）测定基本方法及对其结果评定方法，学会分析影响拉伸强力测试的各种因素。

一、实验方案

在纯棉和涤/棉织物，或经染整加工前后的织物中任选一组试样进行平行试验，比较两种织物的断裂强力及断裂伸长率。

二、实验准备

1. 仪器设备：等速伸长试验仪、剪刀、钢尺、镊子、笔、挑针、烘箱。

2. 实验材料：同种组织规格的纯棉、涤/棉织物各一块，或经漂白前后的纯棉织物各一块。取样要求：

（1）在距布边约150mm处剪取330mm×60mm的经、纬向试样各5条（另加预备试样1～2条）。按下面平行法（也可按梯形法）裁样（图3－2）。

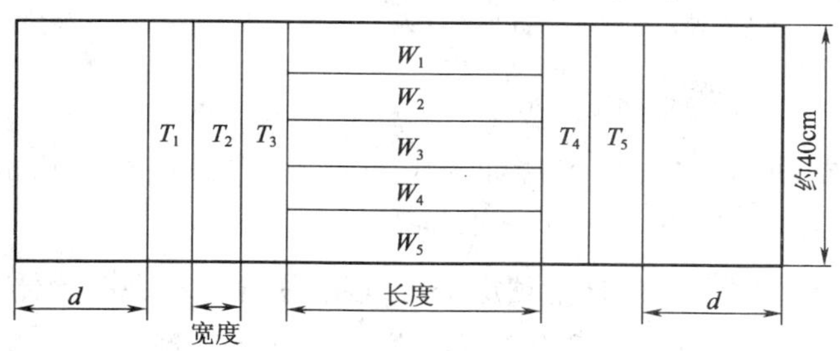

图3－2　织物拉伸性能测试取样示意图

（2）沿着条样长度方向，扯去边纱，使条样的宽度精确修正至50mm，并且试样上不能存在表面疵点。

三、方法原理

织物拉伸性能的测试是通过给规定尺寸的试样以恒定伸长速率，使其伸长，直至断脱，记录断裂时的最大拉力和伸长（称断裂强力和断裂伸长）。

四、操作步骤

1. 仪器调整:

(1)调整仪器水平,并在挂重锤"A"的情况下,调节齿条杆靠重锤摆臂一端的螺母,使指针与强力刻度盘的零位重合。

(2)下布夹升至最高位置,调整上、下布夹间的距离为200mm(若测定针织物、毛织物试样,则为100mm),具体可由插销插入夹距调节杆上不同的孔中来调节。

(3)伸长刻度尺上的指针调整对准零位。

(4)根据织物断裂强力大小选择强力重锤,使织物的断裂强力读数在强力满刻度值的20% ~80%。

(5)根据试样单位面积质量确定预加张力(表3-18)。

表3-18

单位面积(g/m^2)	预加张力(N)	单位面积(g/m^2)	预加张力(N)
≤200	2	>500	10
>200,≤500	5	—	—

纬编针织物的横向试条的预加张力:汗布为196cN、绒布为294cN、双面布为245cN。

(6)根据伸长率选择拉伸速度:伸长率、拉伸速度及隔距长度的关系如表3-19所示。

表3-19

隔距长度(mm)	织物断裂伸长率(%)	拉伸速度(mm/s)
200	<8	20
200	8~75	100
100	>75	100

注 ASTM 05035 织物断裂强力和伸长率测试中,拉伸速度为300mm/s,隔距长度根据断裂伸长率选择。

2. 测试:

(1)关闭上布夹制动器,将布样上端伸入上布夹内,布条应在夹钳的中间位置,旋紧上布夹。

(2)将布样的下端伸入下布夹,挂上预加张力重锤,松开上布夹制动器再关闭,使布条全幅纱线在重力作用下达到均匀伸直,然后旋紧下夹钳,取下张力重锤,松开上布夹制动器。

(3)打开电源开关,按下降按钮,使下夹钳向下运动,直到夹入的布样发生断裂。记录断裂强力、断裂伸长或断裂伸长率。

如果试样在钳口处滑移不对称或滑移量大于2mm时,测试结果无效,应舍弃重新试验。如果试样在钳口5mm以内断裂,则作为钳口断裂。当五块试样测试完毕,若钳口断裂的值大于最小的"正常值",可以保留;若小于最小的"正常值",应舍弃重新试验以取得五个"正常值"。

(4)揿动上升按钮,使下布夹上升,仪器恢复原位,按上述测试程序至试样测试完毕。

(5)实验结果计算。织物强伸性能试验受温湿度条件的影响,试样一般应在标准状态(温度 20℃ ±2℃；相对湿度 65% ±3%）展开平放 24h 以上，达到一定回潮率再进行试验。但工厂通常为了迅速完成织物断裂强力的试验，按试验方法标准规定，可采用快速试验。快速试验时可以在一般温湿度条件下进行，将实测结果根据实际回潮率和温度加以修正（按 GB 8170）。

修正强力 = 织物强力修正系数 × 实测织物的平均强力

若强力计算结果小于 10N，修约至 0.1N；大于 10N 且小于 1000N，修约至 1N；1000N 及以上，修约至 10N。

平均断裂伸长率为经（纬）向断裂伸长率各以其算术平均值作为结果，当平均值在 8% 及以下时，修约至 0.2%；大于 8% 且小于 50% 时，修约至 0.5%；50% 及以上时，修约至 1%。

五、注意事项

1. 此法适用于机织物，也适用于其他技术生产的织物（如针织物、非织造布、涂层织物及其他类型的纺织织物），但不适用于弹性织物、纬平针织物、罗纹针织物、土工布、玻璃纤维织物等。

2. 若测定漂白前后试样的强力变化，漂白后试样最好经碱煮后再测定。

六、实验报告

填写实验报告，实验报告见表 3－20。

表 3－20

试样名称 / 实验结果	经向		纬向		试样名称 / 实验结果	经向		纬向	
	强力（N）	伸长率（%）	强力（N）	伸长率（%）		强力（N）	伸长率（%）	强力（N）	伸长率（%）
平均值					平均值				
修正系数					修正系数				
修正强力					修正强力				

子项目二　织物撕破强力的测定[9,10]

纺织品在加工、服用过程中，由于被物体勾住或局部握持，在某一部位受到集中负荷作用，使织物局部纱线逐根受到很大负荷而破裂。撕裂作用与拉伸断裂作用不同，它与纺织品的面积关系不大。撕破强力小的纺织品其拉伸强力不一定小。

本项目的目标任务是使学生了解织物撕破的特征和原理，掌握梯形法和冲击摆锤法织物撕破强力（tearing strength）测定基本方法，了解两种撕破强力测定结果产生差异的原因和适用范围。

一、实验方案

在纯棉和涤/棉织物，或经染整加工前后的织物中任选一组试样进行平行试验，比较两种织物的撕破强力。

二、实验准备

1. 仪器设备：织物强力机、YG033A 织物撕裂仪、米尺、剪刀、笔、镊子、划样板（图 3－3 和图 3－4）。

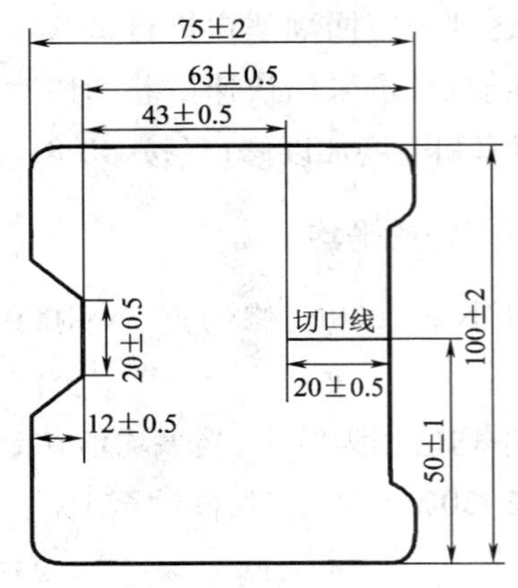

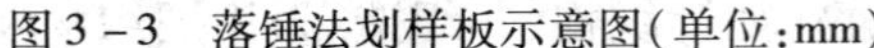
图 3－3　落锤法划样板示意图（单位：mm）

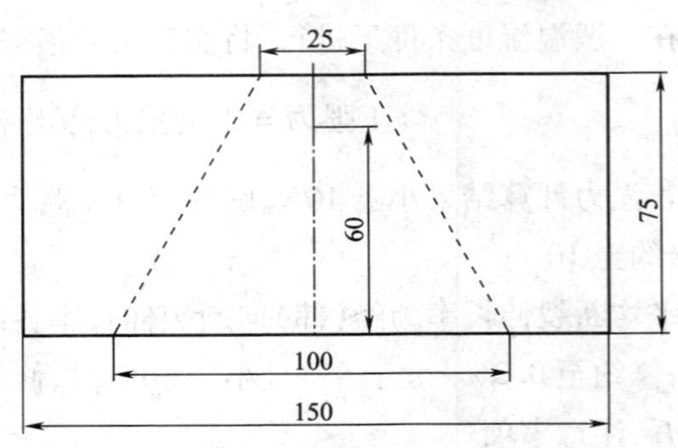

图 3－4　梯形试样划样板示意图（单位：mm）

2. 实验材料：同种组织规格的纯棉、涤/棉织物各一块，或经染整加工前后织物各一块。取样要求：

（1）冲击摆锤法试样：在距布边 150mm 左右处用划样板划取经、纬试样各五块，要求不含严重疵点，并且各试条长、短边线与布面的经、纬纱线相平行，如图 3－3 所示。

（2）梯形法试样：在距布边 150mm 处，按平行法剪取经、纬向试样各 5 条，条样尺寸为 75mm × 150mm。用样板在每个试样上画等腰梯形并按图 3－4 在梯形短边的正中处，开剪一条 15mm 长的剪缝。

三、方法原理

梯形法撕破是在试样上画一个梯形，用强力试验仪的铗钳夹住梯形上两条不平行的边，对试样施加连续增加的力，使撕破沿试样宽度方向传播，测定平均最大撕破力。

冲击摆锤法撕破是将试样固定在铗钳上，将试样切开一个切口，释放处于最大势能位置的摆锤，可动铗钳离开固定铗钳时，试样沿切口方向被撕裂，把撕破织物一定长度所做的功换算成撕破力。

四、操作步骤

1. 梯形法：

（1）设定两铗钳间距离为 25mm ± 1mm，拉伸速度为 100mm/min，选择适宜的负荷范围，使断裂强力落在满刻度 10% ~90% 范围内。

（2）沿梯形不平行两边夹住试样，使切口位于两铗钳中间，梯形短边保持拉紧，长边处于折皱状态。

（3）启动仪器，下布钳下降，直至条样全部撕裂，读取最高撕破强力值，并记录。

（4）重复以上操作，经、纬向各五次，计算五块试样的撕破强力平均值。

2. 冲击摆锤法：

（1）选择摆锤的质量，使试样的测试结果落在相应标尺 15% ~85% 范围内。

（2）校正仪器的零位，将摆锤升到起始位置。将试样夹于撕裂仪上，使试样长边与铗钳的顶边平行，且位于中心位置，缺口朝上。开剪切口（约 20mm ±0.5mm），按下摆锤停止键，放开摆锤。当摆锤回摆时握住它，以免破坏指针的位置。

（3）从测量装置标尺分度值或数字显示器读出撕破强力（单位：N）。检查结果是否落在所用标尺的 15% ~85% 范围内。

（4）重复以上操作，经、纬向各五次，计算平均值。

五、注意事项

1. 试样必须夹牢，否则两面受力不匀将影响测试结果。

2. 观察撕裂是否沿力的方向进行，纱线是否从织物上滑移而不是被撕裂。如果织物未从铗钳口滑移，撕破一直在 15mm 宽的凹槽区内，说明试验是正常的，否则结果需剔除。如果五块试样中有三块或三块以上被剔除，说明此方法不适用。

3. 织物的撕破强力试验与织物拉伸试验一样，要求在标准大气条件下进行，否则要按织物的实际回潮率进行修正，修正公式和修正系数按 GB 8170。

4. 梯形试样撕破强力的测定适用于各种机织物，且试样尺寸采用了 ISO 9073—4 的数字。冲击摆锤法织物撕破强力的测定不适用于机织弹性织物和稀疏织物。

六、实验报告

填写实验报告，实验报告见表 3－21。

表 3－21

试样名称 / 实验结果				
	经 向	纬 向	经 向	纬 向
平均撕破强力（N）				
修正系数				
修正撕破强力（N）				

子项目三 织物顶破强力的测定

纺织品在使用过程中常常会受到一垂直于织物平面的集中负荷作用（如膝、肘等部位）而鼓起扩张直至破损。尤其是手套、袜子等针织品，顶破强力（bursting strength）是其强力表示的重要形式。

本项目的目标任务是使学生了解顶破损坏基本原理，掌握顶破强力测定基本方法及适用范围。

一、实验方案

在纯棉和涤/棉针织物，或经染整加工前后的纯棉针织物中任选一组试样进行平行试验，比较两种织物的顶破强力。

二、实验准备

1. 仪器设备：YG031 型织物顶破强力机（顶破钢球直径为 20mm，下降速度为 100 ~110mm/min，圆环铗钳内径为 25mm）、剪刀、圆形划样板。

2. 实验材料：纯棉、涤/棉针织布各一块，或经染整加工前后的针织物各一块。取样要求：在距布样布边 150mm 处，剪取直径为 50mm 圆形试样五块。

三、方法原理

用一个球面体，对试样的一面施以垂直的压力，直至试样破裂。

四、操作步骤

1. 检查机械各部位是否正常，校正强力指针零位，开动机器使顶破钢球升至最高位置。

2. 将试样放入夹布圆环内夹紧，再将其平放在夹头架上推到底。

3. 启动机器进行顶破，待试样完全顶破后，使仪器恢复原状。记录强力指针在刻度盘上指示的强力值，精确到 0.1N(0.01kgf)。

4. 重复以上操作五次，计算五块试样的顶破强力平均值。

5. 若试验是在非标准试验条件下进行，则所测得的实际顶破强力，应根据试样的实际回潮率修正。顶破试验完毕后，将全部试样烘干测算出其回潮率后，按下式计算修正强力：

$$修正强力 = 实测顶破强力平均值 \times 换算系数$$

五、注意事项

棉毛针织物顶破强力换算系数见表 3－22，换算系数因针织物的品种而异。

表 3－22

回潮率(%)	7.0	7.1	7.2	7.3	7.4	7.5	7.6	7.7	7.8	7.9
换算系数 K	1.0234	1.0208	1.0182	1.0157	1.0133	1.0109	1.0036	1.0064	1.0042	1.0021
回潮率(%)	8.0	8.1	8.2	8.3	8.4	8.5	8.6	8.7	8.8	8.9
换算系数 K	1.0000	0.9979	0.9960	0.9941	0.9922	0.9904	0.9887	0.9869	0.9853	0.9836
回潮率(%)	9.0	9.1	9.2	9.3	9.4	9.5	9.6	9.7	9.8	9.9
换算系数 K	0.9820	0.9805	0.9709	0.9775	0.9760	0.9746	0.9732	0.9719	0.9706	0.9693

六、实验报告

填写实验报告，实验报告见表 3－23。

表 3－23

试样名称 / 实验结果		
平均顶破强力(N)		
实测回潮率(%)		
修正系数		
修正顶破强力(N)		

子项目四　织物耐磨性测试

织物的耐磨性(wear resistance)是指织物抵抗各种磨损的特性。织物经摩擦后，部分纤维可能受到磨损而断裂,使织物某些性能如强度、厚度、重量、表面光泽、透气性及起毛起球性改变,从而影响织物的外观质量与内在质量。

本项目的目标任务是使学生了解耐磨的基本原理,掌握织物耐磨性能试验的操作步骤,学会对该性能测试结果的评价方法。

一、实验方案

选择纯毛、毛/涤织物两个试样进行平行试验,比较两种织物的磨损失重。

二、实验准备

1. 仪器设备:Y522 型圆盘式织物平磨仪(包括工作圆盘、砂轮磨盘、支架、吸尘管、计数器等)、米尺、划样板、剪刀。

2. 实验材料:纯毛、毛/涤织物各一块(每份试样至少 0.3m)。取样要求:距布边约 150mm 处取样,将织物剪成直径为 125mm 的圆形试样 5 ~ 10 块,在试样中央剪一个小孔,用天平称其重量(精确至 0.01g)。

三、方法原理

将圆形织物试样固定在工作圆盘上,工作圆盘匀速回转,利用砂轮对试样产生的摩擦作用而使试样形成环状磨损。

四、操作步骤

1. 把试样放在工作圆盘上夹紧,选用合适的砂轮将压力调节至适当范围。

砂轮磨盘对试样的加压重量为:支架重量(250g) + 砂轮重量 + 加压重锤重量 - 平衡重锤或平衡砂轮重量。不同织物对加压重量有不同要求,详见表 3 - 24。

表 3 - 24

织物类型	砂轮种类	加压重量(不含砂轮重量)(g)
粗厚织物	A—100	750(或 1000)
一般织物	A—150	500(或 750、250)
薄型织物	A—280	125(或 250)

2. 调节吸尘管高度,使之高出试样 1 ~ 1.5mm。

3. 将计数器转至零位,拨动开关开机,使工作圆盘回转若干圈。

4. 吸尘管的风量根据磨屑的多少,用平磨仪右侧的调压手轮来调节。试验结束后,把支架、吸尘管抬起,取下试样,清理砂轮。

5. 重复上述操作,每种试样平行做 5 ~ 10 次,然后将试样合并称重。

6. 计算试样磨损程度。若试样重量减少率越大,织物耐磨性能越差。

$$\text{织物重量减少率} = \frac{G - G_1}{G} \times 100\%$$

式中:G 为磨损前织物试样的重量;G_1 为磨损后织物试样的重量。

五、注意事项

1. 测试温度对测试结果有一定的影响，所以应在一定的环境温度下测试。

2. 也可记录当试样上出现两根以上的纱线磨断或出现一定面积的破洞时的摩擦次数作为耐磨性评价指标。

六、实验报告

填写实验报告，实验报告如表 3－25 所示。

表 3－25

试样名称 实验结果	纯毛织物	毛/涤织物
磨前重量(g)		
磨后重量(g)		
平均重量减少率(%)		
耐磨性能评价		

子项目五　针织物可缝性测试

针织物(knitted fabrics)都是由线圈组成的，在加工或缝制过程中会因纱线受损而造成脱散，尤其是纬编针织物。所以评价针织物的可缝性能具有一定的实际意义，它不仅直接影响服装接缝处的牢度，而且严重影响产品质量。

针织物可缝性可采用缝纫损伤和受损纱线率两个指标来反映。缝纫损伤是指织物经过缝纫，由于穿过织物的缝纫针造成纱线部分或完全断裂的现象。受损纱线是指织物中由于缝纫损伤所造成的至少有一半以上纤维断裂的纱线。

本项目的目标任务是使学生了解针织物缝纫外观的影响因素，学会测试缝纫损伤率和纱损率指标的操作过程，掌握针织物可缝性的评价方法。

一、实验方案

按要求取针织物试样，分别进行纵向损伤和横向损伤平行试验各五次，然后比较其损伤率。

二、实验准备

1. 仪器设备：缝纫机(速度≥5000 针/min)、洗衣机、镊子、放大镜、钢板尺。

2. 实验材料：纬编针织物 1.5～2.0m 或纬编针织缝制品若干。取样要求：

(1)若为织物试样：从样品上裁取整幅条样 200mm，用于测定纵向损伤；再沿纵向裁取长 1200mm，宽 200mm 的条样，用于测定横向损伤。将试样条样沿长度方向对折，在距折痕约 10mm 处平行于折痕缝制一条直形线缝(机针与缝纫线的选择见表 3－26)。将制备好的缝合组件置于 40℃、0.5% 皂液、浴比 1∶30 条件下处理 10min，取出后在沿经纬向各搓洗 10 次，并用冷水清洗，低温下晾干。在距两端 150mm 以上的中段范围内剪取线缝长 100mm，上下两片宽度 25mm 的试样 5 块。

(2)若为缝制品试样：将试样洗涤，晾干后，剪取线缝长 100mm，宽度 25mm 的试样 5 块。

表 3-26

缝纫针的针号	缝纫线的线密度	缝纫针的针号	缝纫线的线密度
11#	R24~36,合股线	16#	R75~90,合股线
14#	R45~60,合股线		

三、方法原理

将织物制成缝合组件,在规定条件洗涤、晾干,然后拆去缝纫线,选取一片织物,计数一定长度内受损纱线数及针迹数,从而评价缝纫损伤程度。

四、操作步骤

1. 在试样上居中划两条标记,使标记间的线缝长度至少为50mm。

2. 计数每块试样标记间的针迹数 N_s。

3. 用手分别对试样的两片施加足够的张力,使接缝张开,露出缝线,检查缝纫质量的情况。

4. 在每个线迹的中央,将缝纫线剪断,从针孔中抽去缝纫线(底线可以保留),把各层织物分开,选择上层计数缝纫损伤。

5. 平行于纵向或横向剪去距针迹5mm以上部分,然后将标记以外部分也剪除。

6. 若针迹垂直或近似垂直于纵向,则逐一拆出每根纱线,观察纱线受损情况,计数各受损纱线上受损处数的总和 N_t;若针迹垂直或近似垂直于横向,则逐一拆下每根纱线,观察纱线受损情况,计数纱线总数 N_y 和受损纱线数 N_t。

7. 计算与结果表示

(1)缝纫损伤率 D_S

$$D_S = \frac{N_t}{N_s} \times 100\%$$

(2)纱损率 D_Y

横向试验(若为纵向试验将 P_T 改为 P_W):

$$D_Y = \frac{5N_t}{LP_T} \times 100\% \quad 或 \quad D_Y = \frac{N_t}{N_y} \times 100\%$$

式中:L 为标记间长度(cm);P_T 为针织物纵向线圈密度(圈/5cm);P_W 为针织物横向线圈密度(圈/5cm)。

8. 重复上述操作,分别计算纵向、横向损伤平均值。

五、注意事项

1. 本实验方法也适用于一般的机织物及其缝纫制品,但不适用于不能拆解的织物及制品。

2. 在剪取小块试样时,应避免任何缝纫不正常成形的部位。

六、实验报告

填写实验报告,实验报告见表3-27。

表 3-27

试样名称：	纵向线圈密度：		横向线圈密度：	
评价指标 / 实验结果	纵向损伤		横向损伤	
	$\overline{N}_s$	$\overline{N}_t$	$\overline{N}_S$	$\overline{N}_t$
试测数据（平均值）				
平均缝纫损伤率 D_S（%）				
平均纱损率 D_Y（%）				

项目四　织物的外观性能测试

织物外观性能（appearance）包括起毛起球性、悬垂性、折皱回复性及尺寸稳定性等，它直接影响织物的外观风格。了解织物外观特性，便于有针对性地选择合适的加工工艺，并能较直观地判断织物的整理效果。

本项目以织物起毛起球性和悬垂性的测试为主，折皱回复性及尺寸稳定性等分别在第八模块后整理工艺实验中介绍。

子项目一　织物起毛起球性测试[11]

织物在日常使用过程中经常受外力的作用，在容易受到摩擦的部位，织物表面的纤维末端由于摩擦滑动而露出表面，并呈现毛茸状，这种现象称之为“起毛”。这些暴露的毛茸纤维若未能及时脱落，又继续受外力作用，摩擦、卷曲而相互纠缠在一起，形成毛粒状的小球体，即“起球”。织物起毛起球（pilling tendency）后，严重地影响了外观，而且一定程度上还使织物的使用寿命降低。

本项目的目标任务是使学生了解织物起毛起球的基本原理，掌握起毛起球性能测试与结果评定方法，学会分析影响织物起毛起球的因素。

一、实验方案

在纯毛、毛/涤、涤纶仿毛织物三只试样中任选两只试样进行平行试验，比较它们的起毛起球性能。

二、实验准备

1. 仪器设备：马丁代尔型磨损试验仪、机织毛毡（重 578 ~ 678g/m^2、厚度约 1.8mm）、试样垫片（聚氨酯泡沫塑料，相对密度为 0.04g/cm^3，厚度为 3mm）、圆形冲样器（直径为 40mm）或模板、笔、剪刀、标准样照、评级箱。

2. 实验材料：纯毛织物、毛/涤织物、涤纶仿毛织物各一块。取样要求：

（1）将试样放在标准大气下调湿 24h 以上。

（2）在距布边约 100mm 处，随机切取两组试样，一组为四块 40mm 直径的试样，另一组为四块 140mm 直径的磨料。

三、方法原理

装在磨头上的试样在规定压力下与磨台上的自身织物磨料相互摩擦一定次数，使织物表面起球。试样与磨料相对运动轨迹为李莎茹（Lissa-jous）图形。然后在规定光照条件下，将磨过的试样对比标准样照，评定起球等级[1]。

四、操作步骤

1. 将试样装在仪器夹头上，试样的测试面朝外。若测试织物小于 500g/m^2 时，在试样和试样夹金属塞块之间垫一块聚氨酯泡沫塑料；当测试织物大于 500g/m^2 或是复合织物时，则不需垫泡沫塑料。各只试样夹上的试样应保证受到同样的张力。

2. 将毛毡和磨料放在磨台上，把重砣放在磨料上，然后放上压环，旋紧螺母，使压环把磨料固定在磨台上。四个磨台上的磨料应受到同样的张力。

3. 把磨头放在磨料上加压，心轴穿过面板轴承插在磨头上，此时，压在磨料上的压力为 196cN。

4. 预置计数器为 1000，启动仪器，转动达 1000 次后，仪器自动停止。

5. 取下试样，在评级箱内对比评级样照，评定每块试样的起球程度，以最邻近的 1/2 级表示。

6. 以四块试样的平均值（级）表示试样的起球等级。计算平均值，修约到小数点后二位。如小数部分小于或等于 0.25，则向下一级靠；如大于或等于 0.75，则向上一级靠；如大于 0.25 且小于 0.75，则取 0.5。

五、注意事项

在选购试样时，应注意记录产品的规格与平方米重量。

六、实验报告

填写实验报告，实验报告见表 3－28。

表 3－28

试样名称 / 实验结果		
平均起球等级		
起毛起球性能评价		

子项目二 织物悬垂性测试[12]

悬垂性（draping property）是指织物在自然悬垂状态下，受自身重量及刚柔程度的影响而呈现的下垂特性。它反映了织物的悬垂程度和悬垂形态，直接影响服装和某些装饰织物的造型效果。

本项目训练的目标任务是使学生掌握织物悬垂性的测试方法，学会比较不同织物的悬垂性能。

一、实验方案

在真丝、人造丝、合成纤维丝织物,或经整理前后的织物中任选一组两只试样,采用直接读数法或描图法进行平行试验,比较不同织物的悬垂性能。

二、实验准备

1. 仪器设备:YG811 型织物悬垂性测定仪(图 3 - 5)、求积仪、电子天平、钢尺,量角器、剪刀、笔、有机玻璃描图板、圆形划样板、绘图纸(150g/m^2)。

2. 实验材料:同种组织规格的真丝织物、人造丝织物、合成纤维长丝织物各一块,或经整理前后的织物各一块(单幅织物取 30cm 全幅,双幅织物取 30cm 半幅)。取样要求:

(1) 试样在规定条件下经预调湿、调湿处理。

(2)在试样离布边 100mm 以上范围内,圆形划样板裁取直径为 240mm 无折痕圆形试样两块。

(3)在每块圆试样的正面,用量角器定出经纬向以及与经纬向呈 45°角的四个点 *A*、*B*、*C*、*D*,分别与圆心 *O* 连成半径线。即 *OA*、*OC* 代表织物的经向和纬向;*OB*、*OD* 代表与之呈 45°夹角的方向。

(4)在每块圆试样的圆心上剪出直径为 4mm 的定位孔(图 3 - 6)。

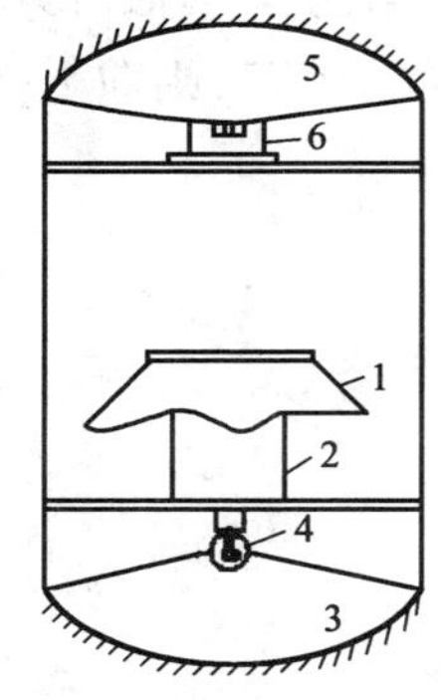

图 3 - 5　织物悬垂性测定仪简图

1—试样　2—夹持盘　3,5—反光镜　4—光源　6—光电管

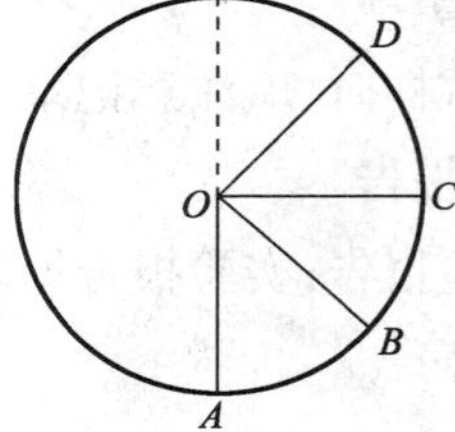

图 3 - 6　圆形试样

三、方法原理

将规定面积的圆形试样置于圆形夹持盘间,织物因自重而沿圆夹持盘周围下垂,用与水平面相垂直的平行光线照射,得到试样投影图,通过光电转换,直接读出悬垂系数,或通过计算试样投影面积求得悬垂系数[1]。

四、操作步骤

1. 仪器调整。

(1)按下电源开关,电源灯泡亮,使仪器预热 15 ~ 20min。

(2)调整光源灯泡和光电管,分别处于两个抛物面反光镜的焦点处。

(3)调节调零旋钮,使表头指针指"零",零点漂移 ±1%。

(4)将标准样板置于圆夹持盘上,使标准样板遮光后检查表头读数与标准样板所对应的悬垂系数是否相符,误差不得超过 ±2%,否则须调整仪器。

2. 测试。

(1)直接读数法操作步骤(透光性明显的织物不适用此法)。

①按下测量按钮。

②拿起圆夹持盘的压盖,将试样放在夹持盘上,使 *OA* 线指向操作者,加上压盖轻轻向下按三次,使试样形成四波纹形悬垂。

③按下静置按钮延时 3min。

④待产生讯响信号后,按下复位按钮,读取记录 *OA* 向的悬垂系数。

⑤经调零后,再依次测出 *OB* 向、*OC* 向、*OD* 向三个悬垂系数[1]。

⑥测试完毕,关闭电源,取下试样,仪器恢复原状。

(2)描图法操作步骤。

①按下电源按钮,将选择开关扳向"描图"一侧,则描图灯泡亮。

②剪取与试样大小相同的绘图纸,中心定位孔 4mm,用天平称重并记录。

③取下圆形压盖,将试样放在圆夹持盘上,*OA* 线指向操作者,再依次放上描图有机玻璃板、圆形绘图纸、压盖,中心对准,轻轻向下按三次,按下静置按钮。

④待产生讯响信号后,用铅笔将试样投影的图形描绘下来。

⑤取下绘图纸,剪下图形,称重(或用求积仪计算面积),然后计算 *OA* 向的悬垂系数。

⑥依上法测出试样 *OB* 向、*OC* 向、*OD* 向的投影图,并称重分别计算其悬垂系数。

⑦若采用求积仪,可根据测得的面积计算悬垂系数。

3. 结果计算。

计算每份样品的平均悬垂系数,保留小数点后一位。直接读数法依两块试样各向的读数计算平均值。描图法先计算每块试样各向的悬垂系数[1],再计算样品的平均悬垂系数。

$$F = \frac{G_2 - G_3}{G_1 - G_3} \times 100\%$$

式中:F 为试样各向悬垂系数;G_1 为与试样相同大小的纸重(mg),或与试样相同大小的面积(cm^2);G_2 为与试样投影图形相同大小的纸重(mg),或与试样投影图形相同大小的面积(cm^2);G_3 为与夹持盘相同大小的纸重(mg),或与夹持盘相同大小的面积(cm^2)。因夹持盘直径为 120mm,所以:

$$G_3 = \frac{G_1}{4}$$

五、注意事项

1. 绘图时视线应与试样面垂直。

2. 用称重法时，应选用标准绘图纸，否则测试结果误差较大。

六、实验报告

1. 直接读数法（表 3－29）：

表 3－29

试样名称 / 实验结果								
	OA 向	*OB* 向	*OC* 向	*OD* 向	*OA* 向	*OB* 向	*OC* 向	*OD* 向
悬垂系数								
平均悬垂系数								
悬垂性能评价								

2. 描图法（表 3－30）：

表 3－30

试样名称 / 实验结果								
	OA 向	*OB* 向	*OC* 向	*OD* 向	*OA* 向	*OB* 向	*OC* 向	*OD* 向
G_1（或面积）								
G_2（或面积）								
G_3（或面积）								
F								
平均悬垂系数								
悬垂性能评价								

项目五　面料分析综合实验

一、实验目的

1. 培养学生综合应用专业知识的能力，学会采用简便、有效、快捷的方法准确鉴别纺织面料的原料成分，通过测定面料的主要性能，指导生产工艺的制订。

2. 培养学生独立思考、独立操作，分析问题和解决问题的能力。

3. 培养学生计划工作、团结协作的能力。

二、实验内容

1. 某印染厂接到客户来样，为组织坯布和制定染色加工工艺，现需对来样作下列分析：

（1）确定来样的原料成分，若是混纺或交织产品，请分析各纤维组成的百分含量。

（2）为使产品达到一等品指标，你认为应对产品做哪些性能测试？

2. 随着人们生活节奏的加快，对服装的防护要求越来越高，为迎合这一市场要求趋势，某毛染整厂开发出防污、防蛀、防缩面料。为了解该产品经整理加工后，物理机械性能、外观性能及风格效果是否受到影响，可对该面料做如下测试：

(1)拉伸强力。

(2)耐磨性能。

(3)抗起毛起球性能。

(4)织物悬垂性能。

(5)织物风格特征的评定。

通过测试，分析整理前后两种面料的性能差异，并讨论影响性能差异的因素，以便完善整理工艺。

3. 天源纺织品有限公司样品陈列室存有下列样品：

纯棉卡其、涤/棉府绸、棉/锦交织物、棉/麻织品、纯毛花呢、毛/涤华达呢、真丝双绉等样品，由于保管不善，使样品标识混淆，请运用所学的检测手段，将各样品的成分及纤维含量依次鉴别出来，并给样品重新贴上正确的标签。

4. 纯棉织物经前处理高效短流程加工后，半制品的拉伸强力、撕破强力等是否受到较大的影响？并分析影响强力的因素有哪些？以便制订更为合理的前处理工艺。

三、具体要求

1. 由学生自己设计实验方案。

2. 开出实验所需仪器设备、染化药品及实验材料清单。

3. 在规定时间内完成。

4. 编写测试报告，格式应规范，数据应正确，分析问题应透彻。

四、几点建议

1. 面料分析综合实验可分成四个小组交叉循环进行。也可根据实验条件与材料情况加以选择与组合。

2. 根据分析内容所需准备的实验材料可因具体情况而异。

3. 面料分析综合实验的内容尽量与其他项目训练内容相互联系。

复习指导

1. 主要纺织纤维的化学组成、燃烧特征、纵向形态、化学溶解性能。

2. 纺织材料成分分析的方法、各自的原理、操作步骤及使用范围。

3. 两组分、三组分及四组分纤维混纺产品定量分析的测试原理及操作方法。

4. 涤/棉、毛/涤、毛/黏等常见织品纤维含量的分析方法，了解新型纤维混纺产品纤维含量的分析要点。

5. 织物的拉伸强力、撕破强力、顶破强力、耐磨性、起毛起球性、悬垂性测试的基本方法、结果评定及对测试结果影响因素的分析。

思考题

1. 分析燃烧法鉴别纤维的优缺点。

2. 试分析在鉴别棉、毛、麻、丝、黏胶纤维、醋酯、涤纶、锦纶、腈纶等纤维时，采用哪些方法比较简便、快速、可靠？

3. 纺织纤维切片制作时应该注意些什么？

4. 写出混纺织物定量分析的一般步骤。

5. 根据所测试的结果，分析被测织物强力差异的原因，并说明影响织物拉伸性能的因素有哪些？

6. 分析影响织物耐磨性能的因素有哪些？

7. 分析影响织物悬垂性的因素有哪些？

8. 根据织物起毛起球实验结果，分析影响起毛起球性的因素有哪些？结合自己的服装穿着情况，你认为哪些织物容易起毛起球？

参考文献

[1] FZ/T 01057.2—1999 纺织纤维鉴别试验方法　燃烧试验方法[S]．北京：中国标准出版社，2000.

[2] FZ/T 01057.3—1999 纺织纤维鉴别试验方法　显微镜观察法[S]．北京：中国标准出版社，2000.

[3] FZ/T 01057.5—1999 纺织纤维鉴别试验方法　着色试验方法[S]．北京：中国标准出版社，2000.

[4] GB/T 2910—1997 纺织品　二组分纤维混纺产品定量化学分析方法[S]．北京：中国标准出版社，2000.

[5] N/T 0756—1999 进出口麻/棉混纺产品定量分析方法　显微投影仪法[S]．北京：中国标准出版社，2000.

[6] GB/T 2911—1997 纺织品　三组分纤维混纺产品定量化学分析方法[S]．北京：中国标准出版社，2000.

[7] FZ/T 01026—1993 四组分纤维混纺产品定量化学分析方法[S]．北京：中国标准出版社，2000.

[8] GB/T 3923.1—1997 纺织品　织物拉伸性能 第1部分：断裂强力和断裂伸长率的测定（条样法）[S]．北京：中国标准出版社，2000.

[9] GB/T 3917.1—1997 纺织品　织物撕破性能 第1部分：撕破强力的测定　冲击摆锤法[S]．北京：中国标准出版社，2000.

[10] GB/T 3917.3—1997 纺织品　织物撕破性能 第3部分：梯形试样撕破强力的测定[S]．北京：中国标准出版社，2000.

[11]GB/T 4802.2—1997 纺织品 织物起球试验 马丁代尔法[S]. 北京:中国标准出版社,2000.
[12]FZ/T 01045—1996 织物悬垂性试验方法[S]. 北京:中国标准出版社,2000.
[13]蔡苏英. 染整实验[M]. 北京:中国纺织出版社,2002.
[14]朱进忠. 纺织材料学实验[M]. 北京:中国纺织出版社,1997.

第四模块　染料性能测试

染料品质是影响染色效果最主要的因素。通过对染料溶解性、直接性、匀染性、扩散性、染色牢度等性能测试，了解该染料的应用性能，有针对性地采取相应的措施，从而达到满意的应用效果。

本模块主要介绍染料的通用性能测试方法。对于染料的特性，如活性染料的反应性与固色率、分散染料的固色率、阳离子染料的配伍性与染色饱和值等，分别在第六模块染色工艺实验相关项目中介绍。

项目一　染料吸收特性曲线的绘制

染料吸收特性曲线主要包括染料吸收波长与吸收强度、染料浓度与吸收强度之间的关系曲线等。它们的主要用途是了解染料的最大吸收波长（色调）、选择性吸收强度（鲜艳度）、染料随浓度变化的递深性等，为染料上染速率曲线测定、上染百分率测定等奠定基础。

本项目的目标任务是使学生了解染料吸收特性曲线的作用，掌握染料吸收光谱曲线和吸光度—浓度标准工作曲线的测定方法及其应用。

子项目一　染料吸收光谱曲线的绘制

一、实验方案

分别测定待测染料稀溶液对380～780nm可见光的吸光度值A，然后绘图。

二、实验准备

1. 仪器设备：分光光度计、容量瓶（50mL）等。
2. 染化药品：直接耐晒红4BL（或选择与测定上染速率、上染百分率一致的染料）。
3. 实验材料：绘图纸。

三、方法原理

染料等有色物质在可见光范围内可以产生不同程度的吸收。若用不同波长的可见光分别照射染料稀溶液，通过分光光度计可以得到一组吸光度值。以波长为横坐标，吸光度（或光密度、消光值）为纵坐标绘得的曲线即为染料吸收光谱曲线。

四、操作步骤

1. 将染料配制成0.008g/L稀溶液，并倒入吸收池中。

2. 分光光度计预热、调零后，分别用400nm、450nm、500nm、550nm、600nm、650nm、700nm、750nm 波长测定染料稀溶液的吸光度 A。

3. 将波长和吸光度一一对应列表，了解该染料在可见光范围内的吸收规律，同时得知最大吸收波长（近似值）。

4. 在最大吸收波长（近似值）附近再取若干个点（间隔以 10nm 为宜），测定染料稀溶液的吸光度。

5. 将测得的所有数据列表，并以波长 λ 为横坐标，吸光度 A 为纵坐标作图。此时最大吸光度所对应的波长即为该染料的最大吸收波长 λ_{max}。

五、注意事项

1. 所配制的染料稀溶液可根据染料力份、染深性等加以调整。
2. 测定时每变换一次波长，仪器必须重新调零点。

六、实验报告

将测试数据记录在表 4－1 中，并绘制染料吸收光谱曲线。

表 4－1

染料名称												
λ(nm)												
A												
λ_{max}(nm)												

子项目二　染料吸光度—浓度标准工作曲线的绘制

一、实验方案

配制若干个浓度的染料溶液，分别测定其吸光度值 A。详见表 4－2。

表 4－2

试样编号	1#	2#	3#	4#	5#	6#
母液用量(mL)	2.5	5	10	15	20	25
相对浓度 C(%)	10	20	40	60	80	100

二、实验准备

1. 仪器设备：分光光度计、容量瓶（500mL、50mL）。
2. 染化药品：直接耐晒红 4BL（选择与测定上染速率、上染百分率一致的染料）。
3. 实验材料：绘图纸。
4. 溶液制备：0.08g/L 染料母液。

三、方法原理

根据朗伯—比尔定律，当染液浓度较低时，有色溶液对一束平行单色光的吸光度与溶液的浓度和液层厚度之积成正比。若波长和液层厚度一定时，吸光度与溶液浓度成正比。对于每个染料浓度都有一个相对应的吸光度值，若以染料浓度 c 为横坐标，各浓度相对应的吸光度 A 为纵坐标绘制成的曲线即为吸光度—浓度标准工作曲线。

四、操作步骤

1. 按实验方案用移液管逐个吸取染料母液，分别置于 6 个 50mL 容量瓶中，加蒸馏水至刻度，并按 1# ~6#顺序编号。

2. 选择 2#染料溶液，按“染料吸收光谱曲线的制作”实验步骤，测定该染料的最大吸收波长 λ_{max}。

3. 用最大吸收波长 λ_{max} 分别测定 1# ~6#染料溶液的吸光度。

4. 将 1# ~6#试样的相对浓度 c 与吸光度 A 一一对应列表，并以相对浓度 C 为横坐标，吸光度 A 为纵坐标绘图。

五、注意事项

1. 用蒸馏水配制染料溶液，并以蒸馏水作为测试空白液。

2. 该图用于染料上染百分率测定和上染速率测定，故染料的相对浓度与染色浓度应对应。

六、实验报告

将测试数据记录在表 4 –3 中，并绘制吸光度—浓度标准工作曲线。

表 4 –3

染料名称						
试样编号	1#	2#	3#	4#	5#	6#
相对浓度 c(%)	10	20	40	60	80	100
吸光度 A						

项目二　染料力份与色光强度的测定

染料在出厂前虽然已经过商品化和标准化加工，但由于生产厂家不同，生产批号不同而导致染料的相对强度，即力份（strength of a dye）和色光不一致，这给染料应用者带来诸多不便。所以，染料厂和印染厂根据各自工作的要求不同，都进行染料力份与色光强度的分析，以便准确调整配方，快速打样与放样。

本项目训练的目标任务是使学生了解染料力份、色光强度的含义，掌握力份与色光强度测定的基本方法。

一、实验方案

实验方案参见表 4 –4。

表 4-4

处方及条件 \ 染浴编号	1#	2#	3#	4#	5#
2g/L 染料标样溶液(mL)	47.5	50	52.5		
2g/L 染料试样溶液(mL)				50	52.5
相应助剂	根据待测染料的工艺要求添加				
pH 值	根据待测染料的工艺要求调整				
染色温度(℃)	采用待测染料的最佳染色温度				
浴比	棉织物 1∶40;毛织物 1∶50				
总液量(mL)	200				

二、实验准备

1. 仪器设备:分析天平(感量不大于 0.001g)、容量瓶(500mL)、滴定管(50mL)、烧杯(200mL、250mL)、角匙、玻璃棒、染色小样机或水浴锅等。

2. 染化药品:标样染料、待测染料、相应的染色助剂等。

3. 实验材料:经精练的纱线或织物。

4. 溶液制备:2g/L 标样染料溶液和待测染料溶液。

准确称取标样染料(或参照样)及待测染料各 1.0g(精确至 0.001g),置于烧杯中,加水及相应的助剂化料(化料方法参照各类染料化料条件)。待染料充分溶解或分散后,移入 500mL 容量瓶中,稀释至刻度,摇匀,备用。

三、方法原理

标样染料和待测染料在相同浓度、相同条件下染色,经染后处理及烘干,以标样染料(或参照样)作为参比对象,根据两者的上染百分率及色光差异,评定待测染料的力份与色光强度。

四、操作步骤

1. 准确称取棉织物(或毛织物)试样 5 份,用沸蒸馏水润湿备用。

2. 按实验方案要求配制 5 个染浴,分别编号并做好标记。

3. 将已经润湿的织物依次浸入对应的染浴中,然后移入染色小样机中,按 1~2℃/min 的速度升至规定温度,保温续染 30min。始染温度、保温温度、助剂等参见第六模块各类染料的染色工艺。

4. 染毕取出染样,按各类染料后处理要求进行水洗、皂洗或还原清洗,然后干燥。

5. 干燥后的试样放置片刻,待色光稳定后进行评定。

(1)色光:以“近似、微、稍、较及显较”五级表示。

近似:两块染样左右交替目测无差异者;

微:两块染样左右交替目测似有色差者;

稍:两块染样左右交替目测易于区别色差者;

较:两块染样目测评比有明显色差者;

显较:两块染样基本已呈两种色相者。

(2)艳度:应与标样近似或微艳,微暗为不合格。

(3)力份:标样和试样染色深度要求分档清楚,即 3# > 2# > 1#、5# > 4#;试样色光应相当于标样的"近似"、"微"或"稍"才能评定。当试样与标样色深度一致时,染料试样的力份为:

$$染料试样的力份 = \frac{标样所用染料溶液体积}{试样所用染料溶液体积} \times 100\%$$

当试样色深度介于标样两档之间,如 4# 样介于 1#、2# 之间,则试样力份为 95% ~100%。

五、注意事项

1. 评定色光和力份时,应在室内标准光源箱内或室内北照光下进行评定。
2. 标样和试样必须在同一加热浴中染色。
3. 如用烘箱干燥染色织物,温度不宜超过 60℃。
4. 当供需双方对染料质量产生争议时,应以各染料标准上的规定方法进行试验。

六、实验报告

填写实验报告,实验报告见表 4 – 5。

表 4 – 5

<table>
<tr><td rowspan="2">试样编号 / 实验结果</td><td colspan="3">标 样</td><td colspan="2">试 样</td></tr>
<tr><td>1#</td><td>2#</td><td>3#</td><td>4#</td><td>5#</td></tr>
<tr><td>贴 样</td><td></td><td></td><td></td><td></td><td></td></tr>
<tr><td rowspan="2">评 价</td><td>色光</td><td>艳度</td><td>力份</td><td></td><td></td></tr>
<tr><td></td><td></td><td></td><td></td><td></td></tr>
</table>

项目三　染料应用性能测试

染料应用性能包括溶解性、直接性、扩散性、匀染性、移染性、稳定性等。不同类型的染料测试内容、方法和要求不完全相同。同一染料若染色方法不同,测试内容和要求也不同。

本项目以介绍影响染料匀染性的内在质量指标测试方法为主,通过训练使学生了解影响匀染性的主要因素,掌握染料溶解度、直接性、扩散性、匀染性、移染性等测试方法。

子项目一　溶解度测试[1]

一、实验方案

配制若干份染料溶液试样逐一测定,每档浓度差根据待测染料溶解度(solubility)和测试方法确定,可参见表 4 – 6。

表 4－6

染料溶解度 \ 测试方法	减压过滤法	滤纸斑点法
当低于 200g/L 时	以 1g/100mL 为一档	以 0. 1g/10mL 为一档
当高过 200g/L 时	以 2g/100mL 为一档	以 0. 2g/10mL 为一档

二、实验准备

1. 仪器设备：电动磁力加热搅拌器、真空泵（30 升旋片式）、吸滤瓶（1000mL）、超级恒温水浴锅、保温多孔漏斗（内径 $\phi 5 \sim 6$cm）、吸管（1mL）、秒表、烧杯（200mL、500mL）、温度计（100℃）、滤纸等。

2. 染化药品：待测水溶性染料。

3. 实验材料：涤纶滤布（门幅 93cm，纱支 29tex × 3 × 29tex × 3，密度 195 根/10cm × 136 根/10cm，平纹织物，经 200℃ × 30s 热定形后幅宽为 90cm）。

三、方法原理

在规定温度下，将不同量的水溶性染料溶解稀释至一定体积，采用特定滤材，在规定的真空减压条件下，将染料溶液按浓度递增顺序依次保温过滤，以过滤时间突跃点和滤材上色泽深浅（或出现沉积物）判定该染料的溶解极限。突跃点前一档的染料浓度即为染料的溶解度，以 g/L 表示。或吸取一定量染料溶液，垂直滴于滤纸上，待滤纸晾干后目测滤纸渗圈着色情况，把滤纸中心有染料显著析出的前一档定为染料的溶解度，以 g/L 表示。

四、操作步骤

（一）减压过滤法

1. 称取染料若干份（精确至 0. 01g），如 1g，2g，3g，4g，5g，…加少量蒸馏水调成浆状，分别加入 50℃ ±2℃蒸馏水 100mL。

2. 将染料溶液置于电动磁力加热搅拌器上，于 50℃ ±2℃下保温搅拌 15min。

3. 开启真空泵数分钟后，取预先经润湿的涤纶滤布一块平铺在保温漏斗中，调节玻璃二通活塞，使 100mL 蒸馏水在 50℃ ±2℃下 4s 左右滤干。

4. 立即倾入染料试样溶液，同时开启秒表记录溶液过滤时间。

5. 吸干后取出滤布，在 90℃以下烘干。

6. 重复上述操作，直至所有染料溶液试样测试完毕。

7. 目测比较每档滤布色泽深浅，当滤布上呈现较明显的色差，而溶液过滤时间有比较明显突跃时，即为试样的溶解极限，前一档浓度为该试样的溶解度（g/L）。

（二）滤纸斑点法

1. 称取染料若干份（精确至 0. 01g），如 0. 1g，0. 2g，0. 3g，0. 4g，0. 5g，…分别加数滴蒸馏水将其调成浆状（阳离子染料用 40% 醋酸调浆），然后使它们溶解于 10mL98℃沸水中。

2. 保温搅拌 15min 后，依次从液面中层吸取 0. 5mL 染液，垂直滴于铺在染杯口的滤纸上，再吸取 0. 5mL 染液，重复操作一次。

3. 待所有滤纸晾干后,目测试液渗化圈,若在滤纸中心有染料显著析出,则前一档为染料的溶解度(g/L)。

五、注意事项

阳离子染料在溶解时需要加入与水等量的冰醋酸,溶解温度为30℃ ±2℃或80℃ ±2℃。

六、实验报告

填写实验报告,实验报告见表4-7。

表4-7

染料名称											
试样编号	1#	2#	3#	4#	5#	6#	7#	8#	9#	10#	……
浓度(g/ mL)											
过滤时间(s)											
滤布(纸)贴样											
溶解度(g/L)											

子项目二　直接性测试(比移值法)

一、实验方案

选择一组活性染料三原色,在规定浓度和温度条件下,分别测定其比移值。

二、实验准备

1. 仪器设备:烧杯(200mL)、量筒、铅笔、直尺等。
2. 染化药品:待测染料(可任选一组活性染料三原色或其他拼色染料)。
3. 实验材料:2#慢速定性滤纸。

三、方法原理

由于活性等棉用染料对由纤维素纤维材料制成的滤纸具有直接性(substantivity),或亲和力(affinity),当把滤纸浸渍于染料溶液中,染料的上升高度始终比水的上升高度低,所以用染料上升高度与水线上升高度之比值(称比移值 R_f)可反映该染料对纤维素纤维的直接性大小。

四、操作步骤

1. 将2#滤纸剪成3cm×15cm的纸条,并距底边1cm处用铅笔划一条线,压平整。
2. 配制5g/L(也可根据工艺需要调整浓度)待测染料溶液100mL。
3. 将滤纸条吊入染液,使铅笔划线与液面持平,在室温条件下保持30min。
4. 取出滤纸条,吹干,分别测量水线和染料线的高度(cm)。
5. 计算比移值 R_f:

$$R_f = \frac{\text{染料上升的高度}}{\text{水上升的高度}}$$

R_f 值越大,表示染料对纤维素的直接性(亲和力)越小,反之则越大。当拼色染料的 R_f 值相近时，配伍性好，易获得匀染效果。

五、实验报告

填写实验报告，实验报告见表4－8。

表4－8

测试结果＼染料名称			
染料线高度(cm)			
水线高度(cm)			
比移值 R_f			
直接性(或亲和力)			
配伍性评价			

子项目三　扩散性测试[2]

一、实验方案

取分散、还原等不溶性染料，配制成悬浮液后，取适量垂直滴于滤纸上，晾干后制成滤纸渗圈试样，然后对照"染料扩散性能(diffusibility)滤纸渗圈标样"评级。

二、实验准备

1. 仪器设备：分析天平(感量不大于0.001g)、搅拌器、烧杯(200mL)、吸管(0.2mL或1mL)、表面皿(直径10cm)等。
2. 染化药品：待测分散染料或还原染料。
3. 实验材料：滤纸(杭州新华造纸厂定性快速滤纸)、滤纸渗圈标样(图4－1)。

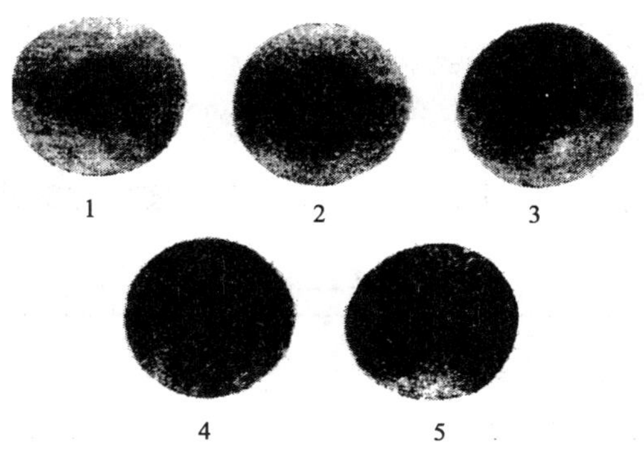

图4－1　染料扩散性能滤纸渗圈标样

三、方法原理

当染料颗粒细度小、悬浮液分散度好时，滴于滤纸上的染料很快均匀扩散，晾干后制成滤纸渗圈试样内外色泽均匀一致；反之，当染料颗粒大、悬浮液稳定性差时，滴于滤纸上的染料不易扩散，晾干后制成滤纸渗圈试样内外色泽不一致，有明显的色点。

四、操作步骤

1. 准确称取染料试样0.5g（称准至0.001g）置于烧杯中，加入少量30℃蒸馏水，将染料调成浆状。再加入30℃蒸馏水使总体积达100mL，在搅拌器上搅拌5min，保持温度30℃ ±2℃备用。

2. 将滤纸放置在表面皿上，在搅拌情况下从染料悬浮液中部吸取0.2mL染液。吸管保持垂直，其尖端距离滤纸约1cm处，将染料滴于滤纸上。待第一滴染液将渗完时再滴第二滴。各滴染液应滴在同一位置上，并使其自然扩散。晾干待用。

3. 将制作的待测染料滤纸渗圈试样与“染料扩散性能滤纸渗圈标样”对比评级。共分五级，五级最好，一级最差。

五、注意事项

1. 染料若为浆状形式，称重时应折成干品计算。

2. 制备悬浮液时，温度不宜超过40℃，且配好后即用。

3. 滴加染液时，应待第一滴完全扩散、渗透后再滴加第二滴，不可连续滴入。

4. 拼混染料的扩散性应以它们的综合效果评级。

六、实验报告

填写实验报告，实验报告见表4-9。

表4-9

染料名称 / 测试结果		
滤纸渗圈贴样		
扩散性能评价（级）		

子项目四　匀染性测试

一、实验方案

按不同染色时段进行的匀染性（leve-dyeling property）实验方案见表4-10。

表4-10

试样编号 / 实验条件	1#	2#	3#	4#	5#
染料（owf）	1%				
助剂	根据各染料要求添加				
温度（℃）	根据各染料染色性能确定				
浴比	1∶50				
时间（min）	76	74	72	68	60

二、实验准备

1. 仪器设备：恒温水浴锅、染杯（250mL）、玻璃棒等。

2. 染化药品：还原染料（或其他水溶性染料）、相应的染色助剂。

3. 实验材料：经精练的棉或其他纤维制品（与所用染料相适应）。

三、方法原理

染料的亲和力、染色速率直接影响染色织物的匀染性。不同时间段染色织物得色深浅，表明该染料上染率、匀染性对时间的依存性。若染色织物的得色量随染色时间延长而没有明显变化，说明该染料对时间的依存性小，匀染性好。

四、操作步骤

1. 准确称取 5g 织物（或纱线），均匀分成 5 份，并将其润湿后备用。

2. 按实验方案配制染液，并将染杯置于水浴锅中加热。

3. 待染液升至规定温度后，投入第一块织物染色，并开始计时。以后在 2min、4min、8min、16min 时分别投入剩余的 4 份织物进行染色。

4. 待织物全部投入后续染 60min，染毕取出水洗、干燥。

5. 根据 5 块染色织物的得色情况评级：

当第 5 块织物与第 1 块织物色泽相似，评为 5 级（匀染性最好）；

当第 4 块织物与第 1 块织物色泽相似，评为 4 级；

当第 3 块织物与第 1 块织物色泽相似，评为 3 级；

当第 2 块织物与第 1 块织物色泽相似，评为 2 级；

当第 2 块织物与第 1 块织物色泽不相似，评为 1 级（匀染性最差）。

五、注意事项

1. 染料用量可根据染料上染百分率的高低加以调整，一般为 0.1% ~1%（owf）。

2. 每块织物入染间隔时间应根据染料上染速率进行选择，若上染速率较慢的染料，可选择 4min、8min、16min、32min 时入染。

六、实验报告

填写实验报告，实验报告见表 4－11。

表 4－11

染料名称					
试样编号	1#	2#	3#	4#	5#
贴样					
匀染性（级）					

子项目五　泳移性测试[3]

一、实验方案

实验方案参见表 4－12。

表 4－12

实验条件 \ 试样编号	$1^{\#}$	$2^{\#}$
	分散染料	还原染料
染料(g/L)	25	25
染液总量(mL)	100	100

二、实验准备

1. 仪器设备：小轧车、热熔样机（或电热鼓风烘箱）、容量瓶（500mL、50mL）、评定变色用灰色样卡、表面皿（90mm）、铝环（外径 110mm，内径 80mm，厚度 1mm）、文具夹等。

2. 染化药品：二甲基甲酰胺（A. R.）、36% 乙酸（A. R.）、氢氧化钠（A. R.）、保险粉（C. P.）、聚乙烯吡咯烷酮（C. P.）、乙二胺四乙酸二钠（A. R.）、待测分散染料、还原染料等。

3. 实验材料：丝光半制品 65/35 涤/棉卡其（14tex × 28tex，531 根/10cm × 275 根/10cm），尺寸为 110mm × 220mm。

4. 溶液制备：

(1)分散染料萃取液：每升溶液中含二甲基甲酰胺 800mL，水 200mL，再加入 36% 乙酸 5mL。

(2)还原染料萃取液：每升溶液中含氢氧化钠 10g，保险粉 10g，聚乙烯吡咯烷酮 20g，乙二胺四乙酸二钠 5g。

三、方法原理

织物浸轧染液后，在烘燥过程中，尚未固着的染料将随水分的蒸发从含水量高的部位向含水量低的部位迁移，即发生泳移（migration）。尤其是对纤维亲和力较小的不溶性染料，如分散染料、还原染料等。通过测定干燥过程中染料产生的泳移量，可了解染料的泳移性能。

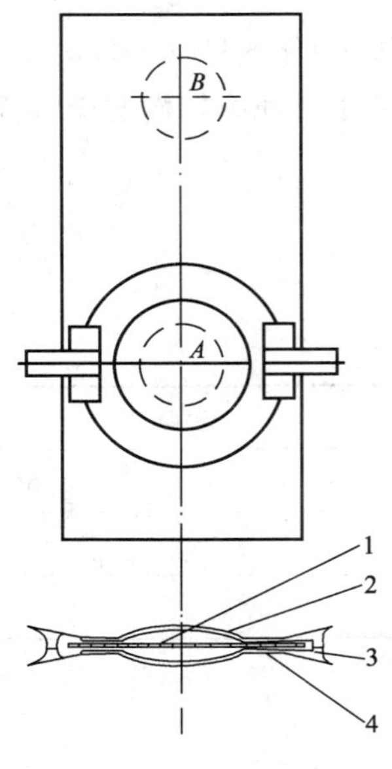

图 4－2 染料泳移性测定装置示意图

1—织物 2—表面皿 3—文具夹 4—铝环

四、操作步骤

1. 分别配制 25g/L 分散染料（或还原染料）轧染液 100mL。

2. 织物经小轧车一浸一轧（浸渍 1min，轧液率 60%）。

3. 将浸轧后织物立即放在热熔机（或烘箱）的针板框上，并固定、拉平，在试样一端同一位置的正反面各放一块表面皿，再用一对铝环和文具夹将表面皿固定（图 4－2），于 100℃ 烘燥 7min。

4. 将织物从针板框上取下，移去夹子、铝环和表面皿，在室温下放置 1h，备用。

5. 结果评定：

方法一：用评定变色用灰色样卡目测评定试样上被覆盖部分 A 与未被覆盖部分 B 的色差。

当色差相当于灰色样卡 4～5 级以上者，染料泳移性较小；

色差相当于灰色卡 3～4 级者泳移性中等；

色差相当于灰色卡 3 级以下者，染料泳移性较大。

方法二：用测色仪分别测定被覆盖部分 A 与未被覆盖部分 B 的色深值 K/S，再按下列公式计算泳移率 M。

$$M = 100 \times \left[1 - \frac{(K/S)_A}{(K/S)_B}\right]$$

式中：$(K/S)_A$ 为试样上被覆盖部分的色深值；$(K/S)_B$ 为试样上未被覆盖部分的色深值。

方法三：分别取试样上被覆盖部分 A 与未被覆盖部分 B 的织物各 0.1000g，剪成小块后放入 50mL 容量瓶中，然后加入萃取液（根据染料种类选用）至刻度。密封瓶盖，并不断摇荡，待织物上的染料完全被萃取后，用分光光度计在最大吸收波长处测量萃取液的吸光度，按下式计算泳移率 M。

$$M = 100 \times \left[1 - \frac{A_A}{A_B}\right]$$

式中：A_A 为试样上被覆盖部分染料萃取液的吸光度；A_B 为试样上未被覆盖部分染料萃取液的吸光度。

五、注意事项

1. 织物的轧液率、烘干温度应均匀一致，否则影响测试结果。
2. K/S 值的测定详见本模块项目四颜色的仪器测量。

六、实验报告

填写实验报告，实验报告见表 4－13。

表 4－13

实验结果 \ 试样编号		分散染料		还原染料	
		A	B	A	B
方法一	色差（级）				
	泳移性评价				
方法二	K/S				
	泳移率 M				
方法三	吸光度 A				
	泳移率 M				

项目四　颜色的仪器测量

随着科学技术的不断发展和生产技术的日新月异，颜色的仪器测量技术得到越来越广泛的应用，它大大促进了生产效率与产品质量的提高。

颜色的仪器测量主要借助于测色仪或测色配色仪。这类仪器主要用于反射光谱、色差、色深值、白度、牢度等的测量。

本项目训练的目标任务是使学生了解颜色仪器测量的基本原理及该技术的应用领域，掌握染色织物色差（colour deviation）及表面深度（即色深值）测量的基本方法。

子项目一　色差的测定

一、实验准备

1. 仪器设备：测色仪（或电脑测色配色仪）。

2. 实验材料：仿色标样、仿色试样。

二、方法原理

任一实色都可视作由三原色组成，在 XYZ 表色系统中可表示为 $F=X(X)+Y(Y)+Z(Z)$。其中 (X)、(Y)、(Z) 为三原色基色量，X、Y、Z 称三色系数（即三刺激值）。通过电脑测配色仪可测得 A 与 B 两色的三刺激值 X、Y、Z，按下列色差公式计算得到 A 与 B 两色间的色差，即：

$$\begin{aligned}\Delta E &= [(\Delta L^*)^2+(\Delta a^*)^2+(\Delta b^*)^2]^{1/2}\\ &= (\Delta a^*)^2+(\Delta b^*)\end{aligned}$$

ΔE 为总色差。

L^* 为明度，其数值为 0～100；$L^*=116(Y/Y_0)^{1/3}-16$；$\Delta L^*=L^*_{标}-L^*_{试}$。

a^* 正值表示红，负值表示绿；$a^*=500[(X/X_0)^{1/3}-(Y/Y_0)^{1/3}]$；$\Delta a^*=a^*_{标}-a^*_{试}$。

b^* 正值表示黄，负值表示蓝；$b^*=200[(Y/Y_0)^{1/3}-(Z/Z_0)^{1/3}]$；$\Delta b^*=b^*_{标}-b^*_{试}$；

X_0、Y_0、Z_0 为标准观察者的三刺激值。

三、操作步骤

1. 开机校正仪器，选择所需要的功能菜单。

2. 取标样与仿色样各一块，将其重叠数层（根据织物厚薄定，以继续增加层数不再导致反射值改变为宜），以一定的张力安放于样品测量孔上。

3. 先后对标样、仿色样的正面进行测量，采用多点测量，取平均值。

4. 确认后屏幕显示测量结果，根据要求记录或打印所需要的测量数据。

四、注意事项

1. 取样时应选择平整处，不宜有皱褶，否则影响测量结果。

2. 织物组织规格对测量结果有影响，故取点时应有一定的代表性，对无明显正反面的平纹织物，应进行两面测量取平均值。

3. 每组试样测试时，重叠层数应尽量相同，以减少误差。

4. 用CIELAB色差公式评定的色差结果与人的视觉有较好相关性的，其色差值与用灰色样卡评定的色牢度级数之间的关系[4]见表4－14。

表4－14

色牢度级别	变褪色标准 ΔE	沾色标准 ΔE
5	0＋0.2	0＋0.2
4～5	0.8±0.2	2.2±0.3
4	1.7±0.3	4.3±0.3
3～4	2.5±0.35	6.0±0.4
3	3.4±0.4	8.5±0.5
2～3	4.8±0.5	12.0±0.7
2	6.8±0.6	16.9±1.0
1～2	9.6±0.7	24.0±1.5
1	13.6±1.0	34.1±2.0

五、实验报告

填写实验报告，实验报告见表4－15。

表4－15

测试结果 / 试样名称		ΔL^*	Δa^*	Δb^*	Δc^*	ΔE	目测色差
标样	仿色样						

子项目二　表面色深的测定

一、实验准备

1. 仪器设备：分光光度计或电脑测色配色仪。

2. 实验材料：活性染料碱剂影响实验样布。

二、方法原理

色深值是指不透明固体物质的颜色给予人们的直观深度感觉，其影响因素有固体物质中有色物质含量的多少、有色物质的物理状态、固体表面的光学性质等。色深值的大小可以用库贝耳卡—蒙克（Kubelka-Munk）函数值来表示：

$$\frac{K}{S}=\frac{(1-R_{\infty})^2}{2R_{\infty}}$$

式中：R_{∞}为有色试样趋于无限厚的反射率，也可用R（光没有透射时的反射率）表示；K为有色物质的吸收系数；S为散射系数。

一般情况下，不单独计算 K 值和 S 值，常用 K/S 的比值来表示。K/S 值和固体试样中有色物质的浓度有如下关系：

$$\frac{K}{S} = \frac{(1-R)^2}{2R} - \frac{(1-R_0)^2}{2R_0} = kc$$

式中：R_0 为不含有色物质的固体试样的反射率；R 为光没有透射时的反射率（取 λ_{max} 下的值）；C 为有色物质的浓度；k 为比例常数，其值等于有色物质为单位浓度时的 K/S 值。对于纺织品来说，可采用 1%（owf）或 1g/L 等。

K/S 函数常用于比较染色试样的表面深度，可通过仪器直接测得 K/S 值。当染色制品基质材相同时，K/S 值越大，表示物体表面颜色越深。

三、操作步骤

1. 开机校正仪器，选择所需要的功能菜单。

2. 取皂洗原样、褪色样、沾色样各一块，将其重叠数层（根据织物厚薄定，以继续增加层数不再导致反射值改变为宜），以一定的张力安放于样品测量孔上。

3. 分别对原样、褪色样、沾色样的正面进行测量，采用多点测量，取平均值。

4. 确认后屏幕显示测量结果，根据要求记录或打印所需要的测量数据。

四、注意事项

1. 应在相同的色相（即 λ_{max}）条件下比较试样的色深值。

2. 其他注意事项参见“色差测量”。

五、实验报告

填写实验报告，实验报告见表 4－16。

表 4－16

试样编号 / 实验结果	1#	2#	3#	4#
K/S 值				

项目五　染色牢度试验

染色牢度是指染色织物在服用或染整后序加工中，染料受各种外界因素的影响，保持原来色泽的能力。染色牢度是衡量染料品质的重要指标之一，主要包括耐洗（即皂洗）、耐水、耐摩擦、耐光（即日晒）、耐升华、耐熨烫、耐汗渍、耐唾液、耐氯漂等。染料类别不同，染色织物用途不同，牢度考核项目及要求不同。

本项目训练的目标任务是使学生了解常用染色牢度的测试原理及影响因素，掌握耐洗、耐摩擦、耐晒、耐水、耐汗渍、耐唾液等牢度的测试方法。

子项目一　耐洗色牢度测定[5]

一、实验方案

根据产品种类或客户对耐洗色牢度(colour fastness to washing)的要求选择表4－17中合适的测试方法。

表4－17

方法＼条件	试验温度	处理时间	皂液组成	备　注	浴　比
方法一	40℃ ±2℃	30min	标准皂片5g/L	—	1∶50
方法二	50℃ ±2℃	45min	标准皂片5g/L	—	
方法三	60℃ ±2℃	30min	标准皂片5g/L 无水碳酸钠2g/L	—	
方法四	95℃ ±2℃	30min	标准皂片5g/L 无水碳酸钠2g/L	加10粒不锈钢球	
方法五	95℃ ±2℃	4h	标准皂片5g/L 无水碳酸钠2g/L	加10粒不锈钢球	

注　如需要，可用合成洗涤剂4g/L和无水碳酸钠1g/L代替皂片5g/L。

二、实验准备

1. 仪器设备：耐洗色牢度试验机、烧杯(200mL)、评定变色用灰色样卡、评定沾色用灰色样卡等。

2. 染化药品：无水碳酸钠(C. P.)、标准皂片。

3. 实验材料：标准多纤维贴衬织物(由羊毛、聚丙烯腈纤维、聚酯纤维、聚酰胺纤维、棉、醋纤组成)或单纤维贴衬织物(表4－18)、待测试样。

表4－18

第一块贴衬	第二块贴衬	
	适用于方法一、方法二、方法三	适用于方法四、方法五
棉	羊毛	黏胶纤维
羊毛	棉	—
丝	棉	棉
亚麻	棉	棉或黏胶纤维
黏胶纤维	羊毛	棉
醋纤	黏胶纤维	黏胶纤维
聚酰胺纤维	羊毛或黏胶纤维	棉或黏胶纤维
聚酯纤维	羊毛或棉	棉或黏胶纤维
聚丙烯腈纤维	羊毛或棉	棉或黏胶纤维

4. 试样准备：

(1)织物试样：取40mm×100mm试样一块，正面与一块40mm×100mm多纤维贴衬织物相接触,沿一短边缝合,形成一个组合试样。或取 40mm × 100mm 试样一块,夹于两块 40mm × 100mm 单纤维贴衬织物之间,沿一短边缝合,形成一个组合试样。第一块用与试样同类的纤维制品,第二块用与第一块织物相对应的纤维制品。如试样为混纺或交织品,则第一块用主要含量的纤维制品,第二块用次要含量的纤维制品。

(2)纱线或散纤维试样:取纱线或散纤维约等于贴衬织物总质量一半,夹于一块 40mm × 100mm 多纤维贴衬织物及一块 40mm × 100mm 染不上色的织物(如聚丙烯纤维织物)之间,沿四边缝合,组成一个组合试样。或取纱线或散纤维约等于贴衬织物总质量的一半,夹于两块 40mm × 100mm 规定的单纤维贴衬织物之间,沿四边缝合,形成一个组合试样。

三、方法原理

将纺织品染色试样与一块或两块规定的贴衬织物贴合,在规定条件下洗涤。经洗涤剂、水与机械作用,试样上的染料发生不同程度的变(褪)色,并沾染白色贴衬织物。组合试样经干燥后,用灰色样卡评定原样变色和贴衬织物的沾色。原样变色、白布沾色越严重,表明该试样的耐洗色牢度越差。

四、操作步骤

1. 将预先准备好的组合试样称重后投入洗涤容器内,按 1∶50 浴比要求注入预热到规定温度的皂液,在规定温度下处理一定时间(表 4 - 17)。

2. 取出组合试样,用冷水清洗两次,然后在流动冷水中冲洗 10min,挤去水分,悬挂在不超过 60℃的空气中干燥。

3. 用灰色样卡评定试样的原样变(褪)色和贴衬织物的沾色情况。

五、注意事项

1. 若面料为蚕丝、黏胶纤维、羊毛、锦纶选用方法一,为棉、麻、涤纶、腈纶选用方法二。

2. 若面料为天丝、莫代尔、牛奶纤维、大豆蛋白纤维等新型纤维,一般选用方法一。

3. 梭织服装一般选用方法三,棉针织服装一般选用方法一,但棉针织内衣、T 恤(锦纶除外)、针织运动服应选用方法三。

六、实验报告

填写实验报告,实验报告见表 4 - 19。

表 4 - 19

试样名称 / 测试结果		
原样变色(级)		
白布沾色(级)		

子项目二 耐摩擦色牢度测定[6]

一、实验方案

选择不同染料或不同染色工艺的染色制品,分别按要求测定其干摩擦牢度和湿摩擦牢度。

二、实验准备

1. 仪器设备：摩擦牢度试验仪、评定沾色用灰色样卡。

2. 实验材料：标准棉贴衬布（50mm×50mm 用于圆形摩擦头；25mm×100mm 用于长方形摩擦头）、待测试样。

3. 试样准备：

（1）织物或地毯试样：取两组不小于 50mm×200mm 的样品，每组两块。一组其长度方向平行于经纱，用于经向的干摩和湿摩测试；另一组其长度方向平行于纬纱，用于纬向的干摩和湿摩测试。

（2）印花或色织物：细心选择试样的位置，使所有颜色都被摩擦到。若各种颜色的面积足够大时，必须全部分别取样。

（3）纱线：将其编结成织物，并保证试样的尺寸不小于 50mm×200mm，或将纱线平行缠绕于与试样尺寸相同的纸板上。

三、方法原理

分别用一块干摩擦布和湿摩擦布摩擦染色试样，通过机械与水（湿摩）的作用，试样上的染料发生褪色，并沾污白色贴衬织物。白布沾色越严重，表明该试样的耐摩擦色牢度越差。

四、操作步骤

1. 用夹紧装置将试样固定在摩擦牢度试验仪的底板上，使试样的长度方向与仪器的动程方向一致。

2. 将干摩擦布固定在试验仪的摩擦头上，使摩擦布的经向与摩擦头运行方向一致。

3. 按下启动按钮，在 10s 内摩擦 10 次（往复动程为 100mm，垂直压力 9N），取下干摩擦布。

4. 取另一块干摩擦布，用冷水浸湿后在试验仪的轧液装置上轧压，使织物含水量控制在 95%～105%。

5. 重复上述干摩擦牢度测试操作。摩擦结束后，在室温下晾干。

6. 用评定沾色用灰色样卡分别评定上述干、湿摩擦布的沾色牢度。

五、注意事项

1. 摩擦用布也可采用退浆、煮练、漂白、且不含任何整理剂的棉半制品织物。

2. 绒类织物用方形摩擦头，其他纺织品用圆形摩擦头。

六、实验报告

填写实验报告，实验报告见表 4－20。

表 4－20

试样名称 / 实验结果		
干摩擦牢度（级）		
湿摩擦牢度（级）		

子项目三　耐光色牢度测定[7]

一、实验方案

根据产品种类或客户对耐光色牢度(colour fastness to light)的要求选择表4－21中合适的测试方法。

表4－21

特点＼方法	方法一	方法二	方法三	方法四
适用范围	一般在评级有争议时采取	适用于大量试样同时进行测试	适用于核对与某种性能规格是否一致	适用于检验是否符合某一商定参比样
装样要求	见图4－3装样图1	见图4－4装样图2	—	—
标准样选择	每块试样配一套蓝色羊毛标准	只需配一套蓝色羊毛标准	配两块蓝色羊毛标准,一块是最低允许牢度,另一块为更低牢度	商定参比样
曝晒周期的控制	通过检查试样来控制,故最精确	通过检查蓝色羊毛标准来控制	通过检查蓝色羊毛标准来控制	通过检查参比样来控制

二、实验准备

1. 仪器设备:耐光色牢度仪(氙弧灯)、评级用光源箱、评定变色用灰色样卡等。

2. 实验材料:蓝色羊毛标准、待测试样(偶氮结构、蒽醌结构染料染色织物)。

3. 试样准备:按试样数量和设备的试样夹形状和尺寸来确定。

若采用空冷式设备,在同一块试样上进行逐段分期曝晒,通常使用的试样面积不小于45mm×10mm,每一曝晒面积不应小于10mm×8mm。将待测试样紧附于硬卡上。若为纱线,则将纱线紧密卷绕在硬卡上,或平行排列固定于硬卡上。若为散纤维,将其梳压整理成均匀薄层固定于硬卡上。为了便于操作,可将一块或几块试样和相同尺寸的蓝色羊毛标准按装样图1(图4－3)或装样图2(图4－4)排列,置于一块或多块硬卡上。

若采用水冷式设备,试样夹宜放置约70mm×120mm的试样。不同尺寸的试样可选用与试样相配的试样夹。如果需要,试样可放在白纸卡上,蓝色羊毛标准必须放在白纸卡背衬上进行曝晒。遮板必须与试样和蓝色羊毛标准的未曝晒面紧密接触,使曝晒和未曝晒部分界限分明。试样的尺寸和形状应与蓝色羊毛标准相同,以免出现评级误差。

试验绒头织物时,可在蓝色羊毛标准下垫衬硬卡,以使光源至蓝色羊毛标准的距离与光源至绒头织物表面的距离相同。但必须避免遮盖物将试样未曝晒部分的表面压平。绒头织物的曝晒面积应不小于50mm×40mm或更大。

三、方法原理

耐光色牢度是把试样与一组蓝色羊毛标准(按褪色程度分为8级,1级褪色最严重,8级最不易褪色)同时放在相当于日光(D_{65})的人造光源下,按规定条件进行曝晒,通过比较试样与蓝

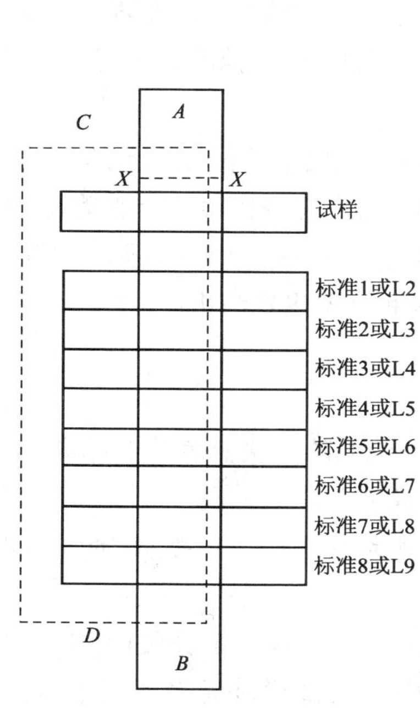

图 4－3　装样图 1

AB—第一遮盖物。在 *X*—*X* 处可成折页，使它能在原处从试样和蓝色羊毛标准上提起和复位；*CD*—第二遮盖物

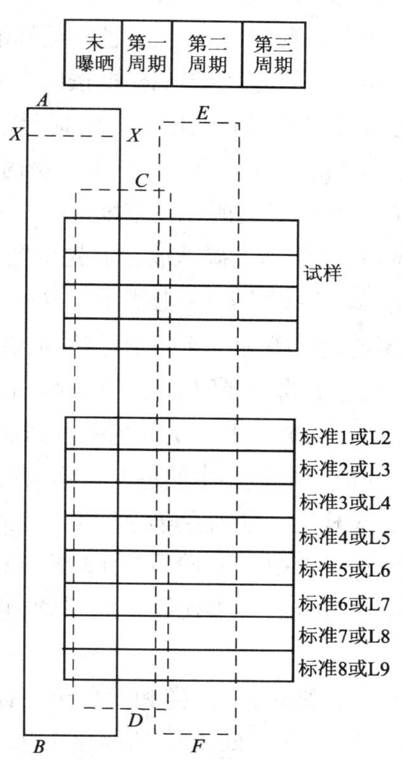

图 4－4　装样图 2

AB—第一遮盖物。在 *X*—*X* 处可成折页，使它能在原处从试样和蓝色羊毛标准上提起和复位；*CD*—第二遮盖物；*EF*—第三遮盖物

色羊毛标准的变色情况，评定试样的耐光色牢度等级。

四、操作步骤

1. 将装好的试样夹安放于设备的试样架上，呈垂直状排列。试样架上所有的空档，都要用没有试样而装着硬卡的试样夹全部填满。

2. 开启氙灯，在预定条件下，对试样和蓝色羊毛标准同时进行曝晒。方法和时间以能否对照蓝色羊毛标准完全评出每块试样的耐光色牢度为准。三种方法具体如下：

方法一：将试样和蓝色羊毛标准按图 4－3 排列，将遮盖物 *AB* 放在试样和蓝色羊毛标准的中段三分之一处。在规定条件下曝晒，不时提起遮盖物 *AB*，检查试样的光照效果，直至试样的曝晒和未曝晒部分之间的色差达到灰色样卡 4 级。用另一个遮盖物（图 4－3 中的 *CD*）遮盖试样和蓝色羊毛标准的左侧三分之一处，继续曝晒，直至试样的曝晒和未曝晒部分的色差达到灰色样卡 3 级。

如果蓝色羊毛标准 7 的褪色比试样先达到灰色样卡 4 级，此时曝晒即可终止。因为当试样具有等于或高于 7 级耐光色牢度时，则需要很长的时间曝晒才能达到灰色样卡 3 级的色差。再者，当耐光色牢度为 8 级时，这样的色差就不可能测得。所以，当蓝色羊毛标准 7 以上产生的色差等于灰色样卡 4 级时，即可在蓝色羊毛标准 7 ~ 8 级的范围内进行评定。

方法二：将试样和蓝色羊毛标准按图 4 - 4 排列。用遮盖物 *AB* 遮盖试样和蓝色羊毛标准总长的 1/5，按规定条件进行曝晒。不时提起遮盖物检查蓝色羊毛标准的光照效果。当能观察出蓝色羊毛标准 2 的变色达到灰色样卡 3 级时，对照在蓝色羊毛标准 1、标准 2、标准 3 上所呈现的变色情况，初评试样的耐光色牢度。

将遮盖物 *AB* 重新准确地放在原先位置上继续曝晒，直至蓝色羊毛标准 3 上的变色与灰色样卡 4 级相同。再按图 4 - 4 上所示位置放上另一遮盖物 *CD*，重叠盖在第一个遮盖物 *AB* 上继续曝晒，直至蓝色羊毛标准 4 的变色达到灰色样卡 4 级为止。然后按图 4 - 4 所示位置放上遮盖物 *EF*，其他遮盖物仍保留原处，继续曝晒，直至下列任一种情况出现为止：

在蓝色羊毛标准 7 上产生的色差达到灰色样卡 4 级。

在最耐光的试样上产生的色差达到灰色样卡 3 级。

方法三：试样与两块蓝色羊毛标准一起曝晒，直至牢度较低的一块蓝色羊毛标准的分段面上达到灰色样卡 4 级（第一阶段）和 3 级（第二阶段）的色差为止。

方法四：试样与特定参比样一起曝晒，直至参比样上达到灰色样卡 4 级和/或 3 级的色差为止。

3. 移开所有遮盖物，试样和蓝色羊毛标准露出试验后的两个或三个分段面（其中有的已曝晒过多次，且至少一处未受到曝晒），在标准光源箱中比较试样和蓝色羊毛标准的相应变色。

4. 试样的耐光色牢度评定等级为显示相似变色蓝色羊毛标准的号数。

如果试样所显示的变色在两个相邻蓝色羊毛标准的中间，而不是近于两个相邻蓝色标准中的一个，则应评判为中间级数，如 4 ~ 5 级等。如果不同阶段的色差上得出了不同的评定，则可取其算术平均值作为试样耐光色牢度，以最接近的半级或整级来表示。当级数的算术平均值为四分之一或四分之三时，则评定应取其邻近的高半级或一级。如果试样颜色比蓝色羊毛标准 1 更易褪色，则评为 1 级。

五、注意事项

1. 为了避免由于光致变色而造成对耐光色牢度发生错误评价，在评定前，应将试样放在暗处室温条件下平衡 24h。

2. 除了可用我国的蓝色羊毛标准 1 ~ 8 来测定耐光色牢度外，还可采用美国的蓝色羊毛标准 L2 ~ L9。

3. 若测定白色（漂白或荧光增白）纺织品时，将试样的白度变化与蓝色羊毛标准对比，评定色牢度。

4. 实际应用中，还可将染物置于规定条件下曝晒一定时间，用灰色样卡评定原样的日晒变（褪）色牢度。

六、实验报告

填写实验报告，实验报告见表 4 - 22。

表 4－22

实验结果 \ 试样名称		
耐光色牢度		
日晒褪色(24h)		

子项目四　耐汗渍色牢度测定[8]

一、实验方案

实验方案参见表 4－23。

表 4－23

人工汗液组成 \ 测试条件	酸性溶液	碱性溶液
L－组氨酸盐酸盐一水合物(g/L)	0.5	0.5
氯化钠(g/L)	5	5
磷酸氢二钠十二水合物(g/L) 或磷酸氢二钠二水合物(g/L)	—	5 (或 2.5)
磷酸二氢钠二水合物(g/L)	2.2	—
0.1mol/L 氢氧化钠(g/L)	5.5	8.0

二、实验准备

1. 仪器设备：汗渍牢度仪(含试验仪和恒温箱)、烧杯(200mL)、评定变色用灰色样卡、评定沾色用灰色样卡等。

2. 染化药品：氯化钠、氢氧化钠、磷酸二氢钠二水合物、磷酸氢二钠十二水合物或磷酸氢二钠二水合物(以上均为化学纯)、L－组氨酸盐酸盐一水合物。

3. 实验材料：多纤维贴衬织物或单纤维标准贴衬织物(表 4－24)、待测试样。

4. 试样准备：同耐洗色牢度测定。

表 4－24　耐汗渍色牢度测定用标准贴衬织物

第一块	第二块	第一块	第二块
棉	羊毛	醋纤	黏胶纤维
羊毛	棉	聚酰胺纤维	羊毛或黏胶纤维
丝	棉	聚酯纤维	羊毛或棉
麻	羊毛	聚丙烯腈纤维	羊毛或棉
黏胶纤维	羊毛	—	—

三、方法原理

将待测试样与标准贴衬布缝合成的组合试样，在人工汗液中浸渍，并按规定压力、温度、时间处理后，织物上的染料由于受化学药剂、温度等各种因素的影响，发生变（褪）色，同时沾污白色贴衬织物。组合试样经干燥后，用灰色样卡评定原样变色和贴衬织物沾色。若原样变（褪）色和贴衬织物沾色越严重，表明该试样的耐汗渍色牢度（colour fastness perspiration）越差。

四、操作步骤

1. 按规定要求准备组合试样，并称重，按 1∶50 浴比配制酸性液或碱性液。

2. 将组合试样投入人工汗液中，使其完全润湿，然后在室温下放置 30min。

3. 取出组合试样，用玻璃棒夹去多余的试液后，放在试样板上，用另一块试样板刮去过多的试液，并将试样夹在两块试样板中间。

4. 将带有组合试样的装置放在恒温箱中，在规定条件下（温度 37℃ ±2℃，压力 12.5kPa）压放 4h。若采用快速试验法，试验条件为 70℃ ±2℃压放 1h。

5. 取出并展开组合试样，将其悬挂在温度不超过 60℃的空气中干燥。

6. 用灰色样卡评定原样变色和标准贴衬布沾色情况。

五、注意事项

若酸性汗渍牢度与碱性汗渍牢度同时做，酸性液和碱性液试验用仪器应分开。

六、实验报告

填写实验报告，实验报告见表 4 –25。

表 4 –25

测试项目 / 实验结果	耐酸汗渍色牢度	耐碱汗渍色牢度
原样变色（级）		
白布沾色（级）		

子项目五　耐水色牢度测定[9]

一、实验准备

1. 仪器设备：汗渍牢度仪（含试验仪和恒温箱）、烧杯（200mL）、评定变色用灰色样卡、评定沾色用灰色样卡等。

2. 实验材料：多纤维贴衬织物或单纤维标准贴衬织物（表 4 –24）、待测试样。

3. 试样准备：同耐洗色牢度测定。

二、方法原理

纺织品试样与标准贴衬织物缝合成组合试样，浸入水中，挤去水分后，置于专用试验装置内按规定压力、温度、时间处理。由于水的作用，染料会发生不同程度的褪色与沾色。组合试样经干燥后，用灰色样卡评定原样变色和贴衬织物沾色。

三、操作步骤

1. 将预先准备好的组合试样在室温下置于水中完全浸湿，倒去水溶液后，将组合试样平置于两块试样板之间。

2. 将带有组合试样的装置放在恒温箱中，在规定条件下（37℃ ±2℃，12.5kPa）压放 4h。

3. 展开组合试样，并将其悬挂在不超过 60℃ 的空气中干燥。

4. 用灰色样卡评定原样变色和标准贴衬布沾色情况。

四、注意事项

若发现有风干的试样，必须弃去重做。

五、实验报告

填写实验报告，实验报告见表 4－26。

表 4－26

试样编号 / 实验结果		
原样变色（级）		
白布沾色（级）		

子项目六　耐唾液色牢度测定[10]

一、实验方案

实验方案参见表 4－27。

表 4－27

人造唾液组成	溶　液	人造唾液组成	溶　液
乳酸	3.0	氯化钾	0.3
尿素	0.2	硫酸钠	0.3
氯化钠	4.5	氯化铵	0.4

二、实验准备

1. 仪器设备：汗渍牢度仪（含试验仪和恒温箱）、烧杯（200mL）、评定变色用灰色样卡、评定沾色用灰色样卡等。

2. 染化药品：氯化钠、氯化钾、硫酸钠、氯化铵、尿素（以上均为化学纯）、乳酸（分析纯）。

3. 实验材料：多纤维贴衬织物或单纤维标准贴衬织物（见表 4－24）、待测试样。

4. 试样准备：同耐洗色牢度测定。

三、方法原理

将待测试样与标准贴衬织物缝合成的组合试样，在人造唾液中浸渍，并按规定压力、温度、时间处理后，织物上的染料由于受化学药剂、温度等各种因素的影响，发生变（褪）色，同时沾污白色贴衬织物。组合试样经干燥后，用灰色样卡评定原样变色和贴衬织物沾色。若原样变色和贴衬织物沾色越严重，表明该试样的耐唾液色牢度（colour fastness to saliva）越差。

四、操作步骤

1. 按规定要求准备组合试样，并称重，按 1∶50 浴比配制人造唾液。

2. 将组合试样放入人造唾液中，使其完全润湿（必要时可稍加压和搅拌），在室温下放置30min。

3. 取出试样，用玻璃棒夹去残液，或把组合试样放在试样板上，用另一块试样板刮去残液，并把试样夹放在两块试样板中间。

4. 将带有组合试样的装置放在恒温箱中，在规定条件下（温度37℃ ±2℃，压力12.5kPa）压放4h。

5. 取出并展开试样，将其悬挂不超过60℃的空气中干燥。

6. 用灰色样卡分别评定原样变（褪）色牢度和白布沾色情况。

五、实验报告

填写实验报告，实验报告见表4-28。

表4-28

实验结果 \ 试样名称		
原样变色（级）		
白布沾色（级）		

子项目七　耐干热（升华）色牢度测定[11]

一、实验方案

根据待测试样的品种、用途或客户对耐干热色牢度（colour fastness to sublimation）的要求，选择表4-29中合适的测试内容。

表4-29

实验条件 \ 序号	1#	2#	3#
温度（℃）	150±2	180±2	210±2

二、实验准备

1. 仪器设备：熨烫升华色牢度仪、评定变色用灰色样卡、评定沾色用灰色样卡等。

2. 实验材料：多纤维贴衬织物或标准单纤维贴衬织物（表4-24）、待测试样。

3. 试样准备：取40mm×100mm试样一块，正面与一块40mm×100mm多纤维贴衬织物相接触，沿一短边缝合，形成一个组合试样。或取40mm×100mm试样一块，夹于两块40mm×100mm单纤维贴衬织物之间，第一块由与试样同类的纤维制成（如为混纺织品，则由其中的主要纤维制成），第二块由聚酯纤维制成。

三、方法原理

耐干热色牢度也称升华牢度。将染色试样与一块或两块规定的贴衬织物相贴，与加热装置紧密接触，在规定温度和压力下受热后，试样上染料发生不同程度的升华转移，导致原样变

(褪)色和白布沾色。

四、操作步骤

1. 将组合试样平坦放在由加热系统精确控制的两块金属加热板中,根据实验方案,选定合适的温度,在规定压力(4kPa ± 1kPa)下加热处理30s。

2. 取出试样,在标准大气(温度20℃ ±2℃,相对湿度65% ±2%)中放置4h。

3. 用灰色样卡评定原样褪色和白布沾色等级。

五、实验报告

填写实验报告,实验报告见表4－30。

表4－30

序号 实验结果	1#	2#	3#
原样变色(级)			
白布沾色(级)			

子项目八 耐热压(熨烫)色牢度测定[12]

一、实验方案

依据待测试样的品种、用途或客户对耐热压色牢度(colour fastness to ironing)的要求等选择表4－31中合适的实验方案。

表4－31

试验温度 测试项目	110℃ ±2℃	150℃ ±2℃	200℃ ±2℃
干压			
潮压			
湿压			

二、实验准备

1. 仪器设备:熨烫升华色牢度仪(也可用家用熨斗,但应能调温及测温,且压力为4kPa ± 1kPa)、评定变色用灰色样卡、评定沾色用灰色样卡等。

2. 实验材料:标准棉贴衬织物、待测试样。

3. 试样准备:

(1)织物试样:取40mm ×100mm大小。

(2)纱线试样:将纱线紧密地绕在一块40mm ×100mm薄的热惰性材料上,形成一个仅及纱线厚度的薄层。

(3)散纤维试样:取足够量,梳压成40mm ×100mm的薄层,并缝在一块棉贴衬织物上以作支撑。

三、方法原理

耐热压色牢度也称熨烫牢度，可分为干压、潮压和湿压三类。将染色试样在规定温度和压力下干热或湿热处理，在此过程中试样上染料发生不同程度的迁移和热变（褪）色，导致原样变（褪）色和贴衬织物的沾色。

四、操作步骤

1. 根据需要选择合适的加压温度，按不同实验方案进行下列操作：

干压：把干试样置于加热装置的下平板衬垫上，放下加热装置的上平板，使试样在规定温度处受压 15s。

潮压：把干试样置于加热装置的下平板衬垫上，取一块湿的棉标准贴衬织物，用水浸湿后，经挤压或甩水使之含有自身质量的水分，然后将其放在干试样上，放下加热装置的上平板，使试样在规定温度下受压 15s。

湿压：将试样和一块棉标准贴衬织物用水浸湿，经挤压或甩水使之含有自身质量的水分后，把湿试样置于加热装置的下平板衬垫上，再把湿标准棉贴衬织物放在试样上，放下加热装置的上平板，使试样在规定温度下受压 15s。

2. 试验结束后，立即用灰色样卡评定试样的变色，然后试样在标准大气中调湿 4h 后再作一次评定。

3. 用灰色样卡评定棉贴衬织物的沾色，并以沾色较重的一面评定。

五、实验报告

填写实验报告，实验报告见表 4－32。

表 4－32

实验结果＼试验温度		110℃ ±2℃	150℃ ±2℃	200℃ ±2℃
干压	原样变色（立即）			
	原样变色（4h 后）			
潮压	原样变色（立即）			
	原样变色（4h 后）			
	白布沾色			
湿压	原样变色（立即）			
	原样变色（4h 后）			
	白布沾色			

子项目九　耐氯色牢度测定[13][14]

一、实验方案

1. 耐氯漂色牢度（colour fastness to chlorine）（表 4－33）。

表 4－33

有效氯(g/L)	2
碳酸钠(10g/L)	调节 pH＝10.0±0.2
温度(℃)	20±2
浴比	1∶50

2. 耐氯化水色牢度(fastness to chlorinated water)(表 4－34)。

表 4－34

序号 / 测试条件	1#	2#	3#
有效氯(mg/L)	20	50	100
磷酸二氢钾和磷酸氢二钠缓冲溶液	调节 pH＝7.5±0.05		
温度(℃)	27±2		
浴比	1∶100		

二、实验准备

1. 仪器设备:玻璃或釉瓷容器、容量瓶(1000mL)、烧杯(200mL)、移液管(10mL)、评定变色用灰色样卡、评定沾色用灰色样卡等。

2. 染化药品:次氯酸钠(符合表 4－35 要求)、亚硫酸钠(C.P.)或双氧水(工业品)、磷酸二氢钾(C.P.)、磷酸氢二钠(C.P.)。

表 4－35

成分	溶液质量浓度(g/L)	成分	溶液质量浓度(g/L)
有效氯	140～160	碳酸钠	<20
氯化钠	120～170	铁	<0.1
氢氧化钠	<20		

3. 实验材料:待测试样、多纤维贴衬织物或标准单纤维贴衬织物(表 4－24)。取样要求同耐洗色牢度测定。

4. 溶液制备:

(1)2g/L 有效氯工作液:吸取 20mL 次氯酸钠溶液,用水稀释至 1L。此时工作液有效氯浓度约为 2g/L,按规定方法分析标定。

(2)10g/L 碳酸钠溶液。

(3)磷酸二氢钾(14.35g/L)和磷酸氢二钠(20.05g/L)缓冲溶液。

三、方法原理

将染物试样放在次氯酸盐溶液中处理,因某些染料不耐氯而导致色变。若染物试样的变色越明显,表明该染料的耐氯色牢度越差。

耐氯漂色牢度是指纺织品的颜色在商业漂白中对常规浓度的次氯酸钠漂白浴中有效氯作

用的抵抗能力。耐氯化水色牢度是纺织品的颜色在游泳池水中对有效氯作用的抵抗能力。

四、操作步骤

1. 按实验方案要求配制次氯酸钠溶液，置于容器中，并加盖，防止其分解。

2. 将试样称重，并在室温下用冷水浸湿。若试样经拒水整理，则用5g/L标准皂片溶液于25～30℃充分浸湿。去除多余的水或皂液，使织物保持与其重量相同的溶液。

3. 将试样展开，放入次氯酸钠溶液中，加盖，避免阳光直射，按规定要求静置60min。

4. 耐氯漂色牢度试样取出后经冷水充分水洗，用2.5mL/L双氧水（30%）溶液或5g/L亚硫酸钠溶液在室温下处理10min，再经流动冷水冲洗，去除多余水分，用不超过60℃热风烘干，用测色仪或灰色样卡评定试样的变色。

5. 耐氯化水色牢度试样取出后挤干，挂在室温柔光下干燥，然后用测色仪或灰色样卡评级。

五、注意事项

1. 耐氯漂色牢度适用于天然和再生纤维素纤维制品。

2. 次氯酸溶液必须随配随用，并应密封保存。

六、实验报告

填写实验报告，实验报告见表4－36。

表4－36

测试项目 / 实验结果	耐氯漂色牢度	耐氯化水色牢度		
		1#	2#	3#
原样变色（级）				

项目六　染料的鉴别

染料鉴别包括固体染料的鉴别和织物上染料的鉴别两类，并以染料应用类别的鉴别最为常用。

本项目训练的任务是使学生理解染料鉴别的基本原理，初步掌握固体染料鉴别和织物上常用应用类别染料的鉴别基本方法。

子项目一　固体染料的鉴别

一、实验方案

选择直接、活性、硫化、还原、分散、酸性等固体染料作为未知染料，分别标上编号，依次进行混合染料鉴别和染料应用类别鉴别。

二、实验准备

1. 仪器设备：小刀片、量筒（100mL）、表面皿（直径10cm）、染杯（200mL）、恒温水浴锅、玻璃棒等。

2. 染化药品：硫酸（L. R.）、醋酸（L. R.）、醋酸铅试纸、EDTA、肥皂、保险粉、次氯酸钠、氢氧化钠、纯碱、酒精、各种固体染料（以上均为工业品）。

3. 实验材料：纯棉、羊毛或蚕丝半制品、滤纸。

4. 溶液制备：2g/L 待测染料溶液、8g/L EDTA 溶液。

三、方法原理

固体混合染料在水中或其他溶剂中溶解，能形成不同颜色的色流，而单一染料则没有这种现象。由此可以判断是单一染料，还是混合染料。

各种应用类别染料具有不同的结构特征和染色性能，利用它们对不同纤维的上染性以及特征反应可以将不同类别的染料区分。

四、操作步骤

（一）固体混合染料或单品种染料的鉴定

1. 用小刀尖端将待鉴别的染料吹向用蒸馏水或酒精润湿过的干净滤纸上，若能观察到不同的颜色，则说明是混合染料，否则就是单品种染料。

2. 将染料粉末投入装满蒸馏水的量筒，若能观察到不同的色流，说明是混合染料，若没有此现象，则为单品种染料。

3. 将染料溶于烧杯中，取一条滤纸，一端浸在溶液内，另一端垂直挂起。若是混合染料，将通过滤纸微孔的毛细管效应，以不同速度沿滤纸上升而形成不同色层，若无此现象，则为单品种染料。

4. 在表面皿上倒一薄层浓硫酸，撒入染料粉末，使表面皿倾斜，若为混合染料，则生成的色流更明显。

以上 1、2、4 方法只适用于由染料干粉末混合而成的水溶性染料，如果由混合溶液经干燥后的混合染料，要将混合染料试样溶于水中，然后滴在滤纸上，此时会显出不同颜色的条纹。以上方法也适用于溶解度、分散度和吸附性有着明显差异的混合染料。

（二）染料应用类别的鉴定

1. 根据染料的溶解性初步分类。将染料配制成 2g/L 溶液待用。将滤纸放置在表面皿上，在搅拌情况下吸取 0.2mL 染液。保持吸管垂直，尖端距离滤纸约 1cm，将染液均匀滴于滤纸上。然后将染液加热至 60℃ 左右，重复上述操作。根据加热前后染液在滤纸上形成的渗圈，判断其溶解性。若在滤纸上有明显色点，且渗圈分布不均匀，可初步判断为还原、硫化或分散。

2. 根据染料的特征反应进一步分类。

（1）不溶性染料的鉴别：取未知染液 2 ~ 3mL 于试管中，加入 5 ~ 6 滴次氯酸钠溶液，于酒精灯上加热，观察染液颜色的变化情况。若颜色明显变浅，可初步判断为硫化染料。进一步在酸性还原剂条件下处理染料，若放出硫化氢气体，并使醋酸铅试纸生成黑色斑点，可判定为硫化染料。

将剩余的未知染料按还原染料常规方法染色，染后经透风氧化、水洗、皂煮、水洗，得色量较低者可能为分散染料。若需进一步判断，详见本项目中子项目二织物上的染料的鉴别。

(2)可溶性染料的鉴别:取未知染液 2～3mL 于试管中,加入适量阴离子型表面活性剂,若溶液出现沉淀则为阳离子染料。

将未知染料分别按活性染料染色方法配制染液,并在同一浴中染两块织物,加碱前取出一块织物。染毕,将两块织物在相同条件下后处理,烘干。比较两块织物色泽,若色泽差异较大的则为活性染料,色泽较接近的可能是直接染料和酸性染料。

将剩余的未知染料分别按直接染料、弱酸性染料染色方法配制两只染浴,在每只染浴中投入等量的棉和羊毛(或蚕丝),染毕水洗,根据织物的得色量判断染料的应用类别。若在碱性染浴中棉得色量高则为直接染料,酸性浴中羊毛得色量高则为酸性类染料。

在未知酸性类染料溶液中加入适量 8g/L EDTA 溶液,振荡 2～3min,观察溶液颜色变化情况。若色泽明显变化,则为酸性含媒染料(尤其是中性染料)。此法同样适用于织物上染料的鉴别。

五、注意事项

1. 用滤纸法测定染料溶解性时,各滴染液应尽可能滴在同一位置上。
2. 观察现象要细致,不应放过任何一个细微的变化。
3. 最好用两种以上不同的方法鉴别,以保证结果的准确性。

六、实验报告

填写实验报告,实验报告见表 4－37。

表 4－37

试样编号 / 实验结果	1#	2#	3#	4#	5#	……
是否混合染料						
染料应用类别						
判断依据						

子项目二　织物上的染料的鉴别

纤维制品上染料类别的鉴别比较困难,它与染料结构、性能、配色、后整理工艺等有关,若将目测法、化学法及染色法综合应用,可以提高鉴别的准确性。

一、实验方案

选择不同纤维制品的染色织物,分别标上编号,依次进行织物上染料应用类别的鉴别。

二、实验准备

1. 仪器设备:蒸发皿、瓷坩埚、分液漏斗、水浴锅、染杯(250mL)、玻璃棒。
2. 染化药品:二甲基甲酰胺(C. P.)、盐酸(C. P.)、次氯酸钠(工业品)等。
3. 实验材料:待测染色试样。
4. 溶液制备:10%次氯酸钠溶液、16%盐酸。

三、方法原理

首先通过纤维类别鉴别和目测色泽特征等,判断染料的应用大类,然后根据不同类别染料的应用性能，如对不同纤维材料的上染性、对某些化学药剂的特征反应及剥色情况等进行鉴别。

四、操作步骤

1. 将织物预处理。一般采用1%盐酸溶液沸煮1min，然后充分水洗、碱性皂煮、水洗、烘干，以排除浆料或其他整理剂对织物上染料鉴别的干扰。

2. 利用观察、燃烧、溶解等方法鉴别织物的纤维类别，判断染料的应用大类。

3. 根据织物的纤维类别和颜色特征初步判断染料的应用类别。

4. 用适当的溶剂进行剥色试验，进一步推断织物上的染料类别。如：取0.1g经预处理后的染样置于100%二甲基甲酰胺溶液中（约3mL），加热至沸，移去热源，观察溶剂着色情况（最好重复操作2次）。进一步将0.1g染样置于3mL二甲基甲酰胺：水（1:1）的溶液中，加热至沸腾，移去热源，观察溶剂着色情况。各类染料染色织物在二甲基甲酰胺中的剥色情况见表4-38。

表4-38

1:1二甲基甲酰胺：水		100%二甲基甲酰胺	
可以剥色	全部直接染料 部分碱性染料 部分媒染染料	可以剥色	还原染料 不溶性偶氮染料 硫化染料 颜料 部分碱性染料 部分媒染染料
不能剥色	活性染料 还原染料 不溶性偶氮染料 颜料 部分碱性染料 部分媒染染料	不能剥色	活性染料

5. 根据各类染料的特征反应，选用合适的化学药剂进一步确认染料类别。如：用10%次氯酸钠溶液处理染色试样，硫化染料染色织物经数分钟后氧化脱色；若将染色试样进行燃烧，灰烬为黑色絮状物者为硫化染料染色织物。

五、注意事项

1. 观察现象要细致，不应放过任何一个细微的变化。

2. 最好用两种以上不同的方法鉴别，以保证结果的准确性。

六、实验报告

填写实验报告，实验报告见表4-39。

表4-39

试样编号 / 实验结果	1#	2#	3#	……
纤维类别				
染料应用类别				
判断依据				

复习指导

1. 掌握染料吸收光谱曲线、染料吸光度—浓度标准工作曲线的制作方法与用途。

2. 了解常用染料应用性能评价基本方法与内容，掌握染料比移值、扩散性、匀染性等测试方法。

3. 学会目测和用仪器测量染整产品的色差、牢度等级等。

4. 了解常用染色牢度的影响因素，掌握耐洗色牢度、耐摩擦色牢度、耐汗渍色牢度等测试基本方法。

5. 掌握染料鉴别基本原理与方法，能正确判断常用染料的应用类别。

思考题

1. 试分析从染料吸收光谱曲线中可以获得染料颜色的哪些信息？
2. 若染料相对浓度发生变化，是否影响染料浓度与吸光度两者之间的关系？
3. 分析影响比移值的因素有哪些？
4. 哪些指标可以反映染料的匀染性？
5. 为什么目测色差与仪器测量色差会有差异？
6. 试分析 K/S 值的主要影响因素有哪些？
7. 分析耐洗色牢度影响因素有哪些？
8. 如何保证纺织品上染料鉴别的准确率。

参考文献

[1] GB/T 3671.2—1996 水溶性染料冷水溶解度的测定[S]. 北京：中国标准出版社，1998.

[2] HG/T 3399—1977 染料扩散性能测定方法[S]. 北京：中国标准出版社，1995.

[3] GB/T 4464—1984 染料泳移性测定法[S]. 北京：中国标准出版社，1995.

[4] GB 250—1995 评定变色用灰色样卡和 GB 251—1995 评定沾色用灰色样卡[S]. 北京：中国标准出版社，2000.

[5] GB/T 3921.1—1997 ~ GB/T 3921.5—1997 纺织品 色牢度试验 耐洗色牢度[S]. 北京：中国标准出版社，2000.

[6] GB/T 3920—1997 纺织品 色牢度试验 耐摩擦色牢度[S]. 北京：中国标准出版社，2000.

[7] GB/T 8427—1998 纺织品 色牢度试验 耐人造光色牢度：氙弧[S]. 北京：中国标准出版社，2000.

[8] GB/T 3922—1995 纺织品耐汗渍色牢度试验方法[S]. 北京：中国标准出版社，2000.

[9] GB/T 5713—1997 纺织品色牢度试验 耐水色牢度[S]. 北京：中国标准出版社，2000.

[10]GB/T 18886—2002 纺织品 色牢度试验 耐唾液色牢度[S]. 北京:中国标准出版社,2003.

[11]GB/T 5718—1997 纺织品色牢度试验 耐干热(热压除外)色牢度[S]. 北京:中国标准出版社,2000.

[12]GB/T 6152—1997 纺织品色牢度试验 耐热压色牢度[S]. 北京:中国标准出版社,2000.

[13]GB/T 7069—1997 纺织品色牢度试验 耐次氯酸盐漂白色牢度[S]. 北京:中国标准出版社,2000.

[14]GB/T 8433—1998 纺织品 色牢度试验 耐氯化水色牢度(游泳池水)[S]. 北京:中国标准出版社,2000.

第五模块　前处理工艺实验

前处理(pretreatment)的基本任务是去除杂质,提高织物的吸湿性、白度及尺寸稳定性,改善手感、外观及染色性能等。前处理工艺流程因产品而异,一般棉织物需经过烧毛、退浆、煮练、漂白、丝光等工艺流程。前处理后的半制品质量优劣与染整产品质量有着密切的联系。

本模块重点介绍常用织物的练漂工艺、半制品质量考核方法及相关工作液的分析测试方法。通过本模块的学习,使学生了解影响半制品质量的主要因素,掌握各类制品前处理工艺、基本操作、影响因素、质量控制与指标要求等。

项目一　织物上浆料成分分析

常用的纺织浆料(starch)有淀粉类、乙烯类[如聚乙烯醇 PVA(polyvinyl alcohol)、改性聚乙烯醇等]、羧甲基纤维素类[CMC(carboxymethyl cellulose)]、丙烯酸系[如聚丙烯酸酯 PMA(polymethyl acrylate)、聚丙烯酰胺 PAM(polyacrylamide)]浆料等。也可据各类织物的上浆要求,将上述浆料按一定比例混合使用。

为了保证印染产品质量,正确鉴定坯布上所含浆料成分、合理制订退浆工艺,是染整技术工作者及染整专业的学生应该掌握的基本技能。

本项目的目标任务是使学生掌握常用浆料的定性分析方法、原理及操作技能。

一、实验方案

1. 已知浆料的显色试验。将淀粉、聚乙烯醇(PVA)、羧甲基纤维素(CMC)、聚丙烯酰胺(PAM)等已知浆料配制成2%的浆料溶液,用各种化学药剂进行验证性实验。

2. 未知浆料的鉴别。取未知浆料试样若干块,通过浆料的特征反应进行鉴别。

二、实验准备

1. 仪器设备:锥形烧瓶(500mL)、布氏漏斗、抽滤瓶、试管、试管架、试管夹、滴管、电炉。

2. 染化药品:盐酸(C. P.)、硼酸(C. P.)、氢氧化钠(C. P.)、氯化钠(C. P.)、氯化钡(C. P.)、硫酸铜(C. P.)、三氯化铁(C. P.)、碘(C. P.)、碘化钾(C. P.)、盐酸羟胺(C. P.)、丙二醇(C. P.)、淀粉、聚乙烯醇、羧甲基纤维素、聚丙烯酸酯、聚丙烯酰胺(均为工业品)。

3. 实验材料:纯棉、纯涤纶或涤/棉织物等坯布(或含各种浆料的纱线)。

4. 试液制备:

(1)c(HCl)为2mol/L盐酸溶液。

(2)10%氯化钡溶液。

(3)10%氢氧化钠溶液。

(4)10%硫酸铜溶液。

(5)10%三氯化铁溶液。

(6)$c\left(\frac{1}{2}I_2\right)=0.02mol/L$碘溶液:称取4g碘化钾,用少量蒸馏水溶解。称2.6g碘,缓缓加入碘化钾溶液中,振荡直至溶解,加水稀释至1000mL,移入棕色瓶备用。

(7)碘—硼酸溶液:取$c\left(\frac{1}{2}I_2\right)=0.02mol/L$碘溶液100mL,加入结晶硼酸3g,搅拌全部溶解后,贮存于棕色瓶中备用。

(8)盐酸羟胺丙二醇溶液:称取盐酸羟胺7g及93g丙二醇,在搅拌条件下将盐酸羟胺溶入丙二醇中,贮存于棕色瓶中备用。

(9)饱和食盐水:称取氯化钠25g,溶于70mL蒸馏水中,装入试剂瓶中备用。

三、方法原理[3]

浆料的定性分析是以浆料所具有的颜色反应、沉淀反应的特征反应为基础的。如淀粉与碘作用可以形成一种蓝紫色的复合物;PVA在硼酸存在下,与碘作用形成一种蓝绿色的络合物;CMC在中性条件下与一些重金属盐作用,形成不溶于水的沉淀物,再经酸化可以重新溶解。聚丙烯酸酯在酸性条件下水解为丙烯酸及醇,其水解产物在碱性饱和食盐水中不溶解而产生白色絮状物;聚丙烯酰胺与羟胺反应生成羟肟酸,羟肟酸遇三价铁离子形成有色络合物。

四、操作步骤

(一)已知浆料的显色实验

1. 淀粉:取淀粉溶液2mL于试管,加$c\left(\frac{1}{2}I_2\right)=0.02mol/L$碘溶液数滴,观察其颜色变化,并记录。

2. 聚乙烯醇(PVA):取PVA溶液2mL于试管,加碘—硼酸溶液数滴,观察其颜色变化,并记录。

3. 羧甲基纤维素(CMC):取CMC溶液2mL于试管,加10%硫酸铜溶液数滴,观察现象并记录。再加$c(HCl)=2mol/L$盐酸溶液,观察现象并记录。

4. 聚丙烯酸酯(PMA):取PMA溶液2mL于试管,加入$c(HCl)=2mol/L$盐酸溶液0.5mL,摇匀后加入2.5mL饱和食盐溶液,加入10%氢氧化钠0.2mL,剧烈震荡后观察现象并记录。

5. 聚丙烯酰胺(PAM):取PAM溶液2mL于试管,加入2mL 7%盐酸羟胺丙二醇溶液,煮沸2min,冷却,加入10%三氯化铁溶液数滴,观察现象并记录。

(二)未知浆料的鉴别

1. 浆料萃取:取未知浆料待测试样各5g,若为织物,将其剪成10mm×10mm大小方块,置于500mL锥形烧瓶中,加蒸馏水200mL,煮沸30min,冷却,并将萃取液过滤,待用。

2. 取萃取滤液2mL于试管,加$c\left(\frac{1}{2}I_2\right)=0.02mol/L$碘溶液数滴,若溶液呈蓝紫色,表示有

淀粉浆存在，若无反应，则表示没有淀粉浆存在。

3. 另取萃取滤液 2mL 于试管[若通过检验有淀粉存在，则需先加 $c(HCl)=2mol/L$ 盐酸溶液 10 滴，沸煮 15min，然后冷却]，然后加碘—硼酸溶液数滴。若溶液呈蓝绿色，表示有 PVA 浆存在，若无反应，则表示无 PVA 浆存在。

4. 另取萃取滤液 2mL 于试管，加 10% 氯化钡溶液 10 滴。若溶液呈白色胶状，表示有海藻酸钠存在，若无反应，则表示无海藻酸钠存在。

5. 另取萃取滤液 2mL 于试管(若通过检验有海藻酸钠存在，则先取萃取液若干毫升，加 10% 氢氧化钠溶液数滴，使 $pH>11$，振荡摇匀并过滤，再取过滤液 2mL)，若为碱性则用 $c(HCl)=2mol/L$ 盐酸溶液调节 $pH=7$。再加 10% 硫酸铜溶液数滴，若溶液出现蓝色胶状物后，加 $c(HCl)=2mol/L$ 盐酸溶液沉淀消失，表示有 CMC 浆存在，若无反应，则表示无 CMC 浆存在。

6. 另取萃取液 2mL 于试管，加入 $c(HCl)=2mol/L$ 盐酸溶液 0.5mL，摇匀后加入 2.5mL 饱和食盐溶液，加入 10% 氢氧化钠 0.2mL，剧烈震荡后液面上有白色絮状沉淀出现，表示有 PMA 浆料存在。

7. 另取萃取液 2mL 于试管，加入 2mL 7% 盐酸羟胺丙二醇溶液，煮沸 2min，冷却，加入 10% 三氯化铁溶液数滴，若出现红紫色，表示有酰氨基存在，则表示织物上有 PAM 浆存在。

五、注意事项

1. 本试验方法的灵敏度约为 0.5g/L 浆料，相当于织物上含浆料质量分数 0.25%。

2. 对 CMC 浆料的检验，也可用 $c(HCl)=2mol/L$ 盐酸溶液将萃取液调节到强酸性，此时海藻酸钠全部沉淀。去除沉淀后，用氢氧化钠溶液将其调节到中性，再用 10% 硫酸铜溶液检验 CMC 浆是否存在。

3. 检验淀粉—PVA 混合浆中的淀粉浆时，要消除 PVA 浆干扰，可以取萃取液 2mL 于试管中，加入 $c(HCl)=2mol/L$ 的盐酸溶液 0.5mL，煮沸 15～30min，冷却。取费林试剂 2～3mL 加入以上溶液中，缓慢加热至沸，应有红色沉淀出现。

六、实验报告

1. 已知浆料的显色实验(表 5－1)：

表 5－1

浆料	试样 / 实验方法及过程	现象
淀粉	加碘溶液后	
PVA	加碘—硼酸溶液后	
CMC	加硫酸铜溶液后	
	加盐酸溶液后	
PMA	加盐酸、饱和食盐溶液、氢氧化钠溶液后	
PAM	加盐酸羟胺丙二醇溶液沸煮、冷却，加三氯化铁溶液后	

2. 未知浆料的鉴别(表 5－2)：

表 5－2

浆料	实验方法及过程（试样／实验结果）	1# 现象	1# 推论	2# 现象	2# 推论
淀粉	加碘溶液后				
PVA	（加盐酸溶液沸煮 15min），加碘—硼酸溶液后				
海浆	加氯化钡溶液后				
CMC	（加氢氧化钠溶液使 pH 值 > 11，振荡摇匀，过滤），用盐酸调节 pH = 7，加硫酸铜后				
	再加盐酸溶液后				
PMA	加盐酸、饱和食盐溶液、氢氧化钠溶液后				
PAM	加盐酸羟胺丙二醇溶液沸煮、冷却，加三氯化铁溶液后				
结论（浆料成分）					

项目二　前处理工作液常用试剂含量及性能测试

织物在练漂（boiling off-bleaching）过程中，根据各工序的加工目的与要求使用各类助剂，如退浆用淀粉酶；漂白用双氧水、次氯酸钠；丝光用烧碱以及为保证工艺的正常实施，还需加入各种稳定剂及表面活性剂。

本项目重点介绍除表面活性剂外的常用练漂助剂的性能测试方法。通过本项目的训练，使学生掌握各类助剂在练漂各工序中的作用、影响因素及分析检验方法。

子项目一　烧碱浓度的测定[2]

一、实验准备

1. 仪器设备：滴定架、滴定管（50mL）、容量瓶（500mL）、三角锥形瓶（250mL）、电子天平（1/1000）、量筒（100mL）、移液管（10mL）、单标移液管（5mL、25mL）。

2. 染化药品：酚酞指示剂（C. P.）、98% 硫酸（C. P.）、烧碱（工业品）。

3. 溶液准备：$c\left(\frac{1}{2}H_2SO_4\right)=0.125mol/L$ 硫酸溶液，1% 酚酞指示剂。

二、方法原理

用标准硫酸溶液测定未知烧碱的浓度时，用酚酞作指示剂，烧碱与硫酸发生中和反应，待测液碱性逐渐下降，酚酞由碱性下的粉红色渐变为无色，粉红色刚消失即为终点。

三、操作步骤

1. 用单标移液管准确吸取工业品烧碱溶液 25mL，于 500mL 容量瓶中，用蒸馏水稀释至刻度，摇匀待用。

2. 用单标移液管吸取 5mL 上述稀释液于 250mL 锥形瓶中，加入蒸馏水 50mL ~ 100mL、1% 酚酞指示剂 2 ~ 3 滴，摇匀待测。

3. 用 0.125mol/L$\left(\frac{1}{2}H_2SO_4\right)$硫酸标准溶液滴定，最后一滴硫酸滴入粉红色消失即为终点，记录耗用的硫酸的体积(mL)数。平行测定三次，取平均值。

4. 按下列公式计算烧碱的浓度(g/L)：

$$c_{NaOH}=\frac{c_{H_2SO_4}\times V_{H_2SO_4}\times 40}{V_{NaOH}\times\frac{25}{500}}=20\times V_{H_2SO_4}$$

四、注意事项

1. 快近终点时需用蒸馏水冲洗锥形瓶壁，最后一滴硫酸滴下后，粉红色消失即为终点。

2. 平行试验三次的相对误差不能超过 1%，必要时多测几次，取有效数计算平均值。

3. 若测定车间退煮工作液，可采用快速测定法。吸取工作液 5mL，用 $c\left(\frac{1}{2}H_2SO_4\right)$ = 0.125mol/L 硫酸标准溶液滴定，按上述滴定规程操作，所耗用的硫酸标准溶液体积(mL)数即为退煮液中烧碱的质量浓度(g/L)；若测丝光烧碱液浓度，则用 $c\left(\frac{1}{2}H_2SO_4\right)$ = 1.25mol/L 硫酸标准溶液滴定，丝光烧碱液浓度为耗用硫酸标准溶液体积(mL)数的 10 倍。

五、实验报告

填写实验报告，实验报告见表 5 - 3。

表 5 - 3

试样编号 / 实验结果	1#	2#	3#	平均值
耗用 H_2SO_4 量(mL)				
NaOH 质量浓度(g/L)				

子项目二　双氧水含量的测定[2]

一、实验准备

1. 仪器设备：滴定架、滴定管(50mL)、容量瓶(500mL)、三角瓶(250mL)、碘量瓶(250mL)、量筒(100mL)、移液管(10mL)、单标移液管(5mL)。

2. 染化药品：高锰酸钾(C.P.)、硫酸(C.P.)、烧碱(工业品)。

3. 溶液准备：$c\left(\frac{1}{5}KMnO_4\right)$ = 0.1mol/L 高锰酸钾标准溶液，$c\left(\frac{1}{2}H_2SO_4\right)$ = 6mol/L 硫酸溶液，1% 酚酞指示剂。

二、方法原理

双氧水是氧化剂，在一定条件下转化为还原剂，例如在酸性介质中可以把高锰酸钾还原成二价的锰，其反应式如下：

$$2KMnO_4 + 5H_2O_2 + 3H_2SO_4 = 2MnSO_4 + K_2SO_4 + 8H_2O + 5O_2$$

三、操作步骤

1. 准确吸取工业品双氧水溶液10mL，置于500mL容量瓶中，用蒸馏水稀释至刻度，摇匀待用。

2. 准确吸取稀释后的双氧水溶液5mL，放入250mL三角瓶中，加入蒸馏水100mL、$c\left(\frac{1}{2}H_2SO_4\right)=6mol/L$ 硫酸溶液5mL摇匀待测。

3. 用 $c\left(\frac{1}{5}KMnO_4\right)=0.1mol/L$ 高锰酸钾标准溶液滴定，当溶液变为微红色，并几秒钟内不消失即为终点。

4. 记录所耗用高锰酸钾标准溶液体积 V，平行测试三次，取平均值。

5. 计算双氧水浓度(g/L)。计算公式：

$$c_{H_2O_2} = \frac{c_{KMnO_4} \times V_{KMnO_4}}{V_{H_2O_2} \times \frac{10}{500}} \times 17.01 = 17.01 \times V_{KMnO_4}$$

四、注意事项

1. 用单标移液管吸取双氧水溶液。

2. 最后一滴高锰酸钾液滴下后，几秒钟内微红色不消失即为终点。

3. 平行测试三次的相对误差不能超过1%，必要时多测几次，取平均值。

4. 若测定车间工作液，可采用快速测定法。配制 $c\left(\frac{1}{5}KMnO_4\right)=0.294mol/L$ 高锰酸钾标准溶液，吸取工作液5mL，按上述滴定规程操作，所耗用的高锰酸钾标准溶液体积(mL)数即为氧漂液中双氧水的质量浓度(g/L)。

五、实验报告

填写实验报告，实验报告见表5-4。

表5-4

试样编号 / 实验结果	1#	2#	3#	平均值
耗用 $KMnO_4$ 量(mL)				
H_2O_2 质量浓度(g/L)				

子项目三　有效氯含量的测定[2]

一、实验准备

1. 仪器设备：滴定架、容量瓶(500mL)、碘量瓶(250mL)、量筒(100mL)、移液管(10mL)、单标移液管(5mL)。

2. 染化药品：硫代硫酸钠(C. P.)、碘化钾(C. P.)、冰醋酸(C. P.)、次氯酸钠(工业品)、淀粉指示剂。

3. 溶液准备：$c(Na_2S_2O_3)=0.1mol/L$ 硫代硫酸钠标准溶液，$c(HAc)=6mol/L$ 醋酸溶液，10%碘化钾溶液，0.5%淀粉指示剂。

二、方法原理

次氯酸钠是强氧化剂，能在酸性条件下将碘化钾氧化成碘，碘在酸性条件下又能被硫代硫酸钠还原，其反应式如下：

$$NaClO+2KI+H_2SO_4 = NaCl+K_2SO_4+I_2+H_2O$$

$$I_2+2Na_2S_2O_3 = 2NaI+Na_2S_4O_6$$

碘遇淀粉变蓝色，蓝色消失表示溶液中的碘全部被硫代硫酸钠还原，因此蓝色刚消失即达终点，从而计算出次氯酸钠液的有效氯含量。

三、操作步骤

1. 准确吸取工业品次氯酸钠溶液10mL，置于500mL容量瓶中，用蒸馏水稀释至刻度，摇匀待用。

2. 准确吸取已稀释的次氯酸钠溶液25mL，放入250mL三角瓶中，加入蒸馏水50mL、10%碘化钾溶液20mL、醋酸溶液15mL，在阴暗处放置5min。

3. 然后用硫代硫酸钠标准溶液滴定析出的碘，当溶液变为微黄色时，加入0.5%淀粉指示剂2～3mL，试液变蓝，继续滴定至蓝色褪去，若半分钟内不再呈现蓝色即为终点。

4. 记录所耗用的硫代硫酸钠标准溶液体积 V，计算有效氯浓度。平行测试三次，取平均值。

5. 按下列公式计算次氯酸钠的有效氯含量(g/L)：

$$\text{有效氯浓度}=\frac{c_{Na_2S_2O_3}\times V_{Na_2S_2O_3}\times 35.5}{V_{NaClO}\times\frac{10}{500}}=7.1\times V_{Na_2S_2O_3}$$

四、注意事项

1. 用单标移液管准确吸取次氯酸钠溶液。

2. 注意最后一滴 $Na_2S_2O_3$ 溶液滴下后，蓝色消失的终点判断。

3. 平行测试三次，相对误差不超过1%，必要时多测几次，取其平均值。

4. 若测定车间工作液，可采用快速测定法。将硫代硫酸钠溶液配制成 $c(Na_2S_2O_3)=0.141mol/L$，吸取工作液5mL，按上述滴定规程操作，所耗用的硫代硫酸钠溶液体积(mL)数即为氯漂液有效氯的质量浓度(g/L)。

五、实验报告

填写实验报告，实验报告见表5－5。

表5－5

试样编号 / 实验结果	1#	2#	3#	平均值
耗用 $Na_2S_2O_3$ 量(mL)				
有效氯质量浓度(g/L)				

子项目四　BF—7658 淀粉酶活力的测定[3]

一、实验准备

1. 仪器设备：称量瓶、烘燥箱（dryer）、容量瓶（250mL，100mL）、移液管（25mL、10mL、5mL、1mL）、钠氏比色管、试管架、水浴锅等。

2. 染化药品：氯化钠（C. P.）、碘（C. P.）、BF—7658 淀粉酶（工业品）、可溶性淀粉（工业品）。

3. 试液制备：

（1）4. 8g/L 淀粉母液：在已知干燥称量瓶内准确称取可溶性淀粉约 5g 左右，放入 105℃烘箱内烘至恒重（约 4h），冷却后测其回潮率。然后再称取干燥可溶性淀粉 1. 2g，加蒸馏水 25mL 调成浆状，倒入 225mL 的沸蒸馏水中沸煮 2min，在容量瓶中准确配制 250mL 淀粉液，并摇匀放置。

（2）100. 0g/L 氯化钠溶液：称取氯化钠 5g，用蒸馏水配制成 50mL 溶液。

（3）1. 0g/L 酶液：称取 BF—7658 酶 0. 1g，溶解后移入 100mL 容量瓶中配制 100mL。

（4）$c\left(\frac{1}{2}I_2\right)=0.02$mol/L 碘溶液。

二、方法原理

BF—7658 淀粉酶活力一般以它转化淀粉的克数来表示。淀粉酶（amylases）对淀粉有专一的催化分解作用，且碱金属离子及其盐对酶有活化作用，当淀粉被酶完全催化分解后，则与碘无颜色特征反应。

三、操作步骤

1. 吸取淀粉母液 25mL（0. 12g 淀粉）、氯化钠溶液 5mL 及蒸馏水 20mL 于 100mL 钠氏比色管中，共吸 10 支，放入 60℃的水浴锅内恒温。

2. 在 10 支比色管中分别加入不同体积的酶液，从 0. 2mL 开始，每次增加 0. 1mL，至 1. 1mL 为止，用玻璃棒搅拌均匀，在 60℃条件下恒温放置 1h。

3. 取出后迅速冷却至 20℃，依次从 1# ~ 10#中取出 5mL 混合液，分别加碘溶液 1 ~ 2 滴，以不显蓝（或紫）色的第一管为终点，然后从表 5 – 6 中查出该淀粉酶的活力（倍数）。

表 5 – 6

试样编号	1#	2#	3#	4#	5#	6#	7#	8#	9#	10#
酶液（mL）	0. 2	0. 3	0. 4	0. 5	0. 6	0. 7	0. 8	0. 9	1. 0	1. 1
酶活力（倍数）	600	400	300	240	200	171	150	133	120	109

四、注意事项

1. 10 支比色管都达到恒温后才能加入酶液。

2. 若 10 支比色管都不变色，则酶液的用量进一步降低，即取 0. 1mL，0. 05mL，…

3. 若最后 1 支试管仍然变色，则可减少加入的淀粉母液的体积或增加加入酶液的浓度。酶活力可根据其增、减的倍数计算。

五、实验报告

填写实验报告，实验报告见表 5 – 7。

表 5 – 7

实验结果 \ 试样编号	1#	2#	3#	4#	5#	6#	7#	8#	9#	10#
是否显色										
酶活力（倍数）										

子项目五　螯合分散剂性能测试[4]

一、实验方案

实验方案见表 5 – 8。

表 5 – 8

测 试 项 目	技 术 指 标
钙离子螯合能力	钙络合值（mg/g）
铁离子螯合能力	铁络合值（mg/g）
分散性能	分散定量钙皂所需螯合分散剂体积（mL）

二、实验准备

1. 仪器设备：滴定架、容量瓶（500mL）、三角瓶（250mL）、碘量瓶（250mL）、量筒（100mL）、移液管（10mL）、温度计、称量瓶、恒温烘箱、电子天平（1/1000）、磁力搅拌器。

2. 染化药品：草酸钠（C. P. ）、氢氧化钠（C. P. ）、三氯化铁（C. P. ）、氯化钙（C. P. ）、纯碱（C. P. ）、氯化铵（C. P. ）、氨水（C. P. ）、螯合分散剂、中性皂片。

3. 溶液制备：

（1）2% 草酸钠指示剂配制：准确称取 2. 00g 草酸钠于烧杯中，加少量水充分溶解后，洗入 100mL 容量瓶中，加水至刻度，摇匀待用。

（2）NH_3—NH_4Cl 缓冲溶液：20g 氯化铵溶于适量水中，加入 100mL 氨水（密度 0. 9g/cm^3），混合后稀释至 1L，即为 pH = 10 的缓冲溶液。

（3）c（NaOH） = 2. 5mol/L 氢氧化钠溶液：准确快速称取 10g 固体氢氧化钠，溶解冷却，并稀释至 100mL。

（4）c（$CaCl_2$） = 0. 05mol/L 氯化钙标准溶液。

（5）c（$CaCl_2$） = 0. 25mol/L 氯化钙标准溶液。

（6）c（$FeCl_3$） = 0. 25mol/L 三氯化铁溶液。

三、方法原理

钙离子螯合能力：在 NH_3—NH_4Cl 缓冲下的螯合分散剂溶液中，加入草酸钠作为指示剂，用 $CaCl_2$ 标准溶液滴定，当钙离子过量时与草酸钠生成白色沉淀，即达到终点，通过螯合氯化钙的多少,可以评价螯合分散剂的钙离子螯合能力。

铁离子螯合能力:在 pH 为 11 ~ 11.5 螯合分散剂溶液中,滴入 Fe^{3+},以溶液由透明状变为混浊状所消耗的 Fe^{3+} 的量可评价螯合分散剂的铁离子螯合能力。

钙分散性能:以分散定量钙皂所消耗螯合分散剂的量来评价。

四、操作步骤

1. 钙离子螯合能力测试:

(1)配制 5% 样品溶液:称取 12.5g 样品于小烧杯中,用水稀释至 250g。

(2)移取 10.00mL 上述样品溶液,加 5 滴 2% 草酸钠指示剂,加 NH_3—NH_4Cl 缓冲溶液 5mL,用 0.05mol/L $CaCl_2$ 标准溶液滴定至出现稳定的白色沉淀。

(3)同时做空白试验,并按下列公式计算钙螯合值 E。

$$E = \frac{c_{CaCl_2} \times (V_{CaCl_2} - V_{空白}) \times 100.08}{m \times p} \times \frac{250}{10}$$

式中:E 为钙螯合值或钙络合能力(mg/g);100.08 为 $CaCO_3$ 的摩尔质量(g/mol);c_{CaCl_2} 为滴定用 $CaCl_2$ 标准溶液的浓度(mol/L);V_{CaCl_2} 为滴定时耗用 $CaCl_2$ 标准溶液的体积(mL);m 为试样重(g);p 为样品的有效浓度(%)。

(4)记录测试结果,并计算钙螯合值(见表 5-9)。

2. 铁离子螯合能力测试:

(1)移取 5% 样品溶液 25.00mL 于 250mL 锥形瓶中,加 50mL 水,摇匀。

(2)用 2.5mol/L NaOH 调节 pH 为 11 ~ 11.5。

(3)用 0.25mol/L $FeCl_3$ 滴定至稳定性浑浊(滴定过程中不断补加 NaOH,使 pH 值维持在 11 ~ 11.5),为终点。

(4)为准确确定终点,再做 2 ~ 3 次平行实验,每次所加 Fe^{3+} 体积比前一次少 0.5mL,静置 3h 后,观察杯中底部出现微量红棕色沉淀的为终点,否则还需继续滴加 Fe^{3+},直至达终点为止。

(5)同时做空白试验。并按下式计算铁螯合值(mg/g)。

$$铁螯合值 = \frac{55.84 \times c_{FeCl_3} \times (V_{FeCl_3} - V_{空白})}{m \times p} \times \frac{250}{25}$$

式中:55.84 为铁离子的摩尔质量(g/mol);c_{FeCl_3} 为滴定用三氯化铁标准溶液的浓度(mol/L);V_{FeCl_3} 为滴定时耗用三氯化铁溶液的体积(mL);m 为所称样品的质量(g);p 所称样品的含固量(%)。

(6)记录测试结果,并计算铁螯合值(表 5-9)。

3. 分散性能测试:

(1)试样溶液配制:10g/L 中性皂片溶液,100g/L 螯合分散剂试样溶液。

(2)用移液管分别吸取 3mL 中性皂片溶液于 250mL 三角瓶中,加入 $c(CaCl_2) = 0.25mol/L$ 氯化钙溶液 0.8mL,加蒸馏水 20mL,摇匀形成钙皂。

(3)在酸式滴定管中加入100g/L螯合分散剂试样溶液,逐滴加入到上述钙皂液中,边加边摇动,滴至钙皂全部分散于溶液中,记下所消耗的试样溶液毫升数。平行测试三次,取平均值。

(4)记录测试结果(表5-9),若分散定量钙皂所消耗的试样溶液体积越少,则表示该螯合分散剂的分散力越强。

五、注意事项

1. 中性皂片溶液及氯化钙溶液配制要准确,否则会影响测试结果。
2. 终点判断较困难,可以先过量滴定一只作为参照样。
3. 接近终点时滴定速度一定要慢,并且振荡要充分。

六、实验报告

填写实验报告,实验报告见表5-9。

表5-9

测试项目 \ 试样编号	1#	2#	3#	平均值
耗用 $CaCl_2$ 溶液(mL)				
钙螯合值(mg/g)				
耗用 $FeCl_3$ 溶液(mL)				
铁螯合值(mg/g)				
分散定量钙皂耗用试样溶液体积(mL)				
综合评价				

项目三 棉布练漂

棉布练漂含退浆(desizing)、煮练(souring)和漂白(bleaching)等工序,其主要任务是去除天然杂质和人为杂质,提高织物的吸湿性和白度、改善手感等。常用的退浆方法有酶退浆、碱退浆、氧化剂退浆等;常用的漂白方法有氯漂和氧漂。传统的前处理工艺为退浆→煮练→漂白。随着短流程工艺的不断推广,棉布练漂也出现了二步法工艺,如退煮合一→漂白,退浆→煮漂合一,甚至可以用退煮漂三合一工艺,近来发展起来的高效多功能助剂仅需与双氧水同浴就能完成棉织物前处理。

本项目训练的目标任务是使学生了解退、煮、漂各工艺方法的特点,掌握棉制品常用的练漂工艺条件和操作方法。

子项目一 酶退浆工艺实验

一、实验方案

1. 工艺处方(表5-10):

表 5－10

助　剂 \ 试样编号	1[#]	2[#]
BF—7658 淀粉酶(2000 倍)(g/L)	1.5	1.5
氯化钠(g/L)	—	5
润湿剂 JFC(g/L)	1～2	1～2
醋酸	调节 pH＝6.0～6.5	调节 pH＝6.0～6.5

2. 工艺流程及条件：坯布→浸渍或浸轧酶液（55～60℃，轧余率 90%～100%）→保温堆置（60℃，60min）→热水洗 2～3 次（80～85℃）→温水洗（50～60℃）→冷水洗→晾干或烘干→留作测试和后序工艺实验用。

二、实验准备

1. 仪器设备：小轧车（padder）、蒸箱（或蒸锅）、烧杯（200mL、500mL）、量筒（100mL）、温度计（100℃）、电炉、托盘天平、角匙、玻璃棒、烘箱。

2. 染化药品：氯化钠（L. R.）、醋酸（L. R.）、BF—7658 淀粉酶（工业品）、润湿剂 JFC（工业品）。

3. 实验材料：纯棉坯布两块（大小以后序工艺实验要求为准）。

三、方法原理

酶是一种具有特殊专一催化能力的蛋白质物质。如淀粉酶（starchferment）只对淀粉浆起作用，它在一定的温度、pH 值条件下，催化淀粉水解成低分子糖类，使其与棉纤维的黏着力下降、水溶性提高从而达到退浆的目的。酶退浆法属于生物化学法。

四、操作步骤

1. 试样烘至恒重，并称出准确重量。

2. 按样布大小决定配液量、据处方要求计算各助剂用量。

3. 称取 BF—7658 淀粉酶，用 55～60℃的热水化开，搅拌均匀后，加入润湿剂 JFC 和氯化钠，并用醋酸调节 pH 为 6.0～6.5 待用。

4. 将坯布投入刚化好的酶液中，充分浸透（约 1～2min）后，用玻璃棒或轧车去除多余溶液。

5. 将试样放入 100mL 烧杯中，用保鲜膜密封，置于 60℃烘箱或水浴锅中恒温放置 60min。

6. 取出试样，放入 80～85℃热水中充分洗涤 2～3 次，每次洗涤后用玻璃棒夹干或用轧车轧压后再做下一次洗涤，然后用温水、冷水冲洗、晾干或烘干至恒重并称重。

7. 测定退浆失重率，并留作练漂实验用。

$$失重率=\frac{退浆前织物重-退浆后织物重}{退浆前织物重}\times 100\%$$

五、注意事项

1. 配好的酶液不宜放置太久。

2. 按要求调节退浆液温度和 pH 值，不得将配好的酶液直接加热，以防失活。

3. 若用小轧车浸轧，轧余率宜控制在 90% ~100%。

4. 恒温堆置时注意密封良好，以免试样风干而影响退浆效果。

5. 操作时应避免织物边纱脱落而影响测试结果。

六、实验报告

填写实验报告，实验报告见表 5－11。

表 5－11

实验结果 \ 试样编号	1#	2#
退浆前重量(g)		
退浆后重量(g)		
退浆失重率(%)		
贴样		

子项目二　碱退浆、煮练一浴法工艺实验

一、实验方案

1. 工艺处方(表 5－12)：

表 5－12

助剂 \ 试样编号	1#	2#
100%氢氧化钠(g/L)	30	40
精练剂(g/L)	5	5
无磷螯合分散剂(g/L)	1	1

2. 工艺流程及条件：坯布→浸渍或多次浸轧练液(45 ~50℃，轧余率 95% 以上)→汽蒸(100 ~102℃，60min)→热水洗(85℃以上)3 ~4 次→温水洗(65 ~70℃以上)→冷水洗→晾干或烘干→留作测试和后序工艺实验用。

二、实验准备

1. 仪器设备：小轧车、蒸箱(或蒸锅)、烧杯(200mL、500mL)、量筒(100mL)、温度计(100℃)、电炉、托盘天平、角匙、玻璃棒、烘箱。

2. 染化药剂：无磷螯合分散剂、氢氧化钠、高效精练剂(均为工业品)。

3. 实验材料：纯棉坯布两块(大小以符合毛效测定和后序工艺实验要求为准)。

三、方法原理

在一定的温度、湿度条件下，烧碱能使织物上的淀粉、PVA 等浆料发生膨化和部分溶解，浆料分子膨化变松，与棉纤维之间的结合力受到破坏，黏着力下降，通过热水稀释和机械力将其去除。

棉纤维上的共生物严重地影响着织物的手感和吸湿性。借助于氢氧化钠及助练剂在一定的温湿条件下使这些杂质发生解聚、水解、溶解、乳化、分散、增溶、螯合分散等作用，再通过机械、水洗作用，从织物上去除。

四、操作步骤

1. 按处方要求计算并配置工作液，并将温度控制在45～50℃。

2. 将坯布浸入工作液（约1～2min），取出用玻棒或轧车去除多余的练液，然后放入蒸箱或蒸锅中汽蒸。

3. 充分热洗3～4次（每次时间≥60s）。

4. 晾干或烘干后测定退煮练失重率和毛效，目测织物外观，并留作漂白实验用。

五、注意事项

1. 轧液前和试样处理完毕均需称出试样恒重，并防止掉落的边纱而影响准确性。

2. 氢氧化钠应预先进行浓度折算后配制工作液。

3. 保证轧液均匀，轧余率宜控制在95%以上。

六、实验报告

填写实验报告，实验报告见表5－13。

表5－13

试样编号 / 实验结果	1#	2#
退煮前重量(g)		
退煮后重量(g)		
退煮失重率(%)		
毛效(cm/30min)		
棉籽壳去除率(%)		
强力损伤率(%)		
手感		
贴样		

子项目三　双氧水漂白工艺实验

一、实验方案

1. 工艺处方（表5－14）：

表5－14

试样编号 / 工艺条件	1#	2#
100%过氧化氢(g/L)	5	5
35%硅酸钠(g/L)	6～8	—

续表

工艺条件 \ 试样编号	1#	2#
渗透剂 JFC(g/L)	2	2
螯合分散剂(g/L)	0.5~1	0.5~1
30%氢氧化钠适量	调节 pH=10.5~11	调节 pH=10.5~11

2. 工艺流程及条件:

经退浆和煮练的棉布→浸渍或浸轧漂液(室温、轧余率100%~105%)→汽蒸(98~100℃、45~50min)→热水洗2~3次(85℃以上)→温水洗(60~65℃)→冷水洗→晾干或烘干→留作测试和后序工艺实验用。

二、实验准备

1. 仪器设备:烧杯(200mL、500mL)、蒸箱(或蒸锅)、量筒(10mL、100mL)、温度计(100℃)、电炉、托盘天平、角匙、玻璃棒、烘箱。

2. 染化药品:双氧水、氢氧化钠、硅酸钠、渗透剂JFC、螯合分散剂(均为工业品)。

3. 实验材料:经退浆和煮练的棉布两块(大小以符合白度测试和后序工艺实验要求为准)。

三、方法原理

双氧水在一定的碱性条件下分解出 HO_2^-,它对纤维素上的色素有氧化破坏作用。但碱性过强,双氧水分解过快,损失大、纤维损伤也严重。除此之外,重金属离子对双氧水有催化分解作用,产生自由基离子和新生态氧,对纤维的损伤很大。所以氧漂体系中除需维持一个稳定、合适的pH值外还要加入络合剂或螯合剂,防止重金属离子影响漂白效果。

四、操作步骤

1. 按处方要求计算、称取各助剂用量。

2. 先在配制器皿内放入工作液总量2/3的水,然后依次在搅拌条件下加入硅酸钠、螯合分散剂、渗透剂、双氧水,充分搅匀。

3. 然后用适量烧碱调节pH=11,加水至规定体积,搅匀后再验证pH值。

4. 取经退浆和煮练的棉布两块,分别投入漂液中,在室温下浸渍30s,取出用玻棒或用轧车除去多余漂液,放入蒸箱(或蒸锅)中汽蒸。

5. 取出试样,严格按工艺水洗,晾干后测定白度、强力,部分留作丝光实验用。

五、注意事项

1. 测出漂白前坯布的强力。

2. 配制漂液时,双氧水应预先进行浓度折算。

3. 保证轧液透匀,轧余率宜控制在100%以上。

六、实验报告

填写实验报告,实验报告见表5-15。

表 5－15

实验结果 \ 试样编号	1#	2#
白度(%)		
漂白前织物强力(N/5cm)		
漂白后织物强力(N/5cm)		
强力损伤率(%)		
贴样		

子项目四　次氯酸钠漂白工艺实验

一、实验方案

1. 工艺处方(表 5－16)：

表 5－16

工艺条件 \ 试样编号	1#	2#	3#
有效氯(g/L)	2	2	2
pH 值	3	7	10
浴比	1∶20	1∶20	1∶20

2. 工艺流程及条件：经退浆和煮练的棉布→浸渍漂液(室温,45min)→冷水洗挤干→浸渍脱氯剂(浴比 1∶20,室温 5～10min)→水洗→晾干或烘干→留作测试和后序工艺实验用。

二、实验准备

1. 仪器设备：温度计、恒温水浴锅、酸度计、托盘天平、烧杯(500mL)、量筒(100mL)、玻璃棒、烘箱。

2. 染化药品：磷酸(C. P.)、磷酸钠(C. P.)、硫代硫酸钠(C. P.)、次氯酸钠(工业品)。

3. 实验材料：经退浆和煮练的棉布三块(尺寸以符合白度测定和后序工艺实验要求为准)。

4. 溶液制备：10% 磷酸溶液,2g/L 硫代硫酸钠溶液,$c(H_3PO_4)=0.5mol/L$ 磷酸溶液,$c(Na_3PO_4)=0.5mol/L$ 磷酸钠溶液,磷酸—磷酸钠缓冲溶液：由 $c(H_3PO_4)=0.5mol/L$ 磷酸溶液和 $c(Na_3PO_4)=0.5mol/L$ 磷酸钠溶液组成。不同 pH 值的缓冲液组成见表 5－17。

表 5－17

pH 值 \ 用量(mL) \ 溶　液	$c(H_3PO_4)=0.5mol/L$	$c(Na_3PO_4)=0.5mol/L$
3	1	0.39
7	1	1.27
10	1	1.78

三、方法原理

次氯酸钠对纤维素共生物色素有漂白作用，其作用原理较复杂，一般认为起漂白作用的是次氯酸钠分解产物 OCl^-、HClO 和 Cl_2。次氯酸钠在不同的 pH 值条件下，其分解产物的成分不同，故漂白效果及对纤维的损伤也不同。合理控制次氯酸钠漂白的 pH 值和温度是该工艺的关键。

四、操作步骤

1. 漂前测试织物强力（参见第三模块项目三子项目一织物拉伸强力测定）。

2. 对漂白试样称重，确定浴量，并按处方计算各助剂用量。

3. 用量筒分别量取已配制好的缓冲溶液置于三个烧杯中，然后加入次氯酸钠溶液。若 pH 值有变化，用 10% 磷酸溶液迅速调节 pH 值至规定要求。

4. 取经退煮的棉布三块，分别置于三杯漂液中，室温浸渍处理 45min，并不时翻动。

5. 漂毕，取出织物用冷水冲洗，然后用 2g/L 硫代硫酸钠溶液在室温下浸渍处理 5 ~ 10min 后清洗、晾干。

6. 测定半制品白度和纤维损伤程度（参见本模块项目八半制品质量检验），并留作做丝光实验用。

五、注意事项

1. 若气候温度较低，漂液及其他处理液可用温水配至 30℃ ±2℃。

2. 应始终保持织物浸没在漂液中，且适当翻动，以使织物处理均匀。

六、实验报告

填写实验报告，实验报告见表 5 - 18。

表 5 - 18

试样编号 / 实验结果	1#	2#	3#
白度（%）			
漂白前织物强力（N/5cm）			
漂白后织物强力（N/5cm）			
强力损伤率（%）			
贴样			

子项目五　退煮漂一浴一步轧蒸法工艺实验

一、实验方案

1. 烧碱与双氧水一浴法工艺处方（表 5 - 19）。

2. 多功能精练剂与双氧水一浴法工艺处方（表 5 - 20）。

3. 工艺流程及条件：坯布→浸渍或多次浸轧碱氧液（室温，1 ~ 2min，100% ~ 110%）→汽蒸（98 ~ 100℃，60min）→热水洗 3 ~ 4 次（90 ~ 95℃）→温水洗 2 次（70 ~ 75℃）→冷水洗→晾干或烘干→留作测试和后序工艺实验用。

表 5-19

助剂 \ 试样编号	1#	2#
100%双氧水(g/L)	18	18
100%氢氧化钠(g/L)	30	30
碱氧稳定剂(g/L)	6	3
高效复配型精练剂(g/L)	8	8

表 5-20

助剂 \ 试样编号	1#	2#
100%双氧水(g/L)	15	15
多功能精练剂(g/L)	20	30

二、实验准备

1. 仪器设备:烧杯(200mL、500mL)、蒸箱(或蒸锅)、量筒(10mL、100mL)、温度计(100℃)、电炉、托盘天平、角匙、玻璃棒。

2. 染化药品:双氧水、氢氧化钠、稳定剂、高效复配型精练剂、多功能精练剂(均为工业品)。

3. 实验材料:纯棉坯布四块(大小以符合毛效、白度、强力测定要求为准)。

三、方法原理

在适合的稳定剂存在下,双氧水能与较强的碱共浴,协同作用于棉纤维的共生物、棉籽壳及浆料,在一定的温湿条件下将织物上的杂质去除,达到半制品要求,同时又具有较好的强力保留率。

多功能复配型煮练剂的成分主要包括生物酶、碱性盐、渗透剂、δ-层状硅酸钠、过碳酸钠等多组分复合物,pH 值为 11±0.5(0.1%溶液),集渗透性、螯合分散性及碱性、净洗性于一体,应用时与双氧水共浴,协同产生润湿、渗透、萃取、增溶、净洗和氧化等作用,从而提高纤维制品的毛效和白度等。

四、操作步骤

1. 测出坯布强力(参见第三模块项目三子项目一织物拉伸强力测定)。

2. 根据试样大小确定合适的配液量,按处方计算、称取各助剂用量。

3. 在配液容器中放入工作液总量的 2/3~3/4 水量,依次加入稳定剂、高效精练剂、氢氧化钠、双氧水,按序搅匀后再添加后一种,最后加水至规定体积,搅匀待用。

4. 将坯布投入已配制好的工作液中,在室温下浸渍(约 1~2min)。

5. 将织物取出,用玻璃棒或轧车除去多余的工作液,放入蒸箱(或蒸锅)中于 98~100℃下汽蒸 60min。

6. 蒸毕取出用 90~95℃热水洗 3~4 次(每次时间≥60s),70~75℃温水洗 2 次,最后用冷水洗、晾干或烘干,测定毛效、白度、强力等(参见本模块项目八半制品质量检验)。

五、注意事项

1. 双氧水和氢氧化钠使用时应预先进行浓度折算。
2. 配制好的工作液不宜放置过长时间。
3. 汽蒸后的洗涤非常重要,应按上述规定进行水洗。
4. 若为纯棉高支高密织物,上浆比较重,最好先退浆,然后再做碱氧练漂。

六、实验报告

填写实验报告,实验报告见表5-21。

表5-21

试样编号 实验结果	烧碱与双氧水一浴法		多功能精练剂与双氧水一浴法	
	1#	2#	1#	2#
白度(%)				
毛效(cm/30min)				
原坯强力(N/5cm)				
练漂后强力(N/5cm)				
强力损伤率(%)				
手感及布面质量				
贴样				

子项目六　碱—氧—浴冷轧堆法前处理工艺实验

一、实验方案

1. 工艺处方(表5-22):

表5-22

试样编号 助剂	1#	2#
100%双氧水(g/L)	20	20
100%氢氧化钠(g/L)	40	40
稳定剂(g/L)	6	3
高效精练剂(g/L)	8	8
过硫酸钾(g/L)	4	4

2. 工艺流程及条件:坯布→浸渍或浸轧练漂液(室温,100%~105%)→包封堆置(室温,24h)→热碱煮洗(3g/L净洗剂,2g/L纯碱,95℃以上,3min~5min)→热水洗3~4次(95℃以上)→温水洗2次(75~80℃)→冷水洗→晾干或烘干→留作测试和后序工艺实验用。

二、实验准备

1. 仪器设备:烧杯(200mL、500mL)、量筒(10mL、100mL)、温度计(100℃)、电炉、托盘天

平、角匙、玻璃棒。

2. 染化药品：双氧水、氢氧化钠、稳定剂、高效精练剂（均为工业品），过硫酸钾（C. P.）。

3. 实验材料：纯棉坯布两块（大小以符合毛效、白度测定要求为准）、塑料薄膜。

三、方法原理

同碱—氧一浴轧蒸法。反应温度低，则处理时间要长些，助剂浓度应高些。因此，若冬季室温较低时，则堆置时间要适当延长，夏天适当缩短。

四、操作步骤

1. 按处方计算各助剂用量，工作液配制方法同轧蒸法。

2. 将坯布投入已配制好的工作液中，在室温下浸透（约 1 ~ 2min）后用玻璃棒或轧车去除多余的工作液。

3. 将织物放入烧杯中（或表面皿上），用塑料薄膜密封，在室温条件下放置 24h。

4. 取出织物用含 3g/L 净洗剂、2g/L 纯碱的煮洗液，高温沸煮 3 ~ 5min。

5. 然后用 95℃以上热水洗 3 ~ 4 次（每次浸洗 60s 左右），75 ~ 80℃热水洗 2 次，最后用冷水洗。

6. 晾干或烘干后测定毛效、白度、强力等（参见本模块项目八半制品质量检验）。

五、注意事项

1. 双氧水和氢氧化钠使用时应预先进行浓度折算。

2. 冬天配液时可将水温调节到 30 ~ 35℃，堆置温度提高至 30 ~ 35℃，必要时延长堆置时间。

3. 为防止不均匀性，堆置一定时间后将织物适当翻动。

4. 冷堆后先煮洗后热水洗。可采用 100 ~ 102℃汽蒸 5 ~ 10min 代替煮洗。

5. 浸轧碱氧练漂工作液后，立即用塑料薄膜密封好，防止风干。

六、实验报告

填写实验报告，实验报告见表 5 - 23。

表 5 - 23

试样编号 / 实验结果	1#	2#
白度（%）		
毛效（cm/30min）		
原坯强力（N/5cm）		
练漂后强力（N/5cm）		
强力损伤率（%）		
手感及布面质量		
贴样		

项目四　涤/棉织物练漂

涤/棉织物含杂少，纱线强力较高，前处理任务没有纯棉重。目前涤/棉织物多采用二步法练漂工艺，如退煮合一→漂白，或退浆→煮漂合一，也可采用退煮漂合一工艺。其工艺流程短，能耗明显降低。

本项目的目标任务是使学生了解涤/棉织物退煮漂合一轧蒸法工艺特点，掌握该方法的工艺条件和基本操作。

一、实验方案

1. 工艺处方(表5－24)：

表5－24

试样编号	1#	2#	试样编号	1#	2#
100%双氧水(g/L)	10	10	氧漂稳定剂(g/L)	5	2
100%氢氧化钠(g/L)	12	12	高效精练剂(g/L)	5	5

2. 工艺流程及条件：坯布→多浸多轧碱氧液(室温，轧余率90%～100%)→汽蒸(100～102℃，60min)→热水(90～95℃)3次→温水洗(65～70℃)2次→冷水洗→晾干→待测。

二、实验准备

1. 仪器设备：烧杯(200mL、500mL)、蒸箱(或蒸锅)、量筒(10mL、100mL)、温度计(100℃)、电炉、托盘天平、角匙、玻璃棒、烘箱。

2. 染化药品：过氧化氢、氢氧化钠、氧漂稳定剂、高效精练剂(均为工业品)。

3. 实验材料：涤/棉细平坯布两块(大小以符合毛效、白度测定要求为准)。

三、方法原理

同纯棉碱—氧—浴轧蒸法。但由于涤/棉织物棉组分含量较低，故含杂少，其处理液浓度可适当降低。

四、操作步骤

1. 根据需要决定配液量、按处方计算、称取各助剂用量。

2. 在配液容器中放入工作液总量的2/3～3/4水量，依次加入稳定剂、高效精练剂、氢氧化钠、双氧水，然后加水至规定体积，并搅匀。

3. 将T/C坯布投入已配制好的练液中，在室温下浸透(约1～2min)，并用玻璃棒或轧车除去多余的练液。

4. 然后放入蒸箱(或蒸锅)中于100～102℃汽蒸60min。

5. 取出，用90～95℃热水洗3次(每次时间≥60s)，65～70℃温水洗2次，最后用冷水洗。

6. 晾干或烘干后测定毛效、白度、强力等。

五、注意事项

同棉织物碱—氧一浴轧蒸法工艺。

六、实验报告

填写实验报告,实验报告见表5-25。

表5-25

试样编号 实验结果	1#	2#
白度(%)		
毛效(cm/30min)		
原坯强力(N/5cm)		
练漂后强力(N/5cm)		
强力损伤率(%)		
手感及布面质量		
贴样		

项目五 针织物(纱线)练漂

针织物一般不上浆,所以练漂任务相对机织物轻。传统的针织物练漂工艺有煮练→漂白(氯漂、氧漂或氯氧双漂)、碱一氧一浴法等。随着高效短流程、低能耗工艺的迅猛发展,多功能复合型煮练用剂在针织物蒸煮工艺和冷堆工艺上得到了广泛应用。

纱线练漂方法、工艺流程及条件均与针织物相似,可参照进行。

本项目的目标任务是使学生掌握棉针织物练漂常用方法、工艺条件和基本操作。

子项目一 碱一氧一浴浸煮法工艺实验

一、实验方案

1. 工艺处方(表5-26):

表5-26

试样编号 工艺条件	1#	2#
30%双氧水(g/L)	15	20
100%氢氧化钠(g/L)	5	8
35%硅酸钠(g/L)	6	6
高效精练剂(g/L)	2~3	2~3
浴比	1:10	1:10

2. 工艺流程及条件：织物润湿挤干后投入练漂液→练漂（沸煮 40～50min）→热水洗 2～3 次（85～90℃）→温水洗 1～2 次（70～80℃）→冷水洗→晾干→待测定。

二、实验准备

1. 仪器设备：烧杯（200mL、500mL）、量筒（10mL、100mL）、温度计（100℃）、电炉（或蒸锅）、托盘天平、角匙、玻璃棒、烘箱。

2. 染化药剂：双氧水、氢氧化钠、硅酸钠、高效精练剂（以上均为工业品）。

3. 实验材料：纯棉针织汗布或纯棉纱线（数量以符合毛效、白度及强力测定要求为准）。

三、方法原理

同纯棉机织物碱—氧一浴轧蒸法，但与棉机织布相比，其处理液浓度及工艺条件可适当降低。

四、操作步骤

1. 根据布样重决定配液量，按处方计算、称取各助剂。

2. 在配液容器中放入工作液总量的 2/3～3/4 水量，依次加入硅酸钠、高效精练剂、氢氧化钠、双氧水，然后加水至规定体积，并搅匀。

3. 将针织汗布用温水润湿并挤干投入配制好的练漂液中煮练，用表面皿盖住，在电炉上或蒸锅中升温至沸开始计时，煮练 40～50min。其间不时搅拌，若练液蒸发过多，可添加适量沸水，以保持浴比。

4. 煮毕取出织物，用 85～90℃ 热水洗 2～3 次，每次浸洗时间不能少于 60s。再用 70～80℃ 温水洗 1～2 次，最后冷水洗、晾干。

五、注意事项

1. 氢氧化钠、双氧水使用前应预先进行浓度折算。

2. 配制练液时可根据汗布厚薄及含杂多少作适当调整。

3. 若在电炉上完成该实验，应防止浴比变小造成练漂不均匀。

4. 针织物通常考核顶破强力，纱线考核单纱强力。

六、实验报告（表 5－27）

填写实验报告，实验报告见表 5－27。

表 5－27

实验结果 \ 试样编号	1#	2#
白度（%）		
毛效（cm/30min）		
原坯（纱）强力（N）		
练漂后织物（或纱线）强力（N）		
强力损伤率（%）		
贴样		

子项目二　多功能助剂浸煮法工艺实验

一、实验方案

1. 工艺处方(表 5－28)：

表 5－28

工艺条件＼编号	1#	2#
多功能精练剂(g/L)	5	8
100% 双氧水(g/L)	5	5
浴比	1∶10	1∶10

2. 工艺流程及条件：

织物润湿挤干后投入练漂液→练漂(沸煮 40～50min)→热水洗(90～95℃)→温水洗(70～80℃)→冷水洗→晾干→待测定。

二、实验准备

1. 仪器设备：烧杯(200mL、500mL)、量筒(10mL、100mL)、温度计(100℃)、电炉(或蒸锅)、托盘天平、角匙、玻璃棒。

2. 染化药品：双氧水、多功能精练剂(均为工业品)。

3. 实验材料：纯棉针织汗布或纯棉纱线(数量以符合毛效、白度及强力测定要求为准)。

三、方法原理

同棉机织物多功能助剂与双氧水一浴法轧蒸工艺。

四、操作步骤

1. 根据样布质量决定配液量，按处方计算各助剂用量，并配制练漂液。

2. 将织物润湿并挤干后投入练漂液煮练。

3. 后续操作同碱—氧一浴浸煮法工艺实验。

五、注意事项

同碱—氧一浴浸煮法。

六、实验报告

填写实验报告，实验报告见表 5－29。

表 5－29

实验结果＼工艺方法	碱—氧一浴		多功能精练剂	
	1#	2#	1#	2#
白度(%)				
毛效(cm/30min)				
原坯(纱)强力(N)				
练漂后织物(或纱线)强力(N)				
强力损伤率(%)				
贴样				

项目六　棉布丝光

丝光(mercerize)是指棉布或棉纱在张力状态下用浓碱处理,赋予棉纤维一定的光泽,并改善纤维制品吸湿性、反应性、尺寸稳定性的加工过程。丝光效果与碱的浓度、张力、作用时间、温度等因素有关。

丝光效果的测定方法很多,如 X 衍射法、比重法可测定丝光前后纤维微结构的变化;染色法、钡值法可测定丝光前后纤维吸附性能的变化;显微镜观察法可测定纤维或纱线的膨化程度;通过测定强力、缩水率等可以了解丝光前后织物或纱线的拉伸性能及尺寸稳定性等。还可以采用丝光前后织物对碘的沾污差异程度来评价,此法作为生产在线快速测定丝光钡值或定性判断丝光与否非常有效。目前较常用的方法是钡值法和染色法。

本项目的目标任务是使学生掌握棉布或棉纱丝光的一般方法,了解碱的浓度、张力对丝光效果的影响,学会丝光效果的评价方法。

子项目一　丝光工艺实验

一、实验方案

实验方案参见表 5－30。

表 5－30

工艺条件 \ 试样编号	1#	2#	3#
碱浓(g/L)	150	250	250
温度(℃)	室温	室温	室温
时间(min)	5	5	5
张力	保持原长	保持原长	松弛(即碱缩)

二、实验准备

1. 仪器设备:白搪瓷盆(盘)、烧杯(200mL、500mL)、量筒(10mL、100mL)、温度计(100℃)、刻度吸管(10mL)、玻璃棒、丝光实验架(图 5－1)。

2. 染化药品:氢氧化钠(工业品)。

3. 实验材料:经练漂后的纯棉半制品三块(每块 40cm × 10cm)或棉纱三份(每份约 2g)。

4. 溶液制备:150g/L、250g/L 氢氧化钠溶液。

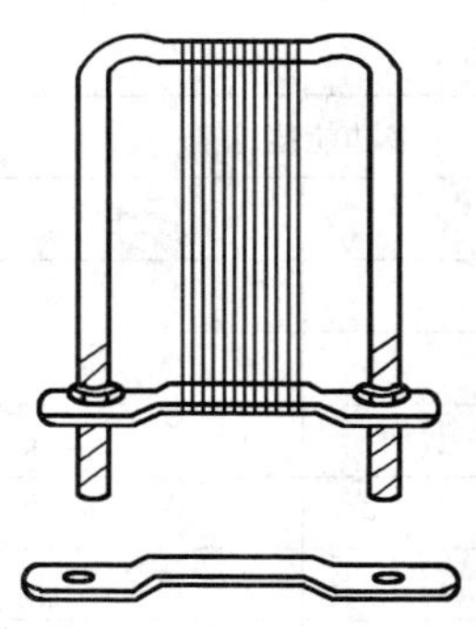

图 5－1　丝光实验架示意图

三、方法原理

棉纤维在一定张力下与浓碱作用生成碱纤维素(alkalicellulose),

纤维发生剧烈溶胀，然后在张力下将碱洗除，纤维素纤维发生了不可逆膨胀，天然扭曲消失，截面由腰圆形变为椭圆形，从而获得永久光泽；内应力消除、尺寸稳定性增加；纤维取向度提高，分子排列更有序，强度有所增加；无定形区增多，纤维内表面增大，可及羟基数量增加，反应性增加，从而使染料吸附能力提高。

四、操作步骤

1. 将配制好的烧碱溶液分别倒入两只白搪瓷盆（盘）中。

2. 拧松丝光架上的螺丝，将织物或纱线分别圈绕在丝光架上，然后拧紧螺丝，使织物或纱线所受张力以保持原长为宜。

3. 将装有试样的丝光架与分别放入150g/L和250g/L烧碱溶液中室温浸渍5min，碱缩试样直接放入250g/L烧碱中浸渍5min，取出试样在保持张力下用90～95℃热水洗三次，然后温水洗直至布面烧碱基本去净。

4. 释去张力，将所有试样充分水洗至pH＝7，晾干或烘干，留作丝光效果测试用。

五、注意事项

1. 若纱线丝光，应使纱线在丝光架上每圈长度等长，保证受力均匀。

2. 浸渍碱液时，织物或纱线必须完全浸没、浸透。

3. 保证在张力条件下将碱去净后再释去张力。

六、实验报告

填写实验报告，实验报告见表5－31。

表5－31

试样编号 / 实验结果	未丝光棉	丝光棉		碱缩棉
		1#	2#	3#
丝光钡值				
光泽（目测）				
强力（N）				

子项目二 丝光效果的测定（钡值法）[3]

一、实验准备

1. 仪器设备：碘量瓶（150mL）、三角烧瓶（150mL）、酸式滴定管、吸管（10mL、20mL）、称量瓶、分析天平、托盘天平、干燥器、剪刀、烘箱。

2. 染化药品：氢氧化钡（C. P.）、盐酸（C. P.）、酚酞指示剂。

3. 实验材料：未丝光棉布或棉纱、经不同浓度和张力丝光的棉布或棉纱（每份试样不少于2g）。

4. 溶液制备：

（1）$c(HCl)=0.1mol/L$ 盐酸溶液。

（2）$c\left[\frac{1}{2}Ba(OH)_2\right]=0.25mol/L$ 氢氧化钡溶液：称取氢氧化钡40g（应稍过量），置于1000mL蒸馏水中溶解，不断振荡，在带盖的瓶中静置一昼夜，然后吸取上层澄清液至一个带盖的贮液瓶中，盖上盖子备用。

二、方法原理

丝光钡值用棉纤维丝光后与丝光前对氢氧化钡吸附能力比值的100倍来表示。由于棉纤维经丝光后无定形区增加，因而可及羟基增多，对化学药剂的吸附能力增加。所以丝光钡值越高，丝光效果越好。若钡值在100～105之间，表示未丝光；150以上表示充分丝光；105～150之间表示丝光不完全。一般丝光钡值在135以上。

三、操作步骤

1. 将未丝光、已丝光及碱缩处理棉布的经纱抽出，分别称取约2g（稍过量），剪断成0.5cm左右长，置于105～110℃烘箱中烘至恒重（约1.5～2h）。

2. 取出纱线放入干燥器内冷却并准确称取2g（精确至0.001g），分别置于150mL碘量瓶中。

3. 取30mL $c\left[\frac{1}{2}Ba(OH)_2\right]=0.25mol/L$ 氢氧化钡溶液于碘量瓶中，加盖并不断加以振荡处理2h。同时进行空白试验。

4. 分别吸取上述浸渍液10mL于三角烧瓶中，加酚酞指示剂2～3滴，用 $c(HCl)=0.1mol/L$ 盐酸溶液滴定至红色刚消失为终点。记录消耗盐酸体积毫升数。

5. 结果计算：

$$钡值=\frac{(V_0-V_1)\times W_2}{(V_0-V_2)\times W_1}\times 100$$

式中：V_1 为丝光棉浸渍液耗用盐酸溶液的体积；V_2 为未丝光棉浸渍液耗用盐酸溶液的体积；V_0 为空白试验液耗用盐酸溶液的体积；W_1 为丝光棉重量；W_2 为未丝光棉重量。

四、注意事项

1. 丝光试样在测定前，必须充分水洗至中性，必要时可用甲基橙或刚果红指示剂检验，以免影响测定效果。

2. 滴定操作要迅速，否则影响滴定准确性。

3. 平行测试两次，每次盐酸耗量相差不应超过0.1mL，否则说明测定结果不精确，应重新做。

五、实验报告

填写实验报告，实验报告见表5－32。

表5－32

试样名称 / 测试结果	未丝光棉	半丝光棉1#	全丝光棉2#	碱缩棉3#
V_0				
V_1				
V_2				
W_1				
W_2				
丝光钡值				

子项目三 丝光效果的测定(染色法)

一、实验方案

取未丝光棉、碱缩棉及在不同碱浓下的丝光棉按表5－33方案染色。

1. 工艺处方:

表5－33

实验条件	取 值	实验条件	取 值
直接耐晒蓝RGL(owf)(%)	2	浴比	1:50
染色温度(℃)	95～100	织物重(g)	1
染色时间(min)	30	—	—

2. 工艺流程及条件如下:

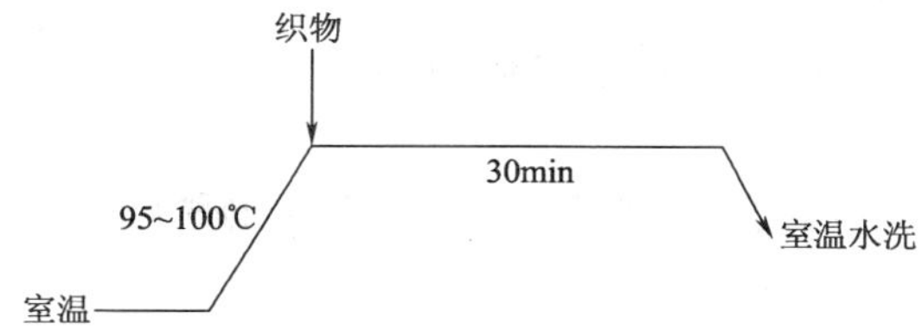

二、实验准备

1. 仪器设备:染杯(500mL)、烧杯(100mL、400mL)、量筒(100mL)、玻璃棒、温度计(100℃)、恒温水浴锅。

2. 染化药品:直接耐晒蓝RGL。

3. 实验材料:未丝光棉布或棉纱、经不同浓度和张力丝光的棉布或棉纱(每份试样不少于1g)。

三、方法原理

棉纤维经丝光后无定形区体积增加,因而可及羟基增多,对化学药剂的吸附能力增强,所以通过染色实验,若得色越深,说明丝光效果越好。

四、操作步骤

1. 将染料配制成2g/L的染料母液,按处方计算并吸取染料母液配制染液。

2. 将染液(dye bath)加热至95～100℃,将经60～70℃热水润湿并挤干的织物或纱线投入染浴染色。

3. 染毕,取出用冷水冲洗干净并烘干。比较各试样的染色效果,并分别测定其表面深度(K/S值)。

五、注意事项

1. 染色时,应保持染液体积,最好加盖表面皿,防止染液蒸发。

2. 染色过程应经常搅拌,以免染花。

六、实验报告

填写实验报告,实验报告见表5－34。

表 5-34

测试结果＼试样名称	未丝光棉	半丝光棉 1#	全丝光棉 2#	碱缩棉 3#
K/S 值				
贴样				

项目七　蚕丝织物的精练

蚕丝精练主要任务是去除丝胶。沸水、酸、碱、蛋白酶对丝胶有不同程度的作用，使丝胶与丝朊之间的结合力减弱，溶解度提高，借助于表面活性剂的作用，丝胶与丝素分离。脱胶(degumming)方法很多，如皂—碱法、合成洗涤剂法、合成洗涤剂—酶法等。蚕丝脱胶程度常以练减率表示。

本项目的目标任务是使学生了解脱胶原理，掌握常用的脱胶方法的工艺条件、脱胶效果影响因素及练减率测定方法。

子项目一　皂—碱脱胶法工艺实验[1]

一、实验方案

实验方案参见表 5-35。

表 5-35

试样编号	1#	2#	3#
程　序	预处理	预处理→初练	预处理→初练→复练

1. 工艺处方(表 5-36)：

表 5-36

助　剂＼工　序	预处理	初　练	复　练
碳酸钠(g/L)	1	0.5	0.5
肥皂(g/L)	—	5	—
35%硅酸钠(g/L)	—	3.0	1.0
保险粉(g/L)	—	0.3	—
雷米邦(g/L)	—	—	2.5
pH 值	10.5	10~10.5	10
浴比	1:50	1:50	1:50

2. 工艺流程及条件：预处理（85℃，40min）→初练（98～100℃，40min）→复练（98～100℃，40min）→热水洗（95℃，10min）→温水洗（60℃，5min）→冷水洗（5min）→晾干或烫干→烘燥至恒重。

二、实验准备

1. 仪器设备：恒温水浴锅、扁形称量瓶、天平、烘箱、干燥器、染杯。

2. 染化药品：碳酸钠、硅酸钠、保险粉、肥皂、雷米邦A（以上均为工业品）。

3. 实验材料：50g/m^2 左右桑蚕丝平纹坯绸三块（每块重1g）。

三、方法原理

丝素与丝胶虽然均为蛋白质，但它们的氨基酸组成、排列及超分子结构存在着较大差异，丝胶蛋白质中极性氨基酸含量比丝素高得多，分子排列不如丝素整齐，结晶度低，几乎无取向，所以在一定条件下丝胶能从丝素中分离出来，而不损伤丝素纤维。

四、操作步骤

1. 按处方分别配制预处理浴、初练浴（保险粉暂不加）、复练浴于染杯中。

2. 取试样3块，撕去毛边，用相同丝线绞缝四边，防止丝纤维掉脱。编好号，精确称重（精确到0.0002g）。

3. 将染杯放入恒温水浴中，盖上表面皿，升至规定温度后将3块试样同时投入预处理浴中，计时，并不时翻动试样。

4. 预处理毕，取出试样，将1#试样挤去溶液并清洗（95℃、10min→60℃、5min→冷水、5min），洗毕晾干（或烫干），放入已称重的扁形称量瓶，置于105～110℃烘箱内烘至恒重。

5. 将2#和3#试样投入已达规定温度的初练浴中，经常翻动试样。20min后将试样提出液面，加入保险粉搅匀后，再放入试样翻动1～2min，继续处理。初练结束，取出试样，其中将2#试样按步骤4中1#试样洗涤工艺进行清洗，晾干（或烫干），烘燥称恒重。

6. 将3#试样投入复练液中，操作与初练相同。练后按1#试样操作方法进行水洗，晾干（或烫干），烘燥称恒重。

7. 分别对经预处理、初练、复练的三块试样，按下列公式计算练减率：

$$\text{练减率}\ D=\frac{A-B}{A}\times 100\%$$

式中：A 为练前试样绝对干重（g）；B 为练后试样绝对干重（g）。

五、注意事项

1. 温度对脱胶有很大影响，应严格控制温度±1℃之间。

2. 精练时间可根据织物厚薄、丝坯品质加以增减。

六、实验报告

填写实验报告，实验报告见表5－37。

表 5-37

实验结果 \ 试样编号	1#	2#	3#
	预处理	预处理→初练	预处理→初练→复练
练前坯绸重 A(g)			
练后坯绸重 B(g)			
练减率(%)			
白度(%)			
手感			

子项目二 合成洗涤剂—酶脱胶法工艺实验

一、实验方案(表 5-38)

表 5-38

试样编号	1#	2#	3#
程　序	初练	初练→酶练	初练→酶练→复练

1. 工艺处方(表 5-39):

表 5-39

助剂 \ 工序	初　练	酶　练	复　练
分散剂 WA(g/L)	1.5	—	2.2
209 洗涤剂(g/L)	1.8	—	2.2
磷酸三钠(g/L)	0.9	—	0.9
35% 硅酸钠(g/L)	1.3	—	1.3
碳酸钠(g/L)	0.5	1.3	—
保险粉(g/L)	0.25	—	0.5
2709 碱性蛋白酶(g/L)	—	1	—
封锁剂 K(g/L)	—	—	0.22
pH 值	10.5	10~10.5	10
浴比	1:50	1:50	1:50

2. 工艺流程及条件:初练(98~100℃,40min)→热水(70~80℃)→水洗(60℃,10min)→酶练(43~45℃,40min)→水洗(60℃,10min)→复练(98~100℃,40min)→热水洗(70~80℃,10min)→温水洗(60℃,10min)→冷水洗(室温,10min)→晾干或烫干→烘燥至恒重。

二、实验准备

1. 仪器设备:恒温水浴锅、扁形称量瓶、天平、烘箱、干燥器、烧杯。

2. 染化药品:磷酸三钠(C. P.)、碳酸钠、硅酸钠、保险粉、209 洗涤剂、分散剂 WA、2709 碱性蛋白酶(2万倍)、封锁剂K(以上均为工业品)。

3. 实验材料:50g/m² 左右桑蚕丝平纹坯绸三块(每块重1g)。

三、方法原理

碱性蛋白酶(protease)对丝胶有催化分解作用,对丝素相对较稳定,所以可在一定条件下将丝胶去除而不保留丝素。但是蛋白酶不能去除蜡质和色素,因此还需借助于其他助剂进一步提高精练效果。

四、操作步骤

操作同皂—碱法,分别对经初练、酶练、复练的三块试样,按下列公式计算练减率D。

$$D = \frac{A - B}{A} \times 100\%$$

式中:A为练前试样绝对干重(g);B为练后试样绝对干重(g)。

五、注意事项

1. 酶液应现配现用。
2. 初练试样冷却至40~45℃,或在40~45℃温水中浸渍1min,挤干后再投入酶练浴。
3. 其他注意事项参照皂—碱法脱胶。

六、实验报告

填写实验报告,实验报告见表5-40。

表5-40

试样编号 / 实验结果	1#	2#	3#
	初　练	初练→酶练	初练→酶练→复练
练前坯绸重A(g)			
练后坯绸重B(g)			
练减率(%)			
白度(%)			
手感			

项目八　半制品质量检验

印染半制品质量好坏直接影响到印染成品的质量,所以,织物经练漂处理后,需要考核半制品质量。如以退浆率来评价退浆工艺效果,以毛效和残脂率来评价织物煮练效果,以白度和纤维损伤程度来评价织物漂白效果等。此外,还应根据织物的加工要求及用途决定考核指标水平。

本项目的目标任务是使学生了解半制品考核内容,初步掌握各项指标的测试与评价方法。

子项目一　退浆率的测定(碘量法)[3]

测定织物的退浆率,首先应该了解织物上的含浆率,所以织物退浆率的测定实际上就是对织物上浆率进行定量测定。

织物上浆料的定量测定方法是根据浆料的性质所确定的。对于淀粉浆而言,测定方法有重量法、水解法(也称碘量法)及高氯酸钾法等。重量法是通过测定退浆前后试样的重量以求得退浆率。这种方法简便,但由于失重部分除浆料外还有其他水溶性物质及纤维绒毛,所以不够准确。水解法是用无机酸或淀粉酶使淀粉初步水解而溶解于水中,再进一步水解成葡萄糖,然后用碘量法测定退浆前后试样上淀粉水解产物的含量,以求得退浆率。这种方法能反映织物上淀粉含量的变化,但操作难控制,易发生纤维素的水解而影响测定效果。高氯酸钾法是利用高氯酸溶液将织物上的淀粉溶解于溶液中,然后加入醋酸、碘化钾和碘酸钾溶液,使其生成蓝色络合物。此络合物水溶液的λ_{max}为620nm左右,当淀粉浓度在一定范围内时,符合比尔定律。因此,可用比色法测定织物上淀粉含量。以上三种方法以碘量法最为常用。

一、实验方案

取退浆和未退浆织物各一块,分别采用碘量法测定布面含浆率,然后计算退浆率。

二、实验准备

1. 仪器设备:烧杯(200mL、800mL)、量筒(10mL、100mL)、容量瓶(500mL)、圆底烧瓶(500mL)、碘量瓶(500mL)、吸管(50mL)、称量瓶、酸式测定管、回流冷凝装置、滴管、烘箱、电炉、分析天平。

2. 染化药品:盐酸(C. P.)、氢氧化钠(C. P.)、碳酸钠(C. P.)、碳酸氢钠(C. P.)、硫代硫酸钠(C. P.)、碘(C. P.)、碘化汞(C. P.)、碘化钾(C. P.)、甲基橙指示剂、淀粉指示剂。

3. 实验材料:经酶退浆织物和未退浆织物各一块。

4. 溶液制备:

(1)$c(HCl)=1mol/L$的盐酸溶液。

(2)$c(NaOH)=1mol/L$的氢氧化钠溶液。

(3)$c\left(\frac{1}{2}I_2\right)=0.1mol/L$的碘溶液:称取20g碘化钾,用少量蒸馏水溶解,再称13g碘,缓缓加入碘化钾溶液中,并将溶液振荡至碘完全溶解,加水稀释至1L,贮存在棕色瓶中备用。

(4)$c(Na_2S_2O_3)=0.1mol/L$的硫代硫酸钠标准溶液。

(5)25%硫酸溶液。

(6)50%氢氧化钠溶液。

(7)0.5%淀粉溶液:称取0.5g可溶性淀粉置于小烧杯中,加水10mL调成浆状,在搅拌下倒入90mL沸水中,煮沸2min后放置,取上层澄清液,加入少量碘化汞备用。

(8)缓冲溶液:每升水中含21.25g碳酸钠和16.80g碳酸氢钠。

三、方法原理

在强酸性条件下淀粉水解成葡萄糖,利用葡萄糖的还原性将碘还原。通过硫代硫酸钠测定溶液中未被葡萄糖还原的碘的多少来计算淀粉的含量。织物上淀粉浆料越多,水解生成的葡萄糖越多，硫代硫酸钠溶液的消耗量就越少。

四、操作步骤

1. 取退浆和未退浆织物各一块，分别称取10g左右（精确至0.001g），放在称量瓶中置于105~110℃烘至恒重，然后放在干燥器中冷却，精确称重以计算含水率。

2. 将织物置于800mL烧杯中，加300mL蒸馏水，沸煮1h。沸煮过程中，经常补充沸热蒸馏水，以保持原液量不变。

3. 然后加入$c(HCl)=1mol/L$的盐酸溶液30mL，再沸煮0.5h。将试样压挤去除水分，放在另一个200mL烧杯中，以100mL沸水分3次用倾泻法洗涤。将洗涤液与原液合并，置于500mL圆底烧瓶中。

4. 加入浓盐酸15mL于萃取液中，装上回流冷凝装置，加热1.5h。冷却后，倒入500mL容量瓶中稀释到刻度。

5. 吸取上述溶液200mL置于碘量瓶中，加50%氢氧化钠溶液4mL左右，然后加入1~2滴甲基橙指示剂，用$c(NaOH)=1mol/L$的氢氧化钠溶液滴至甲基橙变色为止。

6. 加入缓冲溶液50mL，再加入$c\left(\frac{1}{2}I_2\right)=0.1mol/L$的碘溶液50mL，加盖置于暗处1.5h，然后加入25%硫酸溶液15mL，以$c(Na_2S_2O_3)=0.1mol/L$的硫代硫酸钠标准溶液滴至淡黄色。加入淀粉溶液指示剂，继续滴至蓝色消失即为终点，记录硫代硫酸钠标准溶液耗用体积V_1。平行实验2次，取其平均值。

7. 以200mL蒸馏水作空白试验，按同样的操作方法滴定，记录硫代硫酸钠标准溶液耗用体积V_0。平行实验2次，取其平均值。

8. 计算退浆率：

$$含淀粉率=\frac{(V_0-V_1)\times c_{Na_2S_2O_3}\times 0.081\times(1+含水率)}{\frac{2}{5}\times 布样重量}\times 100\%$$

$$退浆率=\frac{坯布含淀粉率-退浆后试样含淀粉率}{坯布含淀粉率}\times 100\%$$

五、注意事项

整个操作过程中，应防止萃取液溅洒到外面。

六、实验报告

填写实验报告，实验报告见表5-41。

表5-41

试样编号 / 实验结果	1#	2#
	坯　布	退浆布
织物湿重(g)		
织物干重(g)		

续表

实验结果 \ 试样编号	1#	2#
	坯 布	退浆布
含水率(%)		
V_1(mL)		
V_0(mL)		
含浆率(%)		
退浆率(%)		

子项目二　织物毛细管效应的测定

一、实验方案

实验方案参见表5－42。

表5－42

实验方法	测 试 内 容	备 注
方法一	30min 水垂直上升织物的高度(cm)	常用
方法二	水垂直上升织物 2cm 高度所需的时间(s)	适用于车间快速测定
方法三	液滴落于布面至液滴镜面恰好消失所需的时间	适用于针织物等

二、实验准备

1. 仪器设备:毛细管效应测定装置(图5－2)、秒表、剪刀、滴管等。

2. 染化药品:重铬酸钾或铬酸钾(L. R.)。

3. 实验材料:坯布和经不同工艺前处理的试样若干块,并按下列要求准备试样:

将待测试样剪成30cm×5cm(经×纬)布条,每种试样各两块,在离布端1cm左右处作好标尺零点线。

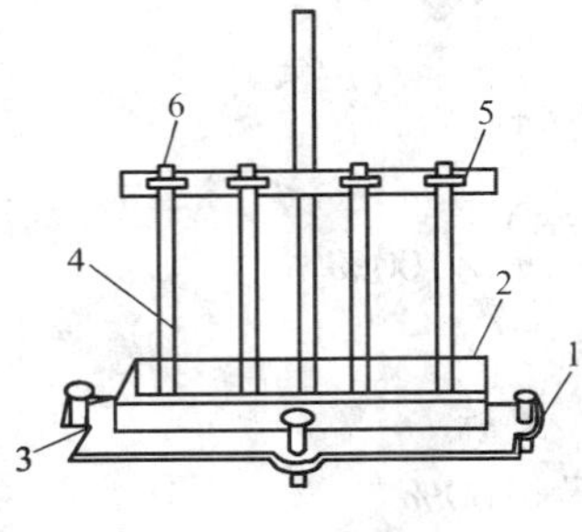

图5－2　毛细管效应测定装置

1—底座螺丝钉　2—盛液槽　3—底座　4—标尺　5—横架　6—夹子

三、方法原理

棉布的润湿性常用毛细管效应衡量。织物经退煮后,浆料及纤维素共生物已基本去除,纤维的毛细通道已打通,织物的润湿性大大提高。所以毛效可反映前处理效果的优劣,毛效越高,织物润湿所需要的时间越短,表示前处理效果越好。

四、操作步骤

(一)方法一

1. 将毛细管效应测定装置安装好并调整水平。
2. 在座盘上放上盛液槽,槽内加入约2000mL水(必要时可用5g/L重铬酸钾溶液代替)。
3. 调节液面与标尺读数零点对齐,然后升高横架,固定试样布条,使其下端的铅笔线正好与标尺零点对齐。将横架连同标尺及试样一起下降，直到标尺零点与水平面刚接触为止。

4. 分别记录5min与30min后液体沿织物上升的高度(cm)。如高度值参差不齐，读取最低值。平行测试两次，取其平均值。

(二)方法二

1. 用滴管吸取净水，从垂直于试样的1cm高度向试样滴落。

2. 当液滴刚接触试样面即按下秒表，当液滴在试样上完全铺展时按停秒表。即测定液滴落于布面至液滴镜面恰好消失所需的时间。

3. 在不同位置重复以上操作5~10次，然后取平均值。

五、注意事项

1. 平行试验的布样或试验点应间隔选取。

2. 煮练后充分水洗，否则测得的毛效值不准。

3. 方法二的操作可参照方法一。

六、实验报告

方法一实验报告见表5-43，方法二可参照。

表5-43

测试结果＼试样种类	坯　布	退煮合一	碱—氧—浴轧蒸法	碱—氧—浴冷堆法
瞬时毛效(cm/5min)				
毛效(cm/30min)				

子项目三　织物上蜡状物质含量的测定[1]

一、实验准备

1. 仪器设备：索氏油脂萃取器、恒温水浴锅、烘箱、干燥器、分析天平、蒸馏装置、滤纸、烧杯(500mL)、量筒(100mL)。

2. 染化药品：四氯化碳(C. P.)。

3. 实验材料：已退煮和未退煮的棉布各一份(每份试样不少于10g)。

二、方法原理

蜡状物质是纤维素纤维共生物之一，是多组分混合物，不溶于水，主要存在于棉纤维的表层。蜡状物质含量的测定(也称残脂率测定)常采用溶剂萃取法。常用的有机溶剂有四氯化碳、苯、乙醇及乙醚等。不同的溶剂对棉纤维中蜡状物质各组分的萃取情况不同，所测得数据也不一致，所以在实验报告中应注明所用溶剂。

三、操作步骤(以四氯化碳萃取法为例)[1]

1. 将索氏油脂萃取器的烧瓶和已剪碎的棉布约10g一起在105℃烘箱中烘至恒重。

2. 试样放入干燥器内冷却并准确称重(精确至0.0001g)后、置于滤纸做成的纸筒。

3. 将纸筒装入油脂萃取器的萃取筒中，使纸筒上端高于虹吸管上端1~1.5cm。试样在纸筒中的高度低于虹吸管顶端1～1.5cm为宜。

4. 在油脂萃取器的烧瓶中加入200mL左右四氯化碳(以四氯化碳能够溢过虹吸管的1.5～2倍为宜),并置于恒温水浴中加热(图5－3)。

5. 从冷凝管下端有液滴滴下时开始计时,温度调节以保持溶剂每小时虹吸循环5～6次,萃取2～3h后冷却。

6. 取10mL左右的四氯化碳倒入萃取筒洗涤一次,拆下冷凝管再按上法洗涤一次,然后取出布样和滤纸,此时,萃取液和洗涤液均留在烧瓶中。

7. 最后在烧瓶上装好蒸馏(distilation)装置,在水浴上蒸去四氯化碳。取下烧瓶,与布样一起置于105℃的烘箱中烘至恒重。

8. 取出烧瓶与布样,在干燥器中冷却后,分别精确称重(精确至0.0001g)。

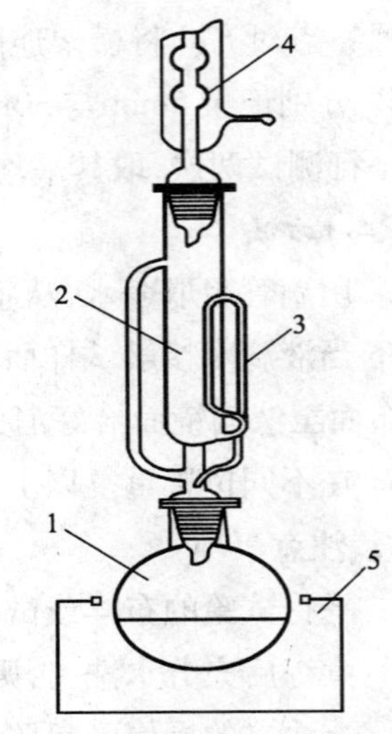

图5－3　索氏油脂萃取器

1—圆底烧瓶　2—萃取筒　3—虹吸管
4—冷凝管　5—恒温水浴

9. 计算蜡状物质含量:

$$\text{蜡状物质含量} = \frac{\text{瓶及蜡状物质重量} - \text{空瓶重量}}{\text{试样干重}} \times 100\%$$

或:

$$\text{蜡状物质含量} = \frac{\text{萃取前试样重量} - \text{萃取后试样重量}}{\text{萃取前试样重量}} \times 100\%$$

四、注意事项

1. 测定试样失重或圆底烧瓶增重,其结果应基本一致,可任选一种。但测定试样失重时,应避免边纱失落影响实验结果。

2. 萃取时,应调节水浴温度来控制循环5～6次为宜。

五、实验报告

填写实验报告,实验报告见表5－44。

表5－44

试样编号 / 试验结果	坯　布	已退煮试样
萃取前试样干重(g)		
萃取后试样干重(g)		
蜡状物质含量(%)		

子项目四　白度的测定

一、实验准备

1. 仪器设备:白度仪或电脑测色仪。

2. 实验材料：前面氯漂实验试样三块、氧漂试样两块（每块约 12cm × 24cm）。

二、方法原理

织物经漂白后，色素去除，对光的反射率大大提高、白度增加。白度值是通过测量试样表面漫反射的辐射亮度，然后与同一辐照条件下完全漫反射的辐射亮度之比获得的。

三、操作步骤

1. 取试样 12cm × 24cm 一块，折成 6cm × 6cm 八层，若为薄织物，则取 18cm × 24cm，折成 6cm × 6cm 十二层。

2. 将准备好的试样按白度仪操作规程进行测定（详见第一模块项目三子项目四）。

3. 每块试样在不同部位保持经纬方向一致下测定三次，取其平均值。

四、说明

1. 用不同型号的仪器测得的白度值没有可比性，因此，出具白度数值时应注明仪器型号。

2. 测定同一批试样时，织物折叠层数应保持一致。

3. 白度值还可用电脑测色仪测定（详见第一模块项目三子项目十三）。

五、实验报告

填写实验报告，实验报告见表 5 – 45。

表 5 – 45

试样编号 / 测试结果	氧漂试样		氯漂试样		
	1#	2#	1#	2#	3#
白度（%）					

子项目五　纤维损伤程度的测定

一、实验准备

1. 仪器设备：织物强力试验仪、剪刀、钢尺、秒表、天平。

2. 染化药品：氢氧化钠（工业品）。

3. 试验材料：未经漂白试样一份、经氧漂后试样两份（每份试样大小以满足强力测试要求为准）。

二、方法原理

棉织物漂白时天然色素被破坏去除，白度增加，纤维也不同程度受损伤，尤其工艺条件控制不当时损伤更严重。测定纤维的损伤程度，比较直观的方法是测定织物漂白前后的强力变化，但此法不能反映漂白后的潜在损伤。潜在损伤需经碱处理后才能表现出来，故可通过测定织物经碱煮后的强力变化来反应纤维损伤程度。此法比较实用。

三、操作步骤

1. 取漂白和未漂白试样各一份，按表 5 – 46 条件碱煮处理，水洗、晾干后备用。

表 5－46

氢氧化钠(g/L)	1	时间(min)	30
温度(℃)	95～100	浴比	1∶30

2. 将所有待测试样(包括经碱煮和未经碱煮)按第三模块项目三子项目一织物拉伸强力测定的取样要求准备。

3. 将试样置于标准条件下(20℃±3℃,相对湿度65%±3%)展平放置24h以上。

4. 参照第三模块项目三子项目一织物拉伸强力测定操作步骤。每块试验至少测试两次,取其平均值。

四、注意事项

1. 布条边纱毛羽应拉净,确保精确量取的5cm布条经纱或纬纱有完整的交织点。

2. 碱煮时试样不应暴露于液面之上。

五、实验报告

填写实验报告,实验报告见表5－47。

表 5－47

试样名称 / 测试结果	未经漂白		氧漂1#		氧漂2#	
	碱煮前	碱煮后	碱煮前	碱煮后	碱煮前	碱煮后
断裂强力(N)						
强力损伤率(%)						

复习指导

1. 理解各浆料鉴别方法的原理,熟记各浆料鉴别的特征反应,准确鉴别常用浆料成分。

2. 了解印染厂标准工作液的配制和标定方法,掌握车间练漂工作液的测定方法。

3. 掌握常用织物练漂工艺原理、工艺条件、处方中各组分的作用及质量评价方法,并能结合实验结果正确分析影响各工艺的关键因素和条件。

4. 掌握丝光工艺原理、工艺条件及丝光效果的质量评定方法。

5. 掌握半制品质量考核要求与常用测试方法,能正确使用、安全操作各种测试仪器。

思考题

1. 检验混合浆中是否有淀粉浆时,如何避免其他浆料的干扰?

2. 检验淀粉—PVA混合浆中的PVA浆时,消除淀粉浆干扰依据的原理是什么?

3. 酶退浆工艺的主要工艺影响因素有哪些?说明氯化钠在酶退浆中起什么作用?

4. 分析常规煮练液中各助剂的作用?

5. 试分析氯漂随pH值不同出现白度和强力损伤差异的原因?

6. 分析硅酸钠在氧漂工艺中的作用?

7. 碱—氧工作液中添加过硫酸钾起什么作用？
8. 比较冷堆法与汽蒸法质量效果及工艺特点？
9. 试分析碱—氧一浴一步法前处理工艺的主要工艺因素有哪些？
10. 碱—氧汽蒸一浴一步法工艺与常规三步法工艺相比有何特点？
11. 多功能助剂与双氧水一浴一步法与碱氧一浴一步法工艺比较有何优缺点？
12. 通过实验，你体会到配制碱—氧练漂液时需注意哪些事项？
13. 分析比较未丝光、半丝光、全丝光和碱缩棉布或棉纱的得色量、透染性。
14. 分析织物经丝光处理后哪些性能发生了变化？为什么？
15. 试分析丝光钡值反映了丝光织物的哪些性能？它与染色性能变化是否一致？
16. 分析经不同程序处理后的丝织物练减率、白度变化规律？
17. 有时棉布上的天然杂质并未完全去净，但织物的毛效却很高，试分析原因。
18. 试分析煮练时蜡状物质是否去得越净越好？
19. 为什么不同的仪器测得的白度值不同？
20. 试分析前处理过程中，导致织物强力损伤的主要原因有哪些？

参考文献

[1]蔡苏英．染整实验[M]．北京：中国纺织出版社，2002.
[2]刘正超．染化药剂[M]．北京：纺织工业出版社，1987.
[3]上海印染工业行业协会，《印染手册》第二版编修委员会．印染手册[M]．2版．北京：中国纺织出版社，2003.
[4]邢富强，刘学．新型螯合分散剂的研制与应用[J]．印染助剂，2006(6)：43-46.

第六模块　染色工艺实验

染色是一个复杂的过程，不同的染料品种，不同的纤维类别染色原理、染色方法、染色工艺条件及染色效果均不相同。目前常用染料有活性染料、还原染料、硫化染料、分散染料、酸性染料、阳离子染料等。

本模块重点介绍常用染料的浸染和轧染染色方法、基本原理、影响染色效果的因素等。通过学习，使学生掌握常用染料的染色工艺流程及主要工艺条件，学会浸染、轧染打样的基本操作，并能合理制订常用染料的染色工艺。

项目一　活性染料染色

活性染料（reactive dyes）色谱齐全，色泽鲜艳，价格较低，湿处理牢度较好，染色方便，匀染性优良，广泛用于纤维素纤维等制品的染色和印花。常用的活性染料有 X 型、K 型、KN 型、M 型、B 型等，其染色过程一般分为三个阶段，即染料上染→固色→皂洗后处理。

活性染料的活性基不同，其反应性、稳定性、固色率等染色性能都不相同。活性染料在与纤维发生键合反应的同时还不可避免地会发生水解，若工艺条件（如温度、碱剂等）控制不当，则染料水解加剧，导致固色率明显降低，所以温度和碱剂的选择对活性染料来说非常重要。

本项目的目标任务是使学生了解活性染料的染色性能，尤其是温度、碱剂等因素对染料上染率和固色率的影响，掌握常用活性染料的染色工艺，并学会活性染料固色率的测定方法。

子项目一　浸染工艺实验

一、实验方案

1. 温度影响实验（表 6－1）：

表 6－1

试样编号	1#	2#	3#	4#
活性艳红 X—3B（%）（owf）	2	2	—	—
活性黄 K—RN（%）（owf）	—	—	2	2
氯化钠（g/L）	20	20	20	20
碳酸钠（g/L）	10	10	10	10

续表

试样编号	1#	2#	3#	4#
染色温度/染色时间	室温/30min	60℃/30min	室温/30min	60℃/30min
固色温度/固色时间	室温/30min	90℃/30min	室温/30min	90℃/30min
布重(g)	2			
浴比	1∶50			

2. 碱剂影响实验(表6－2)：

表6－2

试样编号	1#	2#	3#	4#
活性艳蓝 B—RV(%)(owf) 或 KN 型,或 M 型	2	2	2	2
氯化钠(g/L)	20	20	20	20
碳酸氢钠(g/L)	—	10	—	—
碳酸钠(g/L)	—	—	10	—
氢氧化钠(g/L)	—	—	—	10
染色温度/染色时间	65℃/30min			
固色温度/染色时间	65℃/30min			
布重(g)	2			
浴比	1∶50			

二、实验准备

1. 仪器设备:染杯(250mL)、量筒(10mL、100mL)、移液管(10mL)、温度计(100℃)、恒温水浴锅、容量瓶(500mL)、洗耳球、电炉、电子天平、表面皿、角匙、玻璃棒等。

2. 染化药品:氯化钠、碳酸氢钠、碳酸钠、氢氧化钠、活性艳红 X—B、活性黄 K—RN、活性艳蓝 B—RV(或 KN 型、M 型活性染料)、皂粉(均为工业品)。

3. 实验材料:纯棉半制品八块(每块 2g)。

4. 染料母液制备:4g/L 活性艳红 X—3B、4g/L 活性黄 K—RN 溶液。

三、方法原理

温度是影响活性染料反应性的重要因素。温度升高,固色反应速率和水解反应速率都提高,但水解反应速率比固色反应速率增加得快,所以固色率降低。同时,温度升高,平衡上染率降低,也影响固色率。因此,对反应性高的染料,固色温度应低一些;对反应性低的染料,固色温度应适当高一些。

染液碱性强弱(即 pH 值高低)也是影响活性染料反应性的重要因素。碱剂强,染液 pH 值高,活性染料反应速率提高,可促进染料与纤维的固色。但 pH 值大于 11 后,水解反应的比例增大,染料固色率下降。因此,对反应性高的染料,碱性可以弱些;对反应性低的染料,碱性则应强些。

四、操作步骤

1. 按处方计算所需染料母液体积，准确量取后放入清洁染杯中，并加水至规定浴量，置于恒温水浴锅加热至规定染色温度。

2. 将事先用温水润湿并挤干的织物投入染浴，使其完全浸没于染液均匀上染。染色 10min 后加入食盐，搅拌溶解后续染 20min。

3. 将染液升温至规定的固色温度，加入碱剂，搅拌溶解后固色 30min。

4. 染毕，取出织物水洗、皂洗（皂粉 3g/L，浴比 1∶30，95℃以上，2～3min）、水洗、烘干。

5. 分别收集碱剂影响实验染色残液、水洗液和皂煮残液于 500mL 容量瓶，待用。

五、注意事项

1. 染色过程中应经常搅拌染液和翻动布样，并防止布样浮出液面。

2. 加入食盐和碱剂时，应将布样取出，搅拌均匀后再放入布样，并继续搅拌。

3. 高温染色时需加盖表面皿，防止染液蒸发。

4. 注意控制水洗浴量，以不超过 300mL 为宜。

六、实验报告

1. 温度影响实验（表 6－3）：

表 6－3

试样编号 / 实验结果	1#	2#	3#	4#
贴样				
结果分析				

2. 碱剂影响实验（表 6－4）：

表 6－4

试样编号 / 实验结果	1#	2#	3#	4#
贴样				
结果分析				

子项目二　轧染工艺实验

一、实验方案

1. 工艺处方（表 6－5）：

表 6－5

活性翠蓝 KN—G(g/L)	10
渗透剂 JFC(g/L)	2
碳酸氢钠(g/L)	10

2. 工艺流程及条件：织物→浸轧染液（室温，一浸一轧，轧余率70%）→烘干→汽蒸（100~102℃，1.5~2min）或焙烘（140~150℃，2~2.5min）→水洗→皂洗（皂粉3g/L，浴比1∶30，95℃以上，3min）→水洗→烘干。

二、实验准备

1. 仪器设备：烧杯（200mL、500mL）、量筒（10mL、100mL）、温度计（100℃）、小轧车、烘箱（或蒸箱）、电炉、电子天平、角匙、玻璃棒等。

2. 染化药品：碳酸氢钠、皂粉、渗透剂JFC、活性翠蓝KN—G（均为工业品）。

3. 实验材料：纯棉半制品一块（120mm×300mm）。

三、方法原理

一浴法轧染，即将活性染料和碳酸氢钠（小苏打）放在同一浴中，织物经浸渍染液、均匀轧压后，染料均匀地分布在织物上。经汽蒸或焙烘，染料上染纤维的同时，小苏打分解生成碱性较强的碳酸钠，使染料与纤维键合反应而固着，经过后处理去除浮色，提高染色牢度和鲜艳度。

四、操作步骤

1. 按配制100mL染液要求计算处方用量。

2. 将称取的染料置于200mL烧杯中，滴加渗透剂调成浆状，先加入少量蒸馏水溶解，然后加入预先溶解好的碳酸氢钠溶液，搅拌均匀后加水至规定液量待用。

3. 将织物投入染液，在室温下一浸一轧，浸渍时间为10s左右，浸轧后的织物悬挂在烘箱内烘干。

4. 将烘干织物一分为二，一块置于蒸箱内汽蒸，另一块置于烘箱内焙烘。

5. 取出后经水洗、皂洗、水洗、烘干，分别测定皂洗牢度和摩擦牢度（详见第四模块项目五）。

五、注意事项

1. 织物轧液应均匀，轧液前后不宜碰到水滴。

2. 烘干时应注意防止泳移，烘干温度在80~90℃为宜。

六、实验报告

填写实验报告，实验报告见表6-6。

表6-6

实验结果 \ 固色方法		汽蒸法	焙烘法
贴样			
皂洗牢度	原样褪色（级）		
	白布沾色（级）		
摩擦牢度	干摩（级）		
	湿摩（级）		
结果分析			

子项目三　冷轧堆工艺实验

一、实验方案

1. 工艺处方(表6-7):

表6-7

试样编号	1#	2#	3#
活性艳蓝 B—RV(g/L)	10	10	10
尿素(g/L)	10	10	10
纯碱(g/L)	10	—	—
30%烧碱(g/L)	—	6	10
35%水玻璃(g/L)	—	10	—

2. 工艺流程及条件:织物→浸轧染液(室温,一浸一轧,轧余率60%)→包封堆置(室温,3~5h)→水洗→皂洗(皂粉3g/L,浴比1∶30,95℃以上,2~3min)→水洗→烘干。

二、实验准备

1. 仪器设备:烧杯(200mL、500mL)、量筒(10mL、100mL)、小轧车、塑料薄膜、电炉、电子天平、角匙、玻璃棒等。

2. 染化药品:烧碱、水玻璃、纯碱、尿素、活性艳蓝 B—RV、皂粉(均为工业品)。

3. 实验材料:纯棉半制品三块(每块100mm×200mm)。

三、方法原理

冷轧堆法染色是将织物浸轧含有染料和碱剂的染液后,用塑料薄膜包封好,在室温下放置一段时间,使其完成染料的扩散和固着。由于在室温下染色,染料的水解很少,又因堆置时间较长,染料的固着率较高,特别适用于反应性强、直接性低而扩散速率快的染料。

四、操作步骤

1. 按配制100mL染液要求计算处方用量。

2. 将称取的染料置于200mL烧杯中,用少量蒸馏水调匀,依次倒入预先溶解好的尿素和碳酸钠溶液,搅拌均匀后加水至规定量待用。

3. 织物投入轧染液中一浸一轧后,即用塑料薄膜包好,室温下放置3~5h。

4. 将织物水洗、皂洗、水洗、烘干。

五、注意事项

1. 严格控制轧余率,并保证轧余液均匀。

2. 用塑料薄膜包封织物时应平整、密封、无气泡。

六、实验报告

填写实验报告,实验报告见表6-8。

表6-8

试样编号 / 实验结果	1#	2#	3#
贴样			
结果分析			

子项目四　活性染料固色率的测定[1]

一、实验准备

1. 仪器设备：分光光度计、烧杯（100mL、200mL）、移液管（10mL）、容量瓶（100mL、500mL）等。

2. 染化药品：子项目一浸染工艺实验中碱剂影响实验所用染料原液、皂煮液及收集的残液。

二、方法原理

活性染料固色率的测定有酸溶解法和洗涤法。酸溶解法是将染色纤维用硫酸溶解后用光电分光光度计测定其染料含量，并与原染液中的染料量对比，求出固色率。洗涤法是在纤维染色后，用分光光度计测定所收集的残液中的染料含量，并与原染液中的染料量对比，求出固色率。洗涤法更为常用，本实验采用此法。

三、操作步骤

1. 将收集的碱剂影响实验中所用的染色残液、水洗液和皂煮残液用蒸馏水稀释至500mL，从中吸取20mL，用蒸馏水稀释至100mL备用。

2. 取空白染液和皂煮液1份（不加布样，浓度及处理条件均与染色原液相同），用蒸馏水稀释至500mL，从中吸取5mL，再用蒸馏水稀释至100mL作为标准液备用。

3. 用分光光度计测定标准液的最大吸收波长，并用最大吸收波长测定残液和标准液的吸光度，按下式计算固色率：

$$Y = \frac{D}{C \times n} \times 100\%$$

$$固色率 = 100\% - Y$$

式中：Y 为残液中染料含量；D 为残液吸光度；C 为标准液吸光度；n 为标准液与残液测试浓度的倍数（按上述冲稀方式 $n = 20/5 = 4$）。

四、实验报告

填写实验报告，实验报告见表6－9。

表6－9

试样编号 / 实验结果	1#（不加碱）	2#（小苏打固色）	3#（纯碱固色）	4#（烧碱固色）
D				
C				
Y				
固色率（%）				

项目二　还原染料染色

还原染料(vat dyes)色谱较全,色泽鲜艳,有较高的染色牢度,主要用于纤维素纤维的染色。还原染料不溶于水,对纤维素纤维没有亲和力,但还原染料分子的共轭体系中一般含两个或几个共轭的羰基,在强还原剂和强碱作用下,羰基被还原,形成可溶性的隐色体钠盐,靠氢键和范德华力上染纤维素纤维。在纤维上隐色体经过氧化,转变成原来的还原染料而固着。所以还原染料的染色过程分为四个阶段,即:染料还原溶解→隐色体上染→隐色体氧化→皂煮后处理。

还原染料常用的染色方法有隐色体浸染和悬浮体轧染。隐色体浸染包括甲法、乙法、丙法等,操作较麻烦,匀染性和透染性较差。悬浮体轧染不仅具有较好的匀染性和透染性,而且对染料的适应性强,拼染时不受染料上染率的限制,产品质量较易控制。

本项目的目标任务是使学生了解还原染料的染色原理和染色性能,掌握隐色体浸染中甲、乙、丙三种方法和悬浮体轧染的工艺流程、工艺条件及具体操作,并学会染浴中保险粉浓度的测定方法。

子项目一　隐色体浸染工艺实验

一、实验方案(表6-10)

表6-10

染色方法	甲　法	乙　法	丙　法
还原蓝 RSN(%)(owf)	2	—	—
还原桃红 R(%)(owf)	—	2	—
还原金黄 GK(%)(owf)	—	—	2
渗透剂(滴)	4~5	4~5	4~5
30%(36°Bé)NaOH(mL/L)	15	10	8
保险粉(g/L)	5	5	5
食盐(g/L)	—	10	20
还原方法	全浴	干缸	干缸
还原温度(℃)	55	80	50
还原时间(min)	10	10	10
染色温度(℃)	60	50	25
染色时间(min)	40	40	40
织物重(g)	4		
浴比	1:50		

也可以准备九块布样,每只染料分别配制三个染浴,分别按甲、乙、丙三种方法染色。三只染料共染九块布,最后比较布样的得色情况,色泽最浓最艳者所用的方法即为该染料最适宜的

染色方法。

二、实验准备

1. 仪器设备:染杯(250mL)、量筒(10mL、100mL)、温度计、恒温水浴锅、电炉、电子天平、玻璃棒、角匙等。

2. 染化药品:氢氧化钠、氯化钠、保险粉、纯碱、肥皂、渗透剂、还原蓝 RSN、还原桃红 R、还原金黄 GK(均为工业品)。

3. 实验材料:纯棉半制品三块(每块 4g)。

三、方法原理

还原染料经保险粉、烧碱处理后,分子结构中的羰基被还原,形成隐色体钠盐而溶解。棉织物在浸渍过程中,隐色体钠盐依靠氢键和范德华力上染纤维。在纤维上隐色体经过氧化,转变成原来的还原染料而固着。还原染料隐色体性能不同,染色方法不同。

四、操作步骤

1. 根据实验方案要求选择合适的化料方法配制染液:

(1)全浴法:染料放入染杯,先后加渗透剂和少量温水调匀,然后加入规定量的烧碱和保险粉,再加水至所需浴量,在 55℃下还原 10min。

(2)干缸法:染料放入染杯,先后加渗透剂和少量温水调匀,然后加 2/3 的烧碱和保险粉,使染液量为总量的 1/3。还原桃红 R 在 80℃下、还原金黄 GK 在 50℃下还原 10min。将剩余的烧碱、保险粉加入染杯,并加水至所需浴量。

2. 将已配制的还原蓝 RSN、还原桃红 R 和还原金黄 GK 三只染杯分别控制温度至 60℃、50℃、25℃,将预先润湿的织物投入染液,并按甲法、乙法和丙法条件染色。

3. 乙法和丙法在染色 15min 和 30min 时各加入食盐用量的一半。

4. 染毕取出布样过一道冷水,悬挂在空气中氧化 10 ~ 15min,然后水洗、皂煮(肥皂 5g/L、纯碱 3g/L、浴比 1∶30,95℃以上,3 ~ 5min),水洗、烘干。

五、注意事项

1. 保险粉在空气中易分解,应临用前称量。

2. 若发现染料未完全溶解,可追加适量保险粉。

3. 染色时需适当翻动布样,并避免布样露出液面,以防过早被空气氧化。

六、实验报告

填写实验报告,实验报告见表 6 – 11。

表 6 – 11

试样名称 / 实验结果	还原蓝 RSN			还原桃红 R			还原金黄 GK		
	甲法	乙法	丙法	甲法	乙法	丙法	甲法	乙法	丙法
贴样									
结果分析									
染色时颜色变化									

子项目二　悬浮体轧染工艺实验

一、实验方案

1. 工艺处方(表6－12):

表6－12

悬浮液	还原蓝 RSN(g/L)	25
	扩散剂 NNO(g/L)	1
还原液	85%保险粉(g/L)	15
	30% NaOH(mL/L)	40
皂煮液	肥皂(g/L)	5
	纯碱(g/L)	3

2. 工艺流程及条件:织物→浸轧悬浮液(室温,约10s,一浸一轧,轧余率70%)→(烘干)→浸渍还原液(室温,约10s)→薄膜还原(130～140℃,1.5～2min)→透风氧化(10～15min)→水洗→皂煮(浴比1∶30,95℃以上,3～5min)→水洗→烘干。

二、实验准备

1. 仪器设备:小轧车、烘箱、烧杯(200mL、500mL)、量筒(10mL、100mL)、电炉、电子天平、玻璃棒、聚乙烯薄膜(40～60μm)等。

2. 染化药品:氢氧化钠、保险粉、纯碱、肥皂、扩散剂 NNO、还原蓝 RSN(均为工业品)。

3. 实验材料:纯棉半制品一块(每块大小约100mm×200mm)。

三、方法原理

将染料研磨成极细的颗粒,在分散剂的作用下制成高度分散的悬浮液,织物经浸渍与轧压,染料均匀地分布在织物上。然后经浸渍(轧)保险粉与氢氧化钠溶液、汽蒸,染料在织物上完成还原、上染过程,再经透风氧化而固色。最后水洗、皂煮后处理,以提高染色牢度及色光稳定性。

四、操作步骤

1. 按配制100mL悬浮液及还原液要求计算处方用量。

2. 将称取的染料置于200mL烧杯中,滴加扩散剂 NNO 溶液调成浆状,加入少量水调匀后,稀释至规定浴量成悬浮液待用。

3. 将织物投入悬浮液浸渍约10s后,用小轧车一浸一轧,然后将织物一分为二,一块烘干后用于干法还原,另一块不烘干用于湿法还原。

4. 将称取的保险粉置于200mL烧杯中,加水溶解后加入氢氧化钠,搅拌均匀并一分为二待用。

5. 将两块织物分别浸渍还原液后约10s取出,放在一片塑料薄膜上,并迅速盖上另一片塑料薄膜,压平至无气泡,置于130～140℃烘箱内还原1.5～2min。

6. 取出织物,氧化、水洗、皂洗、水洗、烘干。

五、注意事项

1. 织物浸渍还原液的时间宜短,以免染料大量溶落导致得色过浅。

2. 烘干时应防止织物上染料发生泳移，烘干后的织物需经冷却再浸渍还原液。

3. 塑料薄膜内空气应排尽，若留有气泡会影响染料的还原而形成染疵。

六、实验报告

填写实验报告，实验报告见表6－13。

表6－13

染色工艺 / 实验结果	悬浮体轧染		隐色体浸染
	干法还原	湿法还原	
贴样			
透染性			
结果分析			

子项目三　染色性能试验

一、实验方案

1. 初染性试验（即瞬染性试验）（表6－14）：

表6－14

试样名称 / 实验条件	还原蓝 RSN	还原桃红 R	还原金黄 GK
染料（%）（owf）	2	2	2
渗透剂（滴）	2～3	2～3	2～3
30%（36°Bé）NaOH（mL/L）	15	10	8
保险粉（g/L）	5	5	5
还原方法	全浴	干缸	干缸
还原温度（℃）	55	80	50
还原时间（min）	10	10	10
染色温度（℃）	60	50	25
染色时间（min）	5；3		
织物重（g）	1		
浴比	1∶50		

2. 移染性试验（表6－15）：

表6－15

试样名称 / 实验条件	还原蓝 RSN	还原桃红 R	还原金黄 GK
渗透剂（滴）	2～3	2～3	2～3
30%（36°Bé）NaOH（mL/L）	15	10	8

续表

实验条件 \ 试样名称	还原蓝 RSN	还原桃红 R	还原金黄 GK
保险粉(g/L)	5	5	5
移染时间(min)	30		
移染温度(℃)	50;80		
浴比	1∶50		

二、实验准备

1. 仪器设备:染杯(250mL)、量筒(10mL、100mL)、温度计、恒温水浴锅、电炉、电子天平、玻璃棒、角匙、评定变色用灰色样卡等。

2. 染化药品:氢氧化钠、氯化钠、保险粉、渗透剂、还原蓝 RSN、还原桃红 R、还原金黄 GK(以上均为工业品)。

3. 实验材料:还原染料染色织物、纯棉半制品(与染色织物相同规格)。

移染试验取样要求:染色织物和白织物各取一块,剪成 40mm × 20mm 大小,将两者缝合在一起备用。

三、方法原理

被染织物随染色时间的延长得色量提高。若在较短时间内,先后染色的两块织物色泽差异小,说明该染料的初染速率低,匀染性较好。反之,先后染色的两块织物色泽差异较大,说明该染料的初染速率高,匀染性差。

将染色织物与白织物组合体放在染色空白液中处理,色布上的染料解吸后移染至白布,若移染白布上的染料量越多,则表明该染料的移染性能越好。反之,移染性差。

四、操作步骤

(一)初染性试验:

1. 准确称取 2g 织物两份,将其润湿后备用。

2. 按实验方案配制染液,还原方法参见子项目一。

3. 待染液升至规定温度后,加入预先经润湿的织物一块,染 2min 后再投入另一块织物。从第一块织物投入染浴开始计时,共染 5min。

4. 染毕,将两块织物同时取出,过一道冷水后悬挂在空气中氧化 10 ~ 15min,然后水洗、皂煮(肥皂 5g/L、纯碱 3g/L、浴比 1∶30,95℃以上,3min),水洗、烘干。

5. 用“评定变色用灰色样卡”评级,若两块染色织物的色差越小,说明该染料的初染速率低,匀染性好;反之,色差越大,说明染料的初染速率高,匀染性差。

(二)移染性试验:

1. 按实验方案配制 2 个染色空白液,分别投入预先润湿的染色织物和白织物组合体。

2. 分别在 50℃、80℃条件下处理 30min,取出后过一道冷水,悬挂在空气中氧化 10 ~

15min，然后水洗、晾干。

3. 将试样组合体拆开，用肉眼观察被移染原色布和移染白布的同色程度，若色泽差距越小，评定为移染性好，反之则差。也可采用“评定变色用灰色样卡”评级。

五、注意事项

1. 染色空白液除染料和促染剂不加外，其他均按正常染液配制。

2. 还可根据需要测定在不同温度条件下的移染性能。

六、实验报告

1. 初染性试验（表6－16）：

表6－16

染料名称		
试样编号	1#	2#
贴　样		
匀染性评价		

2. 移染性试验（表6－17）：

表6－17

染料名称				
移染条件	50℃		80℃	
贴　样				
移染性评价				

子项目四　染浴中保险粉浓度的测定[2,3]

一、实验准备

1. 仪器设备：玻璃漏斗、滴定架、容量瓶（100mL）、移液管（10mL）、三角烧瓶（250mL）。

2. 染化药品：甲醛（L. R.）、氯化钡（L. R.）、醋酸（L. R.）、碘（C. P.）、碘化钾（C. P.）、淀粉指示剂。

3. 溶液制备：37%甲醛溶液、20%氯化钡溶液、$c(HAc) = 6mol/L$ 醋酸溶液、$c\left(\frac{1}{2}I_2\right) = 0.1mol/L$ 碘标准溶液、0.5%淀粉指示剂。

二、方法原理

先用甲醛将性质不稳定、易分解、难以滴定的保险粉转化为性质较稳定、便于滴定的次硫酸氢钠甲醛，去除还原染料及其隐色体的干扰后用碘标准溶液滴定。主要化学反应如下：

$$Na_2S_2O_4 + 2CH_2O + H_2O = NaHSO_3 \cdot CH_2O + NaHSO_2 \cdot CH_2O$$

$$NaHSO_2 \cdot CH_2O + 2I_2 + 2H_2O = NaHSO_4 + 4HI + CH_2O$$

三、操作步骤

1. 在100mL容量瓶中,加入37%甲醛溶液10mL和染液50mL。

2. 放置10min后加入20%的氯化钡溶液10mL和$c(HAc)=6mol/L$醋酸溶液5mL,混合后加水至刻度。

3. 静置10min,用玻璃漏斗过滤上层清液。

4. 吸取过滤液25mL置于250mL三角烧瓶中,加0.5%淀粉指示剂5mL,用$c\left(\frac{1}{2}I_2\right)=0.1mol/L$碘标准溶液滴定,蓝色不消失时即为滴定终点。

5. 结果计算。

$$\text{保险粉质量浓度}(g/L)=\frac{c_{I_2}\times V_{I_2}\times\frac{174.1}{4\times1000}}{\text{染液毫升数}\times\frac{25}{100}}\times1000$$

式中:c_{I_2}为碘溶液浓度;V_{I_2}为耗用体积。

四、实验报告

填写实验报告,实验报告见表6-18。

表6-18

试样编号 / 实验结果		
碘溶液用量(mL)		
保险粉质量浓度(g/L)		

项目三　硫化染料染色

硫化染料(sulpher dyes)价格低廉,色泽不够鲜艳,色谱也不齐全,皂洗牢度较好,日晒牢度随品种而异,主要品种有蓝、黑、棕等色,常用于纱线、灯芯绒等厚重棉织物染色。硫化染料染色原理及方法与还原染料相似,但由于硫化染料颗粒较大,杂质较多,一般不适用于悬浮体轧染,宜采用隐色体染色(包括浸染和轧染)。对有贮存脆损现象的硫化染料尤其是硫化元,染后要进行防脆处理。

本项目的目标任务是使学生掌握硫化染料的染色原理及应用性能,并学会隐色体浸染和轧染的基本操作方法。

子项目一　浸染工艺实验

一、实验方案

实验方案参见表6-19。

表 6－19

试样编号	1#	2#	试样编号	1#	2#
硫化元 BN(%)(owf)	12	—	染色时间(min)	40	40
硫化蓝 CV(%)(owf)	—	5	氧化方法	空气氧化	过硼酸钠氧化
50% 硫化钠(%)(owf)	24～30	10～12	后处理方法	水洗、防脆处理	水洗、皂洗、水洗
食盐(g/L)	5	5	织物重(g)	2	
染色温度(℃)	90～95	90～95	浴比	1∶50	

二、实验准备

1. 仪器设备：染杯(250mL)、烧杯(200mL、500mL)、量筒(10mL、100mL)、移液管(10mL)、表面皿、温度计、恒温水浴锅、电炉、分析天平、电子天平、角匙、玻璃棒等。

2. 染化药品：硫化钠、氯化钠、纯碱、过硼酸钠、尿素、醋酸钠、肥皂、硫化元 BN、硫化蓝 CV(均为工业品)。

3. 实验材料：纯棉半制品两块(每块 2g)。

三、方法原理

硫化染料不溶于水，在硫化钠作用下，硫化染料分子中的含硫结构被还原，如二硫键或多硫键被还原成硫醇基，并在碱性溶液中生成隐色体钠盐，对纤维素纤维产生亲和力。隐色体上染后，经空气或氧化剂氧化，又转变成原来的硫化染料固着在纤维上。

四、操作步骤

1. 按处方要求称取染料置于染杯中，用水调成浆状。硫化钠用少量热水溶解后倒入染杯，沸煮 10min。加沸水至规定浴量。

2. 将事先用温水润湿并挤干的布样投入染浴，在规定温度下染 20min 后，取出布样，加入食盐，搅拌均匀后再投入布样续染 20min。

3. 染毕 1#布样用 100mL 冷水轻轻洗涤并悬挂在空气中氧化 10min，然后水洗、防脆处理、干燥。防脆工艺处方见表 6－20。

表 6－20

实验条件	取 值	实验条件	取 值
尿素(%)(owf)	2	温度(min)	室温
醋酸钠(%)(owf)	1	时间(min)	10
浴比	1∶50	—	—

4. 2#布样用 0.4g/L 过硼酸钠在 45℃下氧化 10min，然后水洗、皂洗(5g/L 肥皂，3g/L 纯碱，1∶30，95℃以上，3min)、水洗、干燥。

五、注意事项

染色过程中应经常翻动织物，但不宜过于剧烈，同时注意不使织物露出液面，以防过早氧化而染花，尤其是硫化元。

六、实验报告

填写实验报告,实验报告见表6－21。

表6－21

试样编号 / 实验结果	1#	2#
贴样		
染色过程中颜色变化		

子项目二　轧染工艺实验

一、实验方案

1. 工艺处方(表6－22):

表6－22

染　液	硫化蓝BN(g/L)	10
	50%硫化钠(g/L)	20
	小苏打(g/L)	10
氧化液	红矾钠(g/L)	2
	97.7%硫酸(mL/L)	2.5
皂洗液	肥皂(g/L)	5
	纯碱(g/L)	3

2. 工艺流程及条件:织物→浸轧染液(65～70℃,一浸一轧,轧余率80%)→汽蒸(100～102℃,1.5～2min)→水洗→透风氧化→水洗→皂洗(浴比1∶30,95℃以上,3min)→水洗→烘干。

二、实验准备

1. 仪器设备:染杯(250mL)、烧杯(200mL、500mL)、量筒(10mL、100mL)、刻度滴管(1mL)、温度计、小轧车、蒸箱(或蒸锅)、电炉、分析天平、电子天平、角匙、玻璃棒等。

2. 染化药品:硫化钠、小苏打、红矾钠、硫酸、纯碱、肥皂、硫化蓝BN(以上均为工业品)。

3. 实验材料:纯棉半制品一块(100mm×200mm)。

三、方法原理

硫化染料易聚集,颗粒较大,还原速率慢,轧染时先将染料用硫化钠还原溶解,然后织物浸轧染料隐色体溶液,经汽蒸染料扩散而上染织物,最后经氧化固色、后处理。

四、操作步骤

1. 按配制100mL轧染液要求计算处方用量。

2. 将称取的染料置于200mL烧杯中,用少量水调匀后,加入预先用热水溶解好的硫化钠溶液,在80℃左右还原溶解10min,然后加入预先溶解好的小苏打溶液,加热水至规定浴量,并控制温度为70℃左右待用。

3. 将织物投入染液，在65～70℃下浸渍约20s，并一浸一轧，然后放入蒸箱汽蒸1.5～2min。

4. 取出织物，经水洗、氧化、水洗、皂洗、水洗、烘干。

五、实验报告

填写实验报告，实验报告见表6－23。

表6－23

染色工艺 / 实验结果	轧　染	浸　染
贴样		
透染性		

项目四　直接染料染色

直接染料（direct dyes）色谱较全，价格低廉，染色方法简便，除了对纤维素纤维有亲和力外，还可用于蚕丝、维纶等的染色。根据染色性能的不同，直接染料主要分为三类：A类（匀染性染料）、B类（盐效应染料）和C类（温度效应染料）[3,4]。

直接染料染色牢度特别是湿处理牢度较差，常用金属盐或阳离子固色剂处理。但固色后染物色光发生变化，并对环境造成一定程度的污染，部分偶氮结构的染料又被禁用，所以直接染料在生产上的应用受到了一定的限制。

本项目的目标任务是使学生了解直接染料的染色原理、染色性能，尤其是电解质、温度对染色效果的影响，学会直接染料浸染的基本操作，掌握染料上染百分率（残液法）的测定方法。

子项目一　电解质影响实验

一、实验方案

实验方案参见表6－24。

表6－24

试 样 编 号	1#	2#	3#	4#
直接耐晒红4BL（%）（owf）	1	1	1	1
氯化钠（g/L）	0	2	6	10
织物重（g）	2			
浴比	1∶50			

二、实验准备

1. 仪器设备：染杯（250mL）、量筒（10mL、100mL）、移液管（10mL）、温度计（100℃）、恒温水

浴锅、分光光度计、容量瓶(250mL、50mL)、洗耳球、电炉、电子天平、表面皿、角匙、玻璃棒、滤纸等。

2. 染化药品:氯化钠、直接耐晒红 4BL(均为工业品)。

3. 实验材料:棉布或黏胶纤维半制品四块(每块 2g)。

4. 染料母液制备:2g/L 直接耐晒红 4BL 溶液。

三、方法原理

直接染料在水中电离后色素离子带负电荷,纤维素纤维在染液中也呈负电荷,染料与纤维之间靠氢键、范德华力上染。B 类直接染料的分子结构比较复杂,对纤维有较大的亲和力,但分子中有较多的水溶性基团,染—纤间的静电斥力大,不利于上染。加入食盐等中性电解质,可以明显提高上染速率和上染百分率,即起促染作用。

四、操作步骤

1. 染色:

(1)按处方计算所需染料母液体积,准确量取放入清洁染杯中,并加水至规定浴量,置于恒温水浴锅加热。

(2)待染液升温至 40℃,在 4 个染杯中分别投入预先用温水润湿并挤干的织物,按下列工艺曲线染色。

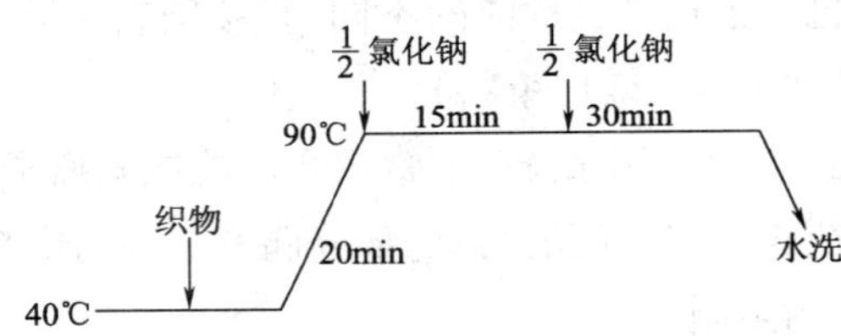

(3)染毕取出布样,分别用少量温水分几次倾倒洗涤,收集全部洗涤液和残液,冷却后分别倒入 4 个 250mL 容量瓶,并稀释至刻度。

(4)将布样晾干或烘干。

2. 上染百分率测定:

(1)按第四模块项目一方法测定直接耐晒红 4BL 的最大吸收波长,并绘制吸光度—浓度标准工作曲线。

(2)分别吸取染料残液各 25mL,置于 50mL 容量瓶并稀释至刻度。

(3)用分光光度计测定残液吸光度,然后从标准曲线上查找各残液的相对浓度 c,再按下式折算成上染百分率:

$$\text{上染百分率} = (1 - c) \times 100\%$$

五、注意事项

1. 染色过程中应经常搅拌染液和翻动布样,并不宜使布样浮出液面。

2. 加入氯化钠时应将布样取出,搅拌均匀后再放入布样并继续搅拌。

3. 染毕水洗至少 3 次，水量每次以 30 ~ 40mL 为宜。

六、实验报告

填写实验报告，实验报告见表 6 - 25。

表 6 - 25

实验结果 \ 试样编号	1#	2#	3#	4#
贴样				
上染百分率(%)				
结果分析				

子项目二　温度影响实验

一、实验方案

实验方案参见表 6 - 26。

表 6 - 26

试样编号	1#	2#	3#	4#
直接耐酸大红 4BS(%)(owf)	0.4	0.4	0.4	0.4
直接耐晒黄 RS(%)(owf)	0.6	0.6	0.6	0.6
氯化钠(g/L)	4	4	4	4
染色温度(℃)	40	60	80	95
织物重(g)	2			
浴比	1:50			

二、实验准备

1. 仪器设备：染杯(250mL)、量筒(10mL、100mL)、移液管(10mL)、温度计(100℃)、恒温水浴锅、分光光度计、容量瓶(250mL、50mL)、洗耳球、电炉、电子天平、表面皿、角匙、玻璃棒、滤纸等。

2. 染化药品：氯化钠、直接耐酸大红 4BS、直接耐晒黄 RS(均为工业品)。

3. 实验材料：棉布或黏胶纤维半制品四块(每块 2g)。

4. 染料母液制备：1g/L 直接耐酸大红 4BS、1g/L 直接耐晒黄 RS 溶液。

三、方法原理

A 类直接染料分子结构简单，对棉纤维亲和力小，扩散速率高，匀染性好，一般 70 ~ 80℃时，就能获得较高的上染百分率，若染色温度太高，平衡上染百分率下降。C 类直接染料分子结构较复杂，对棉纤维亲和力大，扩散速率低，匀染性差，染色时需要较高温度、较长时间才能获得较大的上染百分率。若将这两类染料拼色，在不同的染色时段和不同的染色温度条件下染色，染物色光发生较大的变化。

四、操作步骤

1. 按处方计算所需染料母液体积，准确量取放入清洁染杯中，并加水至规定浴量。

2. 将染杯置于恒温水浴锅加热，待温度升至40℃后，投入预先用温水润湿并挤干布样，按下列工作曲线染色。

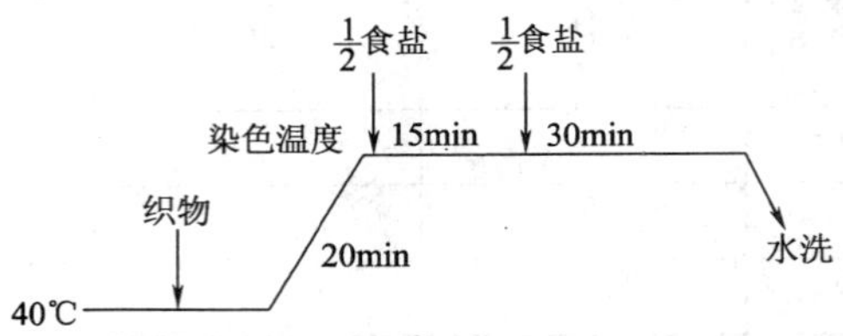

3. 染毕，取出布样，分别用少量温水、冷水倾倒洗净，并晾干。

五、注意事项

同电解质影响实验。

六、实验报告

填写实验报告，实验报告见表6－27。

表6－27

试样编号 / 实验结果	1#	2#	3#	4#
贴样				
色光分析				
推断染料类别				

项目五　不溶性偶氮染料染色

不溶性偶氮染料(azoic dyes)色谱较齐全，色泽浓艳，价格低廉，耐洗牢度优良，常见色泽有大红、紫酱、蓝、棕、黑等，主要用于部分深浓色棉织物和纱线的染色，也可用于防、拔染印花地色的染色。但此类染料摩擦牢度较差，且有五种色基为禁用的有害芳香胺，部分偶氮结构的色酚在一定条件下也可还原分解产生有害芳香胺。

不溶性偶氮染料由两个中间体即色酚(naphtol)和色基(base)组成，染色过程主要包括色酚溶解打底、色基重氮化和偶合显色、后处理。

本项目的目标任务是使学生熟悉不溶性偶氮染料轧染的工艺流程，学会色酚溶解和色基重氮化的方法，掌握基本的工艺计算。

一、实验方案

1. 工艺处方：

实验方案参见表6－28。

表 6-28

打底液	色酚 AS(g/L)	12.5
	渗透剂(mL/L)	10
	30%(36°Bé)烧碱(mL/L)	20
显色液	红 B 色基(g/L)	10
	亚硝酸钠(g/L)	6
	%(19°Bé)盐酸(mL/L)	20
	醋酸钠(g/L)	8.5
	50%醋酸(mL/L)	6
皂煮液	肥皂(g/L)	3
	纯碱(g/L)	2

2. 工艺流程及条件:织物→浸轧打底液(80~85℃,一浸一轧,轧余率 70%)→烘干→冷却→浸轧显色液(10~15℃,一浸一轧,轧余率 80%)→透风→水洗→皂煮(浴比 1∶30,95℃以上,3~5min)→水洗→烘干。

二、实验准备

1. 仪器设备:染杯(250mL)、烧杯(200mL、500mL)、量筒(10mL、100mL)、移液管(5mL、10mL)、刻度滴管(1mL)、温度计、小轧车、烘箱、电炉、分析天平、电子天平、角匙、玻璃棒等。

2. 染化药品:亚硝酸钠(L. R.)、醋酸钠(L. R.)、氢氧化钠、盐酸、冰醋酸、纯碱、渗透剂、肥皂、色酚 AS、红 B 色基(均为工业品)。

3. 实验材料:纯棉半制品一块(100mm×200mm)。

三、方法原理

色酚具有弱酸性,在氢氧化钠溶液中溶解成为打底液;色基具有碱性,在盐酸与亚硝酸钠作用下生成重氮盐(即显色液)。织物浸轧打底液并烘干后浸轧显色液,色酚与色基的重氮化合物在适当的 pH 值条件下在织物上发生偶合反应,生成不溶性偶氮染料色淀沉积在织物上。

四、操作步骤

1. 按配制 100mL 液量要求计算处方用量。

2. 打底液配制:在烧杯中用玻璃棒将色酚和太古油调匀,加少量热水和 30%(36°Bé)氢氧化钠溶液,搅拌至色酚完全变色,再加入沸水 50mL,继续搅拌得到黄色澄清透明液体,若溶液浑浊,可继续加热。最后加水至规定浴量。

3. 显色液配制;在小烧杯中将色基用少量热水调匀,亚硝酸钠用少量冷水溶解后加入染杯中,搅拌至薄浆状,加冰冷却至 10~15℃。在另一染杯中加 13.5%(19°Bé)盐酸和少量冷水,用冰冷却至 10~15℃。在搅拌下把烧杯中的色基和亚硝酸钠混合物缓慢加入到盐酸溶液中,并放置 10~30min 至溶液呈深褐色透明状。最后加冷水至规定浴量。显色前加入醋酸钠和醋酸调节 pH 值在 4~5 之间。

4. 将织物均匀浸渍打底液(约10~20s)后,在小轧车上一浸一轧,并缓慢烘干后透风冷却。

5. 织物浸轧(或浸渍)显色液,透风30s,使其偶合充分。

6. 将染色织物水洗后一分为二,一块直接烘干,另一块皂洗、水洗、烘干。

五、注意事项

1. 烘干应缓慢均匀,烘干后的织物需经冷却再浸渍显色液。

2. 打底织物不宜遇水滴,以免产生水渍染疵。

六、实验报告

填写实验报告,实验报告见表6-29。

表6-29

试样名称 / 实验结果	经皂煮	未经皂煮
贴样		
结果分析		

项目六　酸性染料染色

酸性染料(acid dyes)色谱齐全,色泽鲜艳,染色方便,湿处理牢度和日晒牢度因品种而各异,常用于蛋白质纤维和聚酰胺纤维染色,有部分偶氮结构的染料涉及禁用。根据其化学结构、染色性能和染色工艺条件的不同,酸性染料可分为强酸性染料和弱酸性染料两大类。

本项目的目标任务是使学生了解酸和电解质在酸性染料染色中的作用,掌握酸性染料染色的原理,学会酸性染料染羊毛和蚕丝的基本操作方法。

子项目一　强酸性染料染色工艺实验

一、实验方案

实验方案参见表6-30。

表6-30

试样编号	1#	2#	3#	4#
酸性橙Ⅱ(%)(owf)	2	2	2	2
98%硫酸(mL/L)	—	—	1.6	1.6
冰醋酸(mL/L)	—	2	—	—
元明粉(g/L)	—	—	—	5
毛线重(g)	1			
浴比	1∶100			

二、实验准备

1. 仪器设备：染杯（250mL）、烧杯（200mL、500mL）、量筒（10mL、100mL）、移液管（10mL）、刻度滴管（1mL）、温度计、恒温水浴锅、电子天平、角匙、玻璃棒等。

2. 染化药品：硫酸（L. R.）、冰醋酸（L. R.）、硫酸钠（L. R.）、酸性橙Ⅱ。

3. 实验材料：纯羊毛毛线四份（每份重1g）。

4. 染料母液制备：2g/L 酸性橙Ⅱ溶液。

三、方法原理

强酸性染料分子结构简单，在水中电离后带负电荷，与纤维间的氢键和范德华力较小。若在强酸性条件下染色，羊毛纤维带正电荷，染料主要以静电引力上染。所以酸在强酸性染料染羊毛时起促染作用。而在此条件下中性电解质的加入，钠离子浓度增加，并抢先与羊毛纤维带正电荷结合，延缓了酸性染料的上染，故起缓染作用。

四、操作步骤

1. 按处方分别配制 4 个染浴，并置于恒温水浴锅加热至 50℃，测定各染液的 pH 值。

2. 把事先用温水润湿并挤干的毛线分别投入 4 个不同染浴，按如下工艺曲线染色。

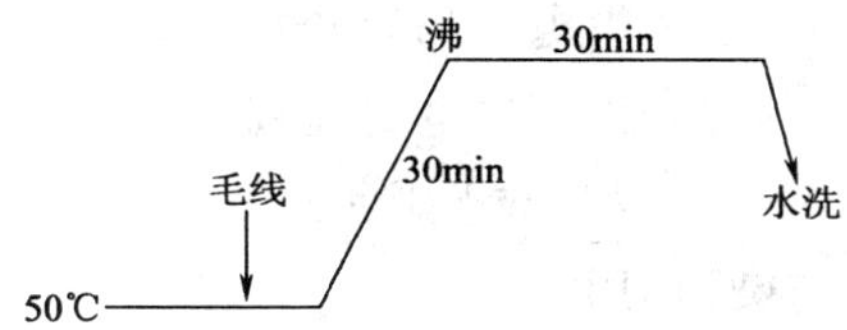

3. 染毕取出，用水洗净、晾干。

五、注意事项

1. 染杯加盖表面皿，防止染液蒸发。

2. 经常搅拌，避免毛线浮出液面而造成染色不匀。

六、实验报告

填写实验报告，实验报告见表 6－31。

表 6－31

试样编号 / 实验结果	1#	2#	3#	4#
贴样				
结果分析				

子项目二　弱酸性染料染色工艺实验

一、实验方案

实验方案参见表 6－32。

表 6-32

试样编号	1#	2#	3#	4#
弱酸性宝蓝 V(%)(owf)	2	2	2	2
冰醋酸(mL/L)	—	2.5	5	2.5
元明粉(g/L)	—	—	—	1.5
织物重(g)	1			
浴比	1:100			

二、实验准备

1. 仪器设备:染杯(250mL)、烧杯(200mL、500mL)、量筒(10mL、100mL)、移液管(10mL)、刻度滴管(1mL)、温度计、恒温水浴锅、电子天平、角匙、玻璃棒等。

2. 染化药品:冰醋酸(L. R.)、硫酸钠(L. R.)、弱酸性宝蓝 V。

3. 实验材料:经精练脱胶的真丝绸四块(每块重 1g)。

4. 染料母液制备:2g/L 弱酸性宝蓝 V 溶液。

三、方法原理

弱酸性染料分子结构较复杂,在水中电离后带负电荷,与纤维间的氢键和范德华力较大。蚕丝的等电点为 3.5 ~ 5.2,在弱酸性条件下呈电中性或带负电荷,弱酸性染料主要以氢键和范德华力上染蚕丝,此时电解质起促染作用。酸性增强,蚕丝将带部分正电荷,上染速率和上染百分率均提高,电解质起缓染(即匀染)作用。

四、操作步骤

同强酸性染料染色。

五、实验报告

填写实验报告,实验报告见表 6-33。

表 6-33

实验结果 \ 试样编号	1#	2#	3#	4#
贴样				
结果分析				

项目七　酸性媒染染料和酸性含媒染料染色

酸性媒染染料(acid mordant dyes)是一类特殊的酸性染料,在其分子中含有能与某些金属离子形成络合物的配位基团。它们大多数属于偶氮类染料,也有一些是蒽醌类和三芳甲烷类染料。酸性媒染染料色谱较齐,价格便宜,耐晒和湿处理牢度高,耐缩绒和煮呢性能也较好,是羊毛染色的重要染料。但染色工艺复杂,染色时间长,颜色不及酸性染料鲜艳,而且排放含铬废水,严重污染环境。具体的染色方法有预媒染法、后媒染法和同浴媒染法,其中后媒染法最常用。

若预先将某些金属离子以配价键的形式引入酸性染料母体中,形成的金属络合染料称酸性含媒染料(acid premetallized dyes),包括1:1型和1:2型两种。前者需在强酸性条件下染色,故又称酸性络合染料,仅用于羊毛的染色。后者在弱酸性或近中性条件下染色,称为中性络合染料,可用于羊毛、蚕丝、锦纶和维纶等的染色。酸性含媒染料与酸性媒染染料相比染色时不需媒染处理,染色较简便,仿色较方便,染色废水不含铬。

本项目训练的任务是使学生掌握酸性媒染染料和酸性含媒染料的染色性能及染色原理,学会各类染料常用的染色方法。

子项目一 酸性媒染染料染色工艺实验

一、实验方案(后媒染法)

实验方案见表6-34。

表6-34

试样编号	1#	2#	3#
酸性媒介棕RH(%)(owf)	2	2	2
冰醋酸(调节pH=4~5)	数滴	数滴	数滴
97.7%硫酸(滴)	1	1	1
重铬酸钾(%)(owf)	—	0.5	1.5
毛线重(g)	1		
浴比	1:100		

二、实验准备

1. 仪器设备:染杯(250mL)、烧杯(200mL、500mL)、量筒(10mL、100mL)、移液管(10mL)、滴管、温度计、恒温水浴锅、电子天平、角匙、玻璃棒等。

2. 染化药品:冰醋酸(L.R.)、硫酸(L.R.)、重铬酸钾(L.R.)、酸性媒介棕RH。

3. 实验材料:纯羊毛毛线三份(每份重1g)。

4. 染料母液制备:2g/L酸性媒介棕RH溶液。

三、方法原理

在酸性条件下,染料首先以静电引力、氢键和范德华力上染羊毛。然后经媒染剂重铬酸钾处理,纤维吸附重铬酸根离子,并进一步将铬还原成Cr^{3+}。Cr^{3+}与染料发生络合,生成难溶性的色淀。同时羊毛纤维中的$—NH_2$、—COOH也参与络合,使染料—铬—羊毛三者形成更为稳定的络合物,染色牢度大大提高。

四、操作步骤

1. 按处方要求吸取染料母液,加水至规定浴量,并用醋酸调节pH值。然后将4只染杯置于恒温水浴锅加热至50℃。

2. 将充分润湿并挤干的毛线投入染液,按如下工艺曲线染色。

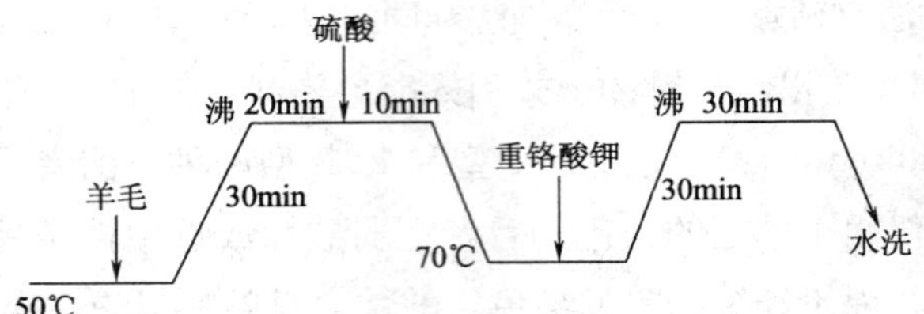

3. 染毕，将毛线取出水洗、干燥。

五、注意事项

1. 染色过程注意补充沸水，以保持较稳定的浴比。

2. 重铬酸钾应预先溶解后加入染液。

3. 为保证匀染，需经常搅拌染液，且添加硫酸和重铬酸钾时，应把毛线提出液面，不能直接倒在毛线上。

六、实验报告

填写实验报告，实验报告见表 6-35。

表 6-35

试样编号 / 实验结果	1#	2#	3#
贴样			
染色过程中的颜色变化			
结果分析			

子项目二　酸性含媒染料染色工艺实验

一、实验方案

实验方案见表 6-36。

表 6-36

试样编号	1#	2#	试样编号	1#	2#
酸性络合黄 GR(%)(owf)	2	—	平平加 O(g/L)	0.2	0.2
中性蓝 BNL(%)(owf)	—	2	织　物	羊毛	锦纶
97.7% 硫酸(滴)	5~7	—	织物重(g)	1	
硫酸铵(%)(owf)	—	5	浴　比	1:100	

二、实验准备

1. 仪器设备：染杯(250mL)、烧杯(200mL、500mL)、量筒(10mL、100mL)、移液管(10mL)、滴管、温度计、恒温水浴锅、电子天平、角匙、玻璃棒等。

2. 染化药品：硫酸(L. R.)、硫酸铵(L. R.)、平平加 O、酸性络合黄 GR、中性蓝 BNL。

3. 实验材料：纯羊毛毛线一份，锦纶织物一块(分别重 1g)。

4. 染料母液制备:2g/L 酸性络合黄 GR、2g/L 中性蓝 BNL 溶液。

三、方法原理

pH 值为 2 ~2. 5 之间时,酸性络合染料以配价键、离子键、氢键和范德华力上染羊毛,上染百分率较高,染液中加入非离子表面活性剂作为染料亲和型缓染剂。

pH 值为 6 ~7 之间时,中性络合染料以氢键和范德华力上染锦纶。非离子表面活性剂同样起缓染和匀染作用。

四、操作步骤

1. 按处方配好两个染液,置于恒温水浴锅加热。

2. 当染浴温度升至 40℃时,分别投入充分润湿并挤干的羊毛毛线和锦纶织物,按如下工艺曲线染色。

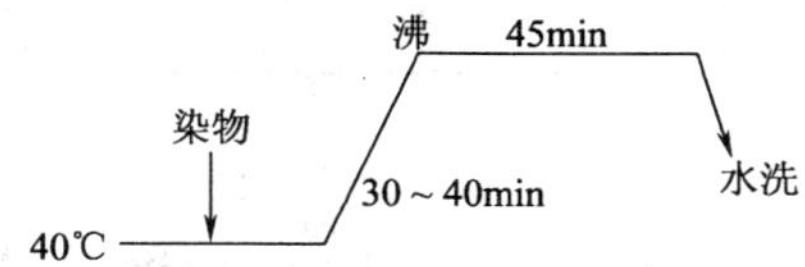

3. 染毕,取出染物充分水洗和干燥。

五、注意事项

1. 为保证匀染,染色时经常搅拌,并控制好升温速率。

2. 注意补充沸水,维持浴比不变。

3. 羊毛在强酸性条件下染色,染后应充分水洗。

六、实验报告

填写实验报告,实验报告见表 6 –37。

表 6 –37

试样编号 / 实验结果	1#	2#
贴样		
结果分析		

项目八　分散染料染色

分散染料(disperse dyes)分子结构较简单,极性较小,几乎不溶于水,染色时依靠分散剂的作用以微小颗粒均匀地分散在水中,在高温条件下染料分子易发生升华转移。它是聚酯纤维染色的主要染料,也可以用于聚酰胺、聚丙烯腈、聚乳酸等疏水性纤维的染色。

根据分散染料升华牢度的高低,可以将其分为高温型(S 型)、中温型(SE 型)和低温型(E 型)。高温型适用于热熔染色,低温型适用于高温高压染色,中温型可用于热熔染色,也可用于高温高压染色。

本项目的目标任务是使学生掌握分散染料常用的染色方法，了解温度对分散染料染色的重要性，并学会分散染料固色率的测定。

子项目一　高温高压染色工艺实验

一、实验方案

实验方案见表6－38。

表6－38

分散蓝2BLN（%）（owf）	1	织物重（g）	2
分散剂NNO（g/L）	1	浴比	1∶50
磷酸二氢铵（g/L）	2		

二、实验准备

1. 仪器设备：高温高压染色小样机、烧杯（200mL、500mL）、量筒（10mL、100mL）、温度计、电炉、电子天平、角匙、玻璃棒等。

2. 染化药品：磷酸二氢铵（L. R.）、碳酸钠、肥皂、分散剂NNO、分散蓝2BLN（均为工业品）。

3. 实验材料：涤/棉织物一块（重2g）。

三、方法原理

此法通常在130℃左右的温度下染色，该温度高于涤纶的玻璃态转变温度，纤维无定形区的分子链段运动剧烈，纤维分子间自由体积增多增大，同时染料分子的动能增加。随着染料颗粒解聚，染料单分子被纤维吸附，并迅速扩散进入纤维内部。然后随着染色温度降低，纤维分子链段运动停止，自由体积缩小，染料与纤维分子间以氢键、范德华力以及机械作用而固着。

四、操作步骤

1. 根据实验方案计算染料及助剂用量。

2. 用电子天平准确称取染料置于烧杯，用分散剂和少量冷水调匀，加入磷酸二氢铵，并加水至规定浴量。

3. 将染液倒入高温高压染色小样机的不锈钢染杯中，布样用水润湿并挤干，挂在染杯的芯架上，放入染杯，加盖拧紧。

4. 按如下工艺曲线染色：

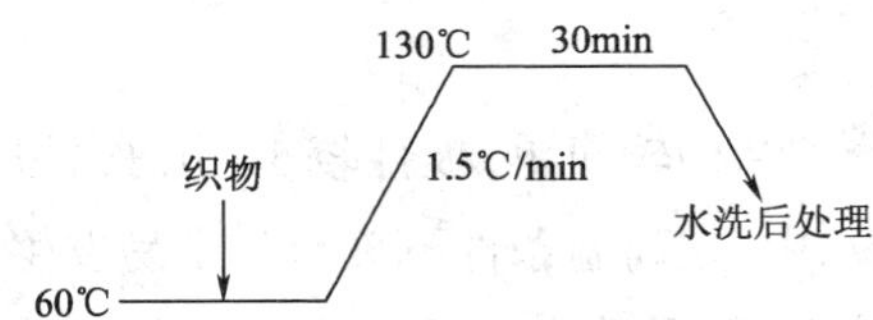

5. 把染杯装入小样机内，启动小样机，按工艺曲线运行。

6. 程序完成关闭电源，用夹子取出染杯，放入自来水中冷却。

7. 冷却至100℃以下，打开杯盖，取出布样，经水洗后一分为二，一块皂洗（肥皂5g/L，纯碱3g/L，浴比1∶30，95℃以上，3min），另一块还原清洗（85%保险粉2g/L，烧碱2g/L，浴比1∶30，70～75℃，3min），最后一起水洗、烘干。

五、注意事项

1. 若使用以甘油为加热介质的小样机时，注意补充甘油至规定液位。
2. 不锈钢染杯在染色时应密封，打开时温度应低于100℃。
3. 为使染料用量精确，可配制2g/L染料母液，但使用前应摇匀。

六、实验报告

填写实验报告，实验报告见表6－39。

表6－39

实验结果 \ 试样名称	皂洗工艺	还原清洗工艺
贴样		
结果分析		

子项目二　热熔染色工艺实验

一、实验方案

1. 工艺处方（表6－40）：

表6－40

染　液	分散红玉 S—2GFL(g/L)	20
	渗透剂 JFC(mL/L)	2
皂洗液	肥皂(g/L)	5
	纯碱(g/L)	2

2. 工艺流程及条件：织物→浸轧染液（室温，一浸一轧，轧余率60%～70%）→烘干→热熔（210～215℃，1.5～2min）→水洗→皂洗（浴比1∶30，95℃以上，3min）→水洗→烘干。

二、实验准备

1. 仪器设备：热熔染色小样机（或小轧车、烘箱）、烧杯（200mL、500mL）、量筒（10mL、100mL）、刻度滴管（1mL）、温度计、电炉、电子天平、角匙、玻璃棒等。
2. 染化药品：纯碱、肥皂、渗透剂JFC、分散红玉S—2GFL（均为工业品）。
3. 实验材料：涤/棉织物一块（100mm×200mm）。

三、方法原理

织物首先浸轧染液，使染料均匀地附着在纤维表面，然后经烘干、高温热熔。由于热熔温度（180～220℃）远高于涤纶的玻璃态转变温度，纤维无定形区的分子链段剧烈运动，纤维分子间自由体积增多增大。同时染料分子的动能增加，固体染料在热熔时发生升华转移，若借助于助剂等染料还可能发生媒介、接触等转移。使染料单分子迅速被纤维吸附、扩散进入纤维内部。随着染色温度降低,纤维分子链段运动停止,自由体积缩小,染料与纤维分子间以氢键、范德华力以及机械作用而固着。

四、操作步骤

1. 按配制 100mL 染液要求计算处方用量。
2. 将称取的染料置于 200mL 烧杯中,加渗透剂和少量水,充分调匀后加水至规定浴量。
3. 织物一浸一轧(浸渍时间约 10s),然后放在烘箱中烘干。
4. 取出,将烘干织物一分为二,一半放在热熔焙烘处理,另一半待用。
5. 将已经热熔的织物进行水洗、皂煮、水洗、烘干。

五、注意事项

1. 浸轧染液及烘干时应均匀,烘干温度以不超过 80℃ 为宜。
2. 织物烘干后应立即热熔,避免遇到水滴而产生水渍疵布。

六、实验报告

填写实验报告,实验报告见表 6 -41。

表 6 -41

试样名称 / 实验结果	未经热熔固色	经热熔固色
贴样		
结果分析		

子项目三　分散染料固色率的测定[2]

一、实验准备

1. 仪器设备:分光光度计、甘油浴、洗瓶、小漏斗、大试管、烧杯(200mL、500mL)、容量瓶(50mL)、温度计(200℃)、电炉、分析天平、电子天平等。

2. 染化药品:二甲基甲酰胺(L. R.)、磷酸(L. R.)、2,6 -二叔丁基对甲苯酚(L. R.)、保险粉、氢氧化钠、甘油(均为工业品)。

3. 实验材料:分散染料轧染实验所得未经热熔固色和经热熔固色的布样两块。

二、方法原理

分散染料在二甲基甲酰胺(DMF)中溶解度很大,所以分散染料可以用二甲基甲酰胺剥色,通过分光光度计进行比色,间接测出固色前后布样上分散染料的含量,从而计算出染料在纤维上的固色率:

$$固色率 = \frac{A_2/W_2}{A_1/W_1} \times 100\%$$

式中:A_1 为热熔前试样 DMF 萃取液的吸光度值;A_2 为热熔后试样 DMF 萃取液的吸光度值;W_1 为热熔前试样的干重(g);W_2 为热熔后试样的干重(g)。

三、操作步骤

1. 试样准备：将经热熔固色的试样进行还原清洗（保险粉 2g/L，氢氧化钠 2g/L，浴比 1∶100，70℃，10min），然后水洗、烘干，并将其与未经热熔固色的试样一起放入烘箱，在 110℃下烘 2h，再用干燥器冷却 30min，分别剪取三块作平行试样，每块重约 0.2g（用分析天平准确称量）。

2. 剥色：将试样分别置于大试管，加入 5g/L 的 2，6－二叔丁基对甲苯酚作为抗氧化剂，用磷酸调节 pH 值至 4 左右后，加入 8～12mL 二甲基甲酰胺，并用包有锡纸的软木塞塞住管口，置于甘油锅内用电炉加热，保持甘油浴温度为 120℃，在通风橱中萃取 10～15min。取出试管，将萃取液用小漏斗移入 50mL 容量瓶。

重复此操作 3～4 次，直至试样上染料被剥净，再用二甲基甲酰胺冲洗试样 3～4 次，直至冲洗液无色。所有萃取液和冲洗液均移入容量瓶，并用二甲基甲酰胺稀释至刻度。

3. 比色：在分光光度计上测定最大吸收波长，并在此波长下测定各溶液吸光度。

4. 计算固色率：

$$固色率 = \frac{A_2/W_2}{A_1/W_1} \times 100\%$$

四、实验报告

填写实验报告，实验报告见表 6－42。

表 6－42

测试结果＼试样名称	未经热熔固色	经热熔固色
A		
W		
固色率（%）		

项目九　阳离子染料染色

阳离子染料（cationic dyes）是一类色泽浓艳的水溶性染料，在水中电离成色素阳离子及简单的阴离子，是含酸性基团腈纶的专用染料。

腈纶用阳离子染料染色时对温度比较敏感，并且阳离子染料对腈纶的亲和力较大，移染性较差，且染座数量有限，拼色染料会产生竞染现象，极易造成染色不匀。所以严格控制染料上染过程、合理选择拼色染料是阳离子染料染腈纶的关键。

本项目的目标任务是使学生掌握阳离子染料染腈纶的方法，了解染料配伍性对染色效果的影响，掌握阳离子染料染腈纶和配伍性能测试的基本方法。

子项目一　阳离子染料染色工艺实验

一、实验方案

实验方案参见表 6－43。

表 6－43

试样编号	1#	2#	试样编号	1#	2#
阳离子艳红 5GN(%)(owf)	1	1	匀染剂 1227(%)(owf)	0.5	0.5
冰醋酸(%)(owf)	2	3	腈纶毛线重(g)	1	
醋酸钠(%)(owf)	1	1	浴比	1∶100	
硫酸钠(%)(owf)	4	4	—	—	

二、实验准备

1. 仪器设备：染杯(250mL)、烧杯(200mL、500mL)、量筒(10mL、100mL)、移液管(5mL、10mL)、刻度滴管(1mL)、温度计、恒温水浴锅、表面皿、电炉、电子天平、角匙、玻璃棒。

2. 染化药品：冰醋酸(L. R.)、醋酸钠(L. R.)、硫酸钠(L. R.)、匀染剂 1227、阳离子艳红 5GN。

3. 实验材料：腈纶毛线一份(重 1g)。

4. 染料母液配制：1g/L 阳离子艳红 5GN 溶液。

三、方法原理

腈纶所含的酸性基团在水中发生电离，使纤维表面带有负电荷。阳离子染料在水中溶解，形成带正电荷的色素离子，由于静电引力作用，染料被吸附在纤维表面。当染浴温度升高至腈纶的玻璃化温度时，染料从纤维表面向内部扩散，并与纤维上的酸性基团以离子键固着。

四、操作步骤

1. 按实验方案配制染液，将染杯置于恒温水浴锅内加热。

2. 当温度升至 60℃时，投入事先用温水润湿并挤干的腈纶毛线，按如下工艺曲线染色。

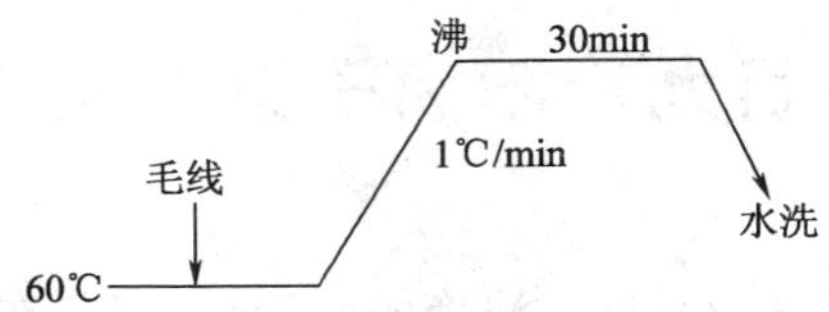

3. 染毕，取出染杯，自然冷却至 60℃后，将毛线取出进行水洗、烘干。

五、注意事项

1. 染色过程中经常搅拌，并避免腈纶毛线浮出液面。

2. 沸染时注意补充沸水或加盖表面皿。

六、实验报告

填写实验报告，实验报告见表 6－44。

表 6－44

实验结果 \ 试样编号	1#	2#
贴样		
结果分析		

子项目二　阳离子染料配伍性能测试

一、实验方案

实验方案参见表 6－45。

表 6－45

试样编号	1#	2#	3#
阳离子艳红 5GN(%)(owf)	0.5	0.5	—
阳离子嫩黄 7GL(%)(owf)	0.5	—	0.5
阳离子翠蓝 GB(%)(owf)	—	0.5	0.5
冰醋酸(%)(owf)	2	2	2
醋酸钠(%)(owf)	1	1	1
腈纶毛线每份重(g)	1		
浴比	1∶100		

二、实验准备

1. 仪器设备:染杯(250mL)、烧杯(200mL、500mL)、量筒(10mL、100mL)、移液管(5mL、10mL)、刻度滴管(1mL)、温度计、恒温水浴锅、电子天平、角匙、玻璃棒。

2. 染化药品:冰醋酸(L. R.)、醋酸钠(L. R.)、阳离子艳红 5GN、阳离子嫩黄 7GL、阳离子翠蓝 GB。

3. 实验材料:腈纶毛线 3 组,每组分 5 份,每份重 1g。

4. 染料母液配制:1g/L 阳离子艳红 5GN、1g/L 阳离子嫩黄 7GL、1g/L 阳离子翠蓝 GB 溶液。

三、方法原理

配伍性指各拼色染料上染速率的一致程度。如果各染料上染速率相等,在整个染色过程中,各染料始终保持同步上染,被染物颜色只有浓淡变化而无色光变化,说明这些染料是配伍的。若拼色染料不配伍,则各染料的上染速率不等,在整个染色过程中,被染物颜色的浓淡和色光,甚至色调都将随时间或其他条件的变化而变化。

四、操作步骤

1. 按实验方案将红、黄、蓝三只阳离子染料两两拼色,配成三只染浴,放在恒温水浴锅内加热。

2. 当温度达到 95℃时,分别投入一份腈纶毛线,染 3min 后取出,再投入一份毛线染 3min,重复此操作,每个染浴各染五份,最后一份应尽可能将染料吸尽。

3. 将三组腈纶毛线一一充分水洗、晾干并编号。

五、注意事项

1. 染色过程中应始终保持染浴温度(95℃)和 pH 值不变,否则影响对拼色染料配伍性的判断。

2. 如果另选配伍值 K 较大的染料拼色,可适当延长每份毛线的染色时间。

六、实验报告

填写实验报告,实验报告见表 6-46。

表 6-46

实验结果 \ 试样编号	1#	2#	3#
按 1~5 顺序贴样①			
配伍性评价			

①表示每组染 5 只试样,按编号顺序贴样。

项目十　涤/棉织物染色

涤纶与棉混纺后,两种纤维在使用性能上可以取长补短,但两种纤维的染色性能相差较大,故染色工艺要比纯纺织物复杂得多。主要染色方法有只染一种纤维、两类染料二浴法分别染两种纤维、两类染料一浴法分别染两种纤维和一类染料同时染两种纤维等,分别得到棉留白或涤留白、棉和涤同时染色形成均一色(单色)或闪色(双色)的效果。

本项目的目标任务是使学生了解涤/棉织物染色特点和原理,掌握常用染色方法的工艺流程及主要工艺条件。

子项目一　涂料轧染工艺实验

一、实验方案

1. 工艺处方(表 6-47):

表 6-47

试样编号	1#	2#	3#	4#
涂料(g/L)	10	10	10	10
黏合剂(g/L)	30	30	40	40
交联剂 EH(g/L)	—	5	5	10
平平加 O(g/L)	1	1	1	1

2. 工艺流程及条件：织物→浸轧染液（室温，一浸一轧，轧余率70%）→烘干→焙烘（160℃，2min）

二、实验准备

1. 仪器设备：染杯（250mL）、烧杯（200mL、500mL）、量筒（10mL、100mL）、温度计、小轧车、烘箱、电子天平、角匙、玻璃棒。

2. 染化药品：涂料、黏合剂、交联剂EH、平平加O。

3. 实验材料：涤/棉织物半制品4块（每块100mm×250mm）。

三、方法原理

涂料是非水溶性的色素，对纤维没有亲和力，也没有选择性，特别适用于涤/棉织物中浅色染色。涂料轧染是织物先经浸渍与轧压，把涂料均匀地分布在织物上，然后经高温焙烘，黏合剂在织物表面形成一层透明的树脂膜而将涂料机械地黏着于纤维。

四、操作步骤

1. 按配制100mL染液要求计算处方用量。

2. 将称取的涂料置于200mL烧杯中，加平平加O和少量水调匀，然后边搅边依次加入黏合剂、交联剂，最后在搅拌状态下加水至规定液量。

3. 将织物投入染液，室温下一浸一轧，每次浸渍时间约10s。

4. 在80℃的烘箱内将织物均匀烘干，然后于160℃焙烘2min。

五、注意事项

1. 所选涂料细度应小于0.5μm，否则染色后织物上有色点。

2. 配制染浴应充分搅拌均匀，轧液及烘干也应均匀。

六、实验报告

填写实验报告，实验报告见表6-48。

表6-48

实验结果 \ 试样编号		1#	2#	3#	4#
贴样					
摩擦牢度	干摩（级）				
	湿摩（级）				
结果分析					

子项目二 分散/活性染料轧染工艺实验

一、实验方案

1. 工艺处方（表6-49）：

表 6－49

试样编号	1#	2#	3#	4#
分散嫩黄 SE—6GLN(g/L)	10	10	10	10
活性嫩黄 K—6G(g/L)	10	10	10	10
小苏打(g/L)	5	5	10	10
尿素(g/L)	5	10	10	15
渗透剂 JFC(g/L)	1	1	1	1

2. 工艺流程及条件：织物→浸轧染液（室温，一浸一轧，轧余率 65%）→烘干（90℃）→焙烘（195～200℃，1.5min）→水洗→皂煮（3g/L 洗涤剂，95℃以上，3min）→水洗→烘干。

二、实验准备

1. 仪器设备：染杯（250mL）、烧杯（200mL、500mL）、量筒（10mL、100mL）、温度计、小轧车、烘箱（或热溶染色试验机）、电炉、电子天平、角匙、玻璃棒。

2. 染化药品：碳酸氢钠、尿素、渗透剂 JFC、分散染料（SE 型或 Dispersol C 型）、活性染料（K 型或 Procion P/H 型）、洗涤剂（均为工业品）。

3. 实验材料：涤/棉（65/35）织物半制品 4 块（每块 100mm×200mm）。

三、方法原理

织物浸轧含活性染料和分散染料的染液（含碱剂），经烘干和热熔使分散染料上染涤纶，同时活性染料上染棉纤维并发生键合反应而固着。由于分散染料在高温下遇碱易水解破坏，一般要求选择碱性较弱的小苏打作为活性染料的固色碱剂。

四、操作步骤

1. 按配制 100mL 染液要求计算处方用量。

2. 分别称取分散染料和活性染料，置于 200mL 烧杯中，加入渗透剂 JFC 调成浆状，然后依次加入已溶解的尿素和小苏打溶液，搅拌均匀后加水至规定浴量待用。

3. 将织物投入染液，按工艺流程及条件操作。

五、注意事项

如选用的分散染料和活性染料颜色相同且浓度恰当，将得到均一的单色；如果不同，按照一定的浓度比例将得到双色。

六、实验报告

填写实验报告，实验报告见表 6－50。

表 6－50

实验结果 \ 试样编号	1#	2#	3#	4#
贴样				
结果分析				

子项目三　分散/还原染料轧染工艺实验

一、实验方案

1. 工艺处方(表6-51):

表6-51

试样编号		1#	2#
染　液	分散嫩黄 SE—6GLN(g/L)	8	8
	还原黄 GCN(g/L)	5	5
	分散剂 NNO(g/L)	1	1
	渗透剂 JFC(g/L)	1	1
还原液	保险粉(g/L)	8	15
	氢氧化钠(g/L)	8	15
皂洗液	肥皂(g/L)	5	5
	纯碱(g/L)	3	3

2. 工艺流程及条件:织物→浸轧染液(室温,一浸一轧,轧余率65%)→烘干(90℃)→热熔(195~200℃,1.5min)→浸渍还原液(室温,约5~10s)→薄膜还原(130~140℃,1.5~2min)→透风氧化(10~15min)→水洗→皂洗(浴比1:30,95℃以上,3min)→水洗→烘干。

二、实验准备

1. 仪器设备:染杯(250mL)、烧杯(200mL、500mL)、量筒(10mL、100mL)、温度计、小轧车、烘箱(或热熔染色试验机)、电炉、电子天平、角匙、玻璃棒。

2. 染化药品:保险粉、氢氧化钠、过硼酸钠、纯碱、肥皂、分散剂 NNO、渗透剂 JFC、海藻酸钠、分散染料、还原染料(均为工业品)。

3. 试验材料:涤/棉织物半制品两块(每块100mm×200mm)。

三、方法原理

织物浸轧含还原染料和分散染料的染液,经烘干和热熔使分散染料上染涤纶,再经还原、汽蒸、氧化,使还原染料上染棉纤维。

四、操作步骤

1. 按配制100mL染液要求计算处方用量。

2. 分别称取分散染料和还原染料,置于200mL烧杯中,加入分散剂 NNO 和渗透剂 JFC 调成浆状,然后边搅拌边缓慢加水至规定浴量待用。

3. 按工艺流程及条件将织物浸轧、烘干后备用。

4. 将称取的保险粉置于200mL烧杯中,加温水(不超过50℃)使其溶解,然后加入烧碱,搅拌均匀后加水至规定浴量。

5. 将织物分别浸渍还原液后立即取出,放在一片塑料薄膜上,并迅速盖上另一片塑料薄膜,压平至无气泡,置于130~140℃烘箱内还原1.5~2min。

6. 取出织物,经氧化、水洗、皂煮、水洗、烘干。

五、实验报告

填写实验报告,实验报告见表 6 – 52。

表 6 – 52

实验结果 \ 试样编号	1#	2#
贴样		
结论分析		

项目十一　扎染工艺实验

扎染(knot dyeing),古代称扎缬、绞缬或染缬,起源于秦汉时期,是我国特有的民间工艺美术。随着时代的发展和科技的进步,扎染产品从图案、花色到染色工艺不断推陈出新,一代胜过一代。在当今回归自然、追求个性的纺织品流行趋势的影响下,手工制作的扎染产品被设计师们用于时装领域而备受人们关注。

本项目的目标任务是使学生了解扎染基本原理,掌握扎染方法和一般技巧。

一、实验准备

1. 仪器设备:染杯(250mL)、烧杯(500mL、1000mL)、量筒(10mL、100mL)、移液管(5mL、10mL)、滴管、温度计、电炉、电子天平、角匙、玻璃棒等。

2. 染化药品:参见各染料染色实验。

3. 实验材料:可选择经前处理的棉、毛、丝、麻、天丝及黏胶纤维织物等,要求薄型织物质地细密,厚型织物质地疏松。

二、方法原理

扎染主要是利用针和线对纺织品进行缝扎,使织物在染色过程中实现局部防染。由于染液在防染部位不同程度的渗透,产生晕色、混色效果,色彩和谐,边沿柔美,加上千变万化的图案设计,使扎染产品极具个性和艺术魅力。

三、操作步骤

扎染一般步骤:选择布料→设计图案→手工扎制→浸泡润湿→拧(甩)干→染色→水洗→皂洗→水洗→拆线→水洗→晾干→熨平。

(一)设计图案

扎染图案包括审美和实用双重意义,它不仅要符合审美情趣,而且要适应扎染工艺要求。扎染工艺的特点决定了它的纹样形式,常见的有单独纹样、对称纹样、连续纹样和综合纹样。

1. 单独纹样:单独纹样是扎染中最常见的基本纹样,题材来源广泛,如花、鸟、鱼、虫、人物、风景、几何图案及抽象图案等。构思好的图案用青花染料(或 HB 铅笔、画粉)描绘在织物上。

2. 对称纹样:将布对折后缝扎可得对称纹样,如蝴蝶、雪花及一些几何图形,这种方法可省去缝扎的一半工时，且所得图案准确、对称性好。

3. 连续纹样：包括二方连续和四方连续。二方连续是指以一个单位作反复连续的图案，上下或左右两边连续；四方连续是指以一个单位向上下左右连续排列的图案。连续纹样大多是将布料折叠后捆扎而成。

4. 综合纹样：根据设计者独具匠心的构思，将多种纹样同时运用于一幅作品，构成综合纹样，从而产生活泼生动、绚丽多彩的扎染图案。

（二）手工扎制

最常见的为缝扎，即用针和线沿着图案的边缘轮廓进行串缝，一般对于薄型织物及小花型、精致图案，宜用小针、细线及小的针距，厚型织物及大花型、粗犷图案，宜用大针、粗线及大的针距。缝完后将线抽紧、打结。

手工扎制还包括捆扎、叠扎、抓扎、包扎、反扎、包物扎及器具扎等多种方法，可在实际操作中灵活运用。

手工扎制的关键是掌握扎紧度的大小。扎得太紧，染液难以渗透，防染部位形成的图案生硬、无晕色效果，且有可能造成织物损伤；扎得太松，达不到防染目的，图案轮廓模糊。这需要操作者在实践中多次摸索、总结，才能恰到好处。

（三）浸泡润湿

织物染色前应用冷水浸泡，使织物润湿，以免干织物投入染液后造成局部染色不匀，并防止水分携带染料分子向防染部位过度渗透而影响防染效果。

（四）拧（甩）干

如果织物含水率过高，将阻碍染料分子向织物内部扩散，染料的染透性差，防染部位也难以形成深浅过渡的晕色效果，所以织物在冷水浸泡后要用甩干机甩干或用手拧干。

（五）染色

棉、麻及黏胶纤维织物可选用直接染料、活性染料、还原染料、硫化染料和不溶性偶氮染料，羊毛、真丝织物可选用酸性染料及活性染料。

染色工艺可参见本模块各类染料染色实验相关内容。但为了实现扎染所独有的晕色效果，制订染色工艺时应注意：

1. 染料浓度：扎染中染液以中、深浓度较多，这样可以提高染料向织物内部扩散的速率，使织物达到一定的染色深度，织物染色后与防染部位产生染料的浓度梯度，且图案清晰，视觉效果良好。

2. 染色时间：在保证染液对织物有足够的时间进行吸附、扩散和固着的前提下，缩短染色时间可防止染液过多地向防染部位渗透。一般略短于普通染色所需时间。扎得较松的织物更应严格控制染色时间，时间太长其效果几乎无异于普通染色。

3. 染色温度：染色温度首先取决于染料本身的性质。对扎染而言，在工艺条件允许的情况下尽量采用中、高温染色，这对缩短染色时间有利，并可提高染色速率。

4. 助剂：必要时染液中需添加促染剂、匀染剂、助溶剂及固色剂等助剂，这主要由染料及纤维的染色性能决定。

5. 染色方法：扎染产品大面积染色以浸染为主，再根据不同花色要求辅以套染、吊染、拔染、喷染等诸多方法。

套染是将扎结浸染后的织物重新扎结，再浸入另一染液，不仅可得到前后两种颜色，还可得到这两种颜色拼混出的第三种颜色，且色泽深浅、浓淡不一，变化莫测。

吊染是将织物吊起，只将其某个边角或某个扎结部位浸于染液中进行局部染色，染后还可换个部位再染其他颜色，操作灵活、方便。

用事先染色而未固色的线绳缝扎织物，然后用塑料薄膜包好进行浸染，使染料从线绳转移到织物上；或者将染料与糊料及有关助剂混匀后用毛笔涂于花纹内，再进行缝扎、浸染，则可以实现一浴多色。

拔染（扎褪法）是利用印花工艺中的拔白和色拔原理，将已染成深色的织物进行扎结，在还原剂（或氧化剂）的作用下，破坏部分染料的发色基团，使其产生深花浅底及色花的效果。根据染料结构不同、拔染剂不同，可形成姐妹色、对比色。如果在拔色的同时染上其他颜色，图案色彩更加丰富。

喷染是用喷枪将染液喷涂于织物上，不仅可以用来增加花色层次，还可用于染后花型修补，使其更加完美。

（六）后处理

染色后织物经充分水洗、皂洗，去除表面的浮色和助剂，并提高色牢度和鲜艳度。拆线时要避免剪刀刺破织物或用力过大扯破织物。拆线后进一步水洗，最后晾干、熨平。

复习指导

1. 了解各类染料的结构特点和染色性能。
2. 掌握各类染料适用的纤维种类及其染色原理。
3. 掌握各类染料常用染色方法及工艺。
4. 掌握各类染料染色助剂的作用。
5. 掌握小样染色（包括浸染和轧染）的匀染措施。

思考题

1. 影响活性染料反应性的因素有哪些？
2. 碱剂和尿素对活性染料轧染得色量有何影响。
3. 影响还原染料还原溶解的因素是什么？
4. 比较还原染料隐色浸染和悬浮体轧染的特点。
5. 比较硫化染料和还原染料染色性能、主要工艺条件和染色牢度。
6. 中性电解质在直接染料染色中有何作用？
7. 保证直接染料在拼色过程中色光稳定的方法是什么？
8. 色基重氮化时盐酸和亚硝酸钠用量以及色酚与色基偶合比要求是什么？
9. 比较不同类别酸性染料的染色原理及酸、中性电解质在染色中的作用。

10. 酸性媒染染料的结构特征是什么？并说明媒染剂的作用。
11. 比较酸性络合染料和中性络合染料的结构特点、染色性能及染色原理。
12. 分散染料高温高压染色中磷酸二氢铵的作用有哪些？其替代助剂是什么？
13. 分析分散染料热熔染色法固色率的影响因素。
14. 简述阳离子染料对腈纶的染色原理及染液中各种助剂的作用。
15. 分析影响阳离子染料配伍值的因素。
16. 阳离子染料染腈纶的匀染措施有哪些？
17. 涂料染色的优缺点及实现涂料浸染的措施有哪些？

参考文献

[1]GB 2391—1980 活性染料吸色率和固色率的测定方法[S]. 北京:中国标准出版社,1995.
[2]金咸穰. 染整工艺实验[M]. 北京:纺织工业出版社,1987.
[3]王菊生. 染整工艺原理(第三册)[M]. 北京:纺织工业出版社,1984.
[4]陶乃杰. 染整工程(第二册)[M]. 北京:中国纺织出版社,1997.

第七模块　印花工艺实验

织物印花是对织物进行局部着色，获得花纹图案的工艺过程。印花色浆中的染料（或涂料）借助于助剂、原糊的作用，实现对织物的局部着色，上染原理同染色。因此不同织物一般需要选用不同的染料进行印花。

印花分为直接印花（direct printing）、拔染印花（discharge printing）、防染印花（resist printing）、防印印花、转移印花（transfer printing）、喷墨印花（ink jet printing）等多种方法。

本模块重点介绍常用纤维制品的直接印花、防拔染印花工艺方法、操作程序；常用印花原糊的制备及应用性能分析测试方法等。通过本模块的学习，使学生掌握常用印花工艺及打样操作，学会根据不同的纤维材料、染料性能及工艺要求等合理制订印花工艺。

项目一　常用原糊的制备及应用性能测定

在织物印花中，原糊（stock paste）是增稠剂、黏着剂、载递剂，起着举足轻重的作用。原糊质量直接影响色泽均匀性、鲜艳度、给色量、花纹轮廓清晰度等。无论哪一种糊料均要求具有较高的成糊能力，较稳定的化学性质和分散状态，对染料亲和力应较低，印花后易于洗除等性能。

印花用糊料一般可分为离子型和非离子型两大类，典型的离子型有海藻酸钠和羧甲基纤维素（CMC），典型的非离子型有玉米淀粉等品种。通常原糊的制备有煮糊法、碱化法、溶解法、乳化法、合成法等多种方法。可根据原糊的性能，采用最适宜的方法进行制糊。影响原糊性能的因素有流变性、水合性、渗透性等。

本项目的目标任务是使学生掌握常用印花原糊制备方法，了解常用印花原糊的性能及其测试方法，掌握回转式黏度计 NDJ—1 的使用方法。

子项目一　原糊制备

一、实验方案

实验方案如表 7－1 所示。

表 7－1

序　号	1#	2#	3#	4#	5#	6#	7#
原糊名称	小麦淀粉糊	印染胶糊	玉米淀粉糊	海藻酸钠糊	合成龙胶糊	乳化糊	合成增稠剂糊
糊料（或油）（%）	12	65	12	8	4	70	2

二、实验准备

1. 仪器设备：恒温水浴锅、强力搅拌机、烧杯（50mL、250mL、500mL）、量筒（10mL、100mL）、刻度吸管（10mL）、玻璃棒等。

2. 染化药品：

化学纯药品：氢氧化钠、硫酸、氨水。

工业级药品：平平加 O、煤油、小麦淀粉、玉米淀粉、海藻酸钠、合成龙胶、印染胶、合成增稠剂等。

三、方法原理

淀粉难溶于水，在水中受热或经碱作用可以产生剧烈的膨化，利用此性质即可制成原糊；海藻酸钠和合成龙胶的水溶性较好，能直接溶于水而分别制成原糊；乳化糊是利用两种不同而互不相溶的溶液，在乳化剂的作用下经快速搅拌，使其中一种溶液成为连续的外相，另一种成为不连续的内相而制成原糊；合成增稠剂原糊是由三个或更多的单体通过乳液聚合法共聚而合成的产物，分散于水中，然后再加入氨水，中和增稠而制成原糊。

四、操作步骤

1. 小麦淀粉糊的制备：小麦淀粉糊采用煮糊的方法制备。处方见表 7－2。

表 7－2

成　分	数　量	成　分	数　量
小麦淀粉（g）	12	总量（g）	100
蒸馏水（mL）	x	—	—

称取小麦淀粉 12g 于 250mL 烧杯中，先用少量蒸馏水调成浆状，再加蒸馏水至规定的总量。将烧杯放入水浴锅中加热，并不断搅拌，淀粉液由乳白色逐渐变成半透明状。当温度升至 95℃时保温 10min，然后从水浴中取出冷却、备用。

小麦淀粉糊放置时间过久黏度会降低，最好随用随配，长久放置需加适量防腐剂。

2. 印染胶原糊的制备：印染胶糊也是采用煮糊的方法制备。处方见表 7－3。

表 7－3

成　分	数　量	成　分	数　量
印染胶（g）	65	蒸馏水（mL）	x
煤油（g）	2	总量（g）	100

称取印染胶 65g 于 250mL 烧杯中，边搅拌边缓慢加入热水，直至无干粉粒为止。加入煤油，然后将烧杯放入沸水浴中加热 30～40min。沸煮过程中应不断搅拌，并适当补充蒸发水量。最后成为深棕色半透明糊状，则煮糊完毕，取出烧杯冷却、备用。

印染胶糊放置过久表面会结皮，可在表层加少量煤油预防。

3. 玉米淀粉糊的制备：玉米淀粉糊若采用煮糊法制备的原糊黏性较差，一般采用碱化法较为合适。碱化法是利用玉米淀粉在碱中膨化的性能，不加温而制备得到原糊。处方见表 7－4。

表 7-4

成　分	数　量	成　分	数　量
玉米淀粉(g)	12	蒸馏水(mL)	x
30%烧碱(mL)	3	总量(g)	100
98%硫酸(mL)	1	—	—

称取玉米淀粉12g于250mL烧杯中,先用少量蒸馏水调成浆状,再加入适量的蒸馏水搅拌成悬浮状,在不断搅拌的情况下,吸取30%烧碱3mL,慢慢滴入上述悬浮液中,加完后继续搅拌,使淀粉充分膨化呈透明的糊状。吸取5mL蒸馏水于50mL小烧杯中,将1mL 98%硫酸滴入蒸馏水中,然后将此硫酸溶液慢慢滴加到淀粉糊中,边滴加边搅拌,并不断测试糊中的pH值,至呈中性。呈中性后加蒸馏水至总量,搅拌均匀后备用。如仍偏碱性,可继续用稀释后的硫酸中和。

玉米淀粉糊放置过久黏度会降低,最好用时再制备,长久放置需加入适量防腐剂。

4. 海藻酸钠糊的制备:海藻酸钠糊采用溶解法制备。处方见表7-5。

表 7-5

成　分	数　量	成　分	数　量
海藻酸钠(g)	8	总量(g)	100
蒸馏水(mL)	x	—	—

量取92mL蒸馏水于250mL烧杯中,加热至80℃。将预先称好的海藻酸钠分多次撒入热水中,边撒边搅拌,撒完后继续搅拌30min,呈半透明糊状为止。

在制得的海藻酸钠中,常含有没有溶解的颗粒,故应放置片刻,待颗粒充分溶胀、溶解后使用。如若急用,可用滤布过滤后使用。

5. 合成龙胶糊的制备:合成龙胶糊也是采用溶解法制备。处方见表7-6。

表 7-6

成　分	数　量	成　分	数　量
合成龙胶(g)	4	总量(g)	100
蒸馏水(mL)	x	—	—

量取96mL蒸馏水于250mL烧杯中,加热至60℃。将预先称好的合成龙胶撒入热水中,边撒边搅拌,撒完后继续搅拌至无颗粒为止。放置片刻,待颗粒充分溶胀、溶解后使用。如要久放可加少许防腐剂。

6. 乳化糊A原糊的制备:乳化糊必须采用高速搅拌成糊。处方见表7-7。

表 7-7

成　分	数　量	成　分	数　量
煤油(g)	70	蒸馏水(mL)	x
平平加O(g)	2	总量(g)	100

称取规定量的平平加 O 于 250mL 烧杯中，加温水溶解后再冷却至室温。用强力搅拌机以 1000r/min 以上的速度搅拌，并滴加煤油（开始缓慢些，以后稍快些），加完后继续搅拌 30min 即成乳化糊。

7. 合成增稠剂原糊的制备：合成增稠剂原糊采用分散、中和的方法制备。合成增稠剂有粉状、乳液状或分散液状。粉状合成增稠剂在快速搅拌下分散于水中，然后加入氨水，中和聚合物分子中的羧酸基而增稠，即制成原糊。处方见表 7－8。

表 7－8

成　分	数　量	成　分	数　量
合成增稠剂（g）	2	蒸馏水（mL）	x
25% 氨水（mL）	1	总量（g）	100

量取 97mL 的蒸馏水于 250mL 烧杯中，吸取 25% 氨水 1mL，加入蒸馏水中，在快速搅拌下，将预先称好的合成增稠剂加入氨水溶液中，使合成增稠剂体积剧烈膨化，继续搅拌至呈半透明糊状即可。

五、注意事项

1. 原糊制备过程中，除乳化糊 A 使用电动搅拌机外，其他都可以用手工搅拌。搅拌时用力应均匀，不要过猛，以防捅破烧杯造成返工或出现大量气泡影响测定结果。如若气泡较多，需静止一段时间后再继续进行操作。

2. 为便于实验室小样印花刮印操作，所调色浆一般较厚，因此本实验原糊的含固量比实际生产应用中略高。

六、实验报告

填写实验报告，实验报告见表 7－9。

表 7－9

序　号	1#	2#	3#	4#	5#	6#	7#
原糊名称	小麦淀粉糊	印染胶糊	玉米淀粉糊	海藻酸钠糊	合成龙胶糊	乳化糊	合成增稠剂糊
色　泽							
透明度							

子项目二　原糊印花黏度指数的测定

一、实验方案

选择合适的转子与转速分别测定各种原糊的黏度，然后计算印花黏度指数（printing viscosity index 简称 PVI）。

二、实验准备

1. 仪器设备：NDJ—1 旋转式黏度计、烧杯（100mL）、高型烧杯（100mL、250mL）。

2. 染化药品：自制小麦淀粉、玉米淀粉、海藻酸钠、合成龙胶、印染胶、合成增稠剂等原糊。

三、方法原理

印花原糊黏度指数是衡量色浆流变性能的指标之一,将它定义为同一流体在剪切速率相差10倍时所具有的黏度之比。即选用同一种型号的转子,以 nr/min 和 10nr/min 两种转速分别测定原糊的黏度 η_n 和 η_{10n},按下式计算该原糊的 *PVI* 值[1]:

$$PVI = \frac{\eta_{10n}}{\eta_n}$$

同一原糊在高转速下的黏度要比低转速下的黏度小,所以 *PVI* 值取值范围在 0.1 ~ 1.0 之间。

四、操作步骤

1. 安装调试黏度计,选用适当的转子装上转轴(参见第一模块项目三子项目五)。
2. 选择适当的转速(有 6、12、30、60r/min 四档,本实验建议选择 6、60r/min)。
3. 将转子浸入盛有原糊的高型烧杯中,使转子液面标志和液面持平。
4. 在恒温条件下测定原糊的黏度,并将测得的读数 a 乘上转子黏度系数 K,即得原糊的黏度值 η(mPa · s)。黏度系数详见第一模块项目三子项目五表 1 – 6。

五、实验报告

填写实验报告,实验报告见表 7 – 10。

表 7 – 10

测试结果 原糊名称	转速(r/min)	读数(a)	系数(K)	η(mPa · s)	*PVI* 值
小麦淀粉	n				
	$10n$				
玉米淀粉	n				
	$10n$				
印染胶	n				
	$10n$				
海藻酸钠	n				
	$10n$				
合成龙胶	n				
	$10n$				
乳化糊 A	n				
	$10n$				
合成增稠剂	n				
	$10n$				

子项目三　原糊耐酸、碱稳定性的测定

一、实验方案

在待测原糊中分别加入适量酸或碱,观察原糊的色泽和黏度变化。

二、实验准备

1. 仪器设备：NDJ—1 旋转式黏度计、烧杯（100mL）、高型烧杯（100mL、250mL）。

2. 染化药品：氢氧化钠与盐酸（化学纯），自制小麦淀粉、玉米淀粉、海藻酸钠、合成龙胶、印染胶、合成增稠剂等原糊。

3. 溶液制备：3mol/L 氢氧化钠溶液、3mol/L 盐酸溶液。

三、方法原理

若原糊对酸或碱的稳定性好，其黏度相对比较稳定，外观性状也不会发生明显变化。反之，可能发生水解，导致黏度明显降低，也有可能发生凝胶或色变等。

四、操作步骤

1. 称取已制备好的原糊各两份（约 30g）于 100mL 烧杯中。

2. 分别加入 3mol/L 氢氧化钠、3mol/L 盐酸溶液 1 ~ 2 滴，搅拌均匀后放置片刻。

3. 观察原糊色泽和黏度变化情况，并记录结果，以此判断原糊的耐酸、碱稳定性。也可用黏度计测定滴加酸、碱液前后的黏度变化。

五、实验报告

填写实验报告，实验报告见表 7 – 11。

表 7 – 11

测试结果 / 原糊名称	耐酸稳定性		耐碱稳定性	
	色泽变化	黏度变化	色泽变化	黏度变化
小麦淀粉				
玉米淀粉				
印染胶				
海藻酸钠				
合成龙胶				
乳化糊 A				
合成增稠剂				

子项目四　原糊耐硬水稳定性的测定

一、实验方案

分别在原糊中加入含有不同金属离子的盐溶液，观察原糊色泽和黏度变化。

二、实验准备

1. 仪器设备：NDJ—1 旋转式黏度计、烧杯（100mL）、高型烧杯（100mL、250mL）。

2. 染化药品：氯化铁、氯化锌与氯化钙（化学纯），自制小麦淀粉、玉米淀粉、海藻酸钠、合成龙胶、印染胶、合成增稠剂等原糊。

3. 溶液配制：40% 氯化铁溶液、40% 氯化锌溶液、40% 氯化钙溶液。

三、方法原理

若原糊对硬水稳定性好，其黏度相对比较稳定，外观性状不会发生明显的变化。反之，可能发生凝胶或色变等。

四、操作步骤

1. 称取已制备好的原糊各三份(约 30g)于 100mL 烧杯中。

2. 分别加入 40% 氯化铁、40% 氯化锌、40% 氯化钙溶液 2mL,搅拌均匀后放置片刻。

3. 观察原糊的色泽和黏度变化情况,并记录结果,以此判断此原糊的耐硬水稳定性。也可用黏度计测定滴加氯化铁、氯化锌、氯化钙溶液前后的黏度变化。

五、实验报告

填写实验报告,实验报告见表 7-12。

表 7-12

测试结果 / 原糊名称	耐氯化铁稳定性		耐氯化锌稳定性		耐氯化钙稳定性	
	色泽变化	黏度变化	色泽变化	黏度变化	色泽变化	黏度变化
小麦淀粉						
玉米淀粉						
印染胶						
海藻酸钠						
合成龙胶						
乳化糊 A						
合成增稠剂						

子项目五　原糊抱水性的测定

一、实验准备

1. 仪器设备:SC69—02 型水分快速测定仪、烧杯(100mL)。

2. 染化药品:自制小麦淀粉、玉米淀粉、海藻酸钠、合成龙胶、印染胶、合成增稠剂等原糊。

二、方法原理

印花原糊的抱水性(也即水合性)是指糊料能够网裹水分的能力。通过测定原糊中的水分在滤纸上上升的高度,来评价原糊的抱水性。上升高度愈低抱水性愈好。

三、操作步骤

1. 称取已制备好的某原糊 25g 于 100mL 烧杯中,加入 25mL 蒸馏水稀释搅匀。

2. 将划有刻度线的滤纸(10cm×2cm)垂直插入原糊内,保持刻度线与原糊水平面平衡。

3. 分别记录 5min、15min、30min、45min 时,滤纸上水的上升高度。上升高度愈低,抱水性能愈好。

四、实验报告

填写实验报告,实验报告见表 7-13。

表 7-13

测试结果 / 原糊名称	水的上升高度(cm)				抱水性
	5min	15min	30min	45min	
小麦淀粉					

续表

原糊名称 \ 测试结果	水的上升高度(cm)				抱水性
	5min	15min	30min	45min	
玉米淀粉					
印染胶					
海藻酸钠					
合成龙胶					
乳化糊 A					
合成增稠剂					

子项目六　原糊易洗涤性的测定

一、实验准备

1. 仪器设备:印花网框(或聚酯薄膜版)、刮刀、印花垫板、SW—12 型皂洗机、电子台秤(或托盘天平)、电炉、烘箱、烧杯(50mL、250mL、500mL)、量筒(10mL、100mL)、熨斗等。

2. 染化药品:自制小麦淀粉、玉米淀粉、海藻酸钠、合成龙胶、印染胶、合成增稠剂等原糊。

二、方法原理

印花原糊的易洗涤性(又称脱糊性)是指糊料从印花织物上洗除的难易程度。对未脱糊印花织物水洗前后分别称重,根据减量法计算水洗脱糊率。以脱糊率大小评价原糊的易洗涤性,脱糊率越高,易洗涤性越好。

三、操作步骤

1. 剪取布样 20cm×20cm,抽去边纱,烘干后称取恒重为 W(精确至 0.0001g)。

2. 用调制好的原糊在布样上印制 15cm×15cm 方块图案,经烘干、汽蒸(100~102℃,10min)、烘干后称取恒重为 W_A(精确至 0.0001g)。

3. 将样布在 SW—12 型皂洗机中按下述条件进行水洗:

浴比 1∶100,温度为 50℃ ±1℃,时间 10min,洗两次。

4. 将水洗后的样布烘干后称取恒重为 W_B(精确至 0.0001g),按下列公式计算脱糊率。

$$\text{脱糊率} = \frac{W_A - W_B}{W_A - W} \times 100\%$$

式中:W 为原布样重(g);W_A 为印花后布样重(g);W_B 为洗涤后布样重(g)。

四、实验报告

填写实验报告,实验报告见表 7-14。

表 7-14

测试结果 \ 原糊名称	小麦淀粉	玉米淀粉	印染胶	海藻酸钠	合成龙胶	乳化糊 A	合成增稠剂
W							

续表

测试结果＼原糊名称	小麦淀粉	玉米淀粉	印染胶	海藻酸钠	合成龙胶	乳化糊 A	合成增稠剂
W_A							
W_B							
脱糊率(%)							
易洗涤性							

项目二　活性染料直接印花工艺实验

活性染料直接印花分一相法和两相法,可以应用在纤维素纤维、蛋白质纤维和聚酰胺纤维多种织物上。活性染料是纺织品印花中使用最普遍的一类染料[2]。

本项目的目标任务是使学生掌握活性染料一相法直接印花工艺方法,各种助剂的性能及作用,了解原糊对活性染料的适应性。

子项目一　纤维素纤维活性染料直接印花工艺实验

一、实验方案

1. 工艺处方(表 7 – 15)。

表 7 – 15

试样编号	1#	2#	3#	4#
活性染料 1(%)	3	3	—	1.5
活性染料 2(%)	—	—	3	1.5
尿素(%)	5	5	5	5
防染盐 S(%)	1	1	1	1
碳酸氢钠(%)	1	2	2	2
8%海藻酸钠糊(%)	50	50	50	50

2. 工艺流程及条件:织物→印花→烘干→汽蒸(100 ~ 102℃,7 ~ 8min)→冷流水冲洗→皂洗(洗衣粉 3g/L,95 ~ 100℃,2 ~ 3min)→热水洗(60 ~ 80℃,5min)→冷水洗→熨干。

二、实验准备

1. 仪器设备:印花网框(或聚酯薄膜版)、刮刀、印花垫板、电子台秤(或托盘天平)、电炉、烘箱、蒸箱(或蒸锅)、搪瓷杯(100mL、500mL)、烧杯(50mL、250mL、500mL)、量筒(10mL、100mL)、熨斗等。

2. 染化药品:

(1)化学纯药品:碳酸氢钠、尿素。

(2)工业级药品:K 型活性染料(或 KN 型、M 型、B 型、BF 型等)、防染盐 S、洗衣粉(或肥皂、洗涤剂)。

(3)自制药品:8% 海藻酸钠糊。

3. 实验材料:棉织物(或黏胶纤维织物、麻织物)。

三、方法原理

纤维素纤维织物以活性染料、碱剂和原糊等调成的色浆印花,经汽蒸,染料与纤维发生化学反应,使染料固着在纤维上,形成一定的花纹图案。

四、操作步骤

1. 按配制 30g 色浆要求计算染料及助剂用量。

2. 分别称取尿素、防染盐 S 于 50mL 小烧杯中,加入适量蒸馏水溶解(可在水浴中适当加热),然后倒入已称取染料的烧杯中溶解染料,将烧杯放在水浴中加热,使染料充分溶解。

3. 称取 8% 海藻酸钠原糊于 100mL 搪瓷杯中,将已溶解好的染料分多次加入原糊中,并边加边搅拌,再把溶解好的碱剂加入,加蒸馏水至总量,搅拌均匀待用。

4. 将白布放在印花垫板上,花版覆盖在白布上,在花版的一端倒上色浆,用刮刀均匀用力刮浆,抬起花版,将花纹处色浆烘干。在同一块试验样布上先印单色浆,然后将两个单色浆以一定比例混合成拼色浆,继续印制。

5. 将印花布样用衬布包好,放在蒸箱中汽蒸 7 ~ 8min,再经冷流水冲洗、皂洗、热水洗、冷水洗和熨干。

五、注意事项

1. 任选两只活性染料(可选用同种类型的,也可选用不同类型的,但反应性应相近)分别调制单色浆,拼色浆可由单色浆按比例混合得到。

2. 若印制黏胶织物,需要调整尿素的用量,或在印花前浸轧尿素。

3. 冷流水冲洗要充分,以免沾污白地。

六、实验报告

填写实验报告,实验报告见表 7 - 16。

表 7 - 16

试样编号 试验结果	1#	2#	3#	4#
贴样				
比较色泽				

子项目二　蛋白质纤维活性染料直接印花工艺实验

一、实验方案

1. 工艺处方(表 7 - 17)。

表 7－17

试样编号	1#	2#	3#	4#
活性染料1(%)	3	3	—	1.5
活性染料2(%)	—	—	3	1.5
尿素(%)	5	5	5	5
硫酸铵(%)	1	3	3	3
8%海藻酸钠糊(%)	50	50	50	50

2. 工艺流程及条件：织物→印花→烘干→汽蒸（100～102℃，12～15min）→冷流水冲洗→热水洗（磷酸氢二钠2g/L，氨水调pH值为9，40～60℃，10min）→热水洗（60～80℃，5min）→冷水洗→熨干。

二、实验准备

1. 仪器设备：印花网框（或聚酯薄膜版）、刮刀、印花垫板、电子台秤（或托盘天平）、电炉、烘箱、蒸箱（或蒸锅）、搪瓷杯（100mL、500mL）、烧杯（50mL、250mL、500mL）、量筒（10mL、100mL）、熨斗等。

2. 染化药品：

（1）化学纯药品：尿素、硫酸铵、磷酸氢二钠、氨水。

（2）工业级药品：K型活性染料（或KN型、M型、B型、BF型等）、洗衣粉（或肥皂、洗涤剂）。

（3）自制药品：8%海藻酸钠糊。

3. 实验材料：蚕丝织物（或毛织物、锦纶织物）。

三、方法原理

蛋白质纤维织物以活性染料、释酸剂和原糊等调成的色浆印花，经汽蒸染料与纤维发生反应，使染料固着在纤维上，形成一定的花纹图案。

四、操作步骤

1. 按配制30g色浆要求计算染料及助剂用量。

2. 将称取的染料置于50mL小烧杯中，加少量蒸馏水调成浆状，再加入尿素和蒸馏水，搅拌均匀，使染料完全溶解后备用。

3. 称取8%海藻酸钠糊于100mL搪瓷杯中，将已溶解好的染料分多次加入原糊中，并边加边搅拌，再把溶解后的硫酸铵加入，最后搅拌均匀待用。

4. 将白布放在印花垫板上，花版覆盖在白布上，在花版的一端倒上色浆，用刮刀均匀用力刮浆，抬起花版，将花纹处色浆烘干。在同一块试验样布上先印单色浆，然后将两个单色浆以一定比例混合成拼色浆，继续印制。

5. 将印花布样用衬布包好，放在蒸箱中汽蒸12～15min，再经冷流水冲洗、热水洗、冷水洗和熨干。

五、注意事项

1. 可任选两只活性染料（可选用同种类型的、也可选用不同类型的，但反应性应相近）分别调制单色浆，拼色浆可由单色浆按比例混合得到。

2. 羊毛织物印花可先经氯化或高锰酸钾处理，以获得较深的色泽。

3. 冷流水冲洗要充分，以免沾污白地。

六、实验报告

填写实验报告，实验报告见表7－18。

表7－18

试样编号 / 试验结果	1#	2#	3#	4#
贴样				
比较色泽				

项目三　涂料直接印花工艺实验

涂料直接印花是依靠黏合剂和交联剂将涂料机械地固着于纤维。涂料印花的品质牢度与黏合剂的质量有着直接关系。随着高分子化学的发展，黏合剂性能不断地改进，涂料印花质量也随之大幅度提高，从而使涂料印花的应用越来越广泛[3]。

本项目的目标任务是使学生了解涂料直接印花色浆中各种助剂的性能及作用，掌握涂料直接印花工艺方法。

一、实验方案

1. 工艺处方（表7－19）。

表7－19

试样编号	1#	2#	3#	4#
涂料1（%）	6	6	—	3
涂料2（%）	—	—	6	3
尿素（%）	5	5	5	5
增稠剂（%）	30	30	30	30
自交联黏合剂（%）	20	40	40	40

2. 工艺流程及条件：织物→印花→烘干→焙烘（150～160℃，3min）。

二、实验准备

1. 仪器设备：印花网框（或聚酯薄膜版）、刮刀、印花垫板、电子台秤（或托盘天平）、焙烘定形样机（或烘箱）、搪瓷杯（100mL、500mL）、烧杯（50mL、250mL、500mL）、量筒（10mL、100mL）、熨斗等。

2. 染化药品：

（1）化学纯药品：尿素。

(2)工业级药品：涂料、自交联黏合剂、乳化糊A(或合成增稠剂)、洗衣粉(或肥皂、洗涤剂)。

3. 实验材料：纯棉织物(或涤纶织物、涤/棉织物等)。

三、方法原理

织物用涂料、黏合剂、助剂等调成的色浆印花，然后经过焙烘或汽蒸，在织物上形成具有一定弹性和耐磨性的透明树脂薄膜，将涂料机械地固着在纤维上，形成一定的花纹图案。

四、操作程序

1. 按配制30g色浆要求计算涂料及助剂用量。

2. 分别称取尿素置于50mL小烧杯中，加入蒸馏水溶解。依次称取黏合剂、增稠剂和涂料于100mL搪瓷杯中，并搅拌均匀，然后在搅拌过程中，将已溶解好的尿素慢慢倒入，最后搅拌均匀待用。

3. 将白布放在印花垫板上，花版覆盖在白布上，在花版的一端倒上色浆，用刮刀均匀用力刮浆，抬起花版，将花纹处色浆烘干。在同一块试验样布上先印单色浆，然后将两个单色浆以一定比例混合成拼色浆，继续印制。

4. 将印花布样绷在针框上，在焙烘机中以150～160℃焙烘固色3min。测定刷洗牢度或摩擦牢度。

五、注意事项

1. 根据不同种类黏合剂要求，选择是否加入交联剂和焙烘温度等。

2. 增稠剂可以选择乳化糊A，也可以选择合成增稠剂，并根据色浆的厚薄调整其用量。

3. 根据织物的渗化性能选择是否加入尿素。

4. 分别调制单色浆，拼色浆可由单色浆按比例混合得到。

六、实验报告

填写实验报告，实验报告见表7－20。

表7－20

试样编号 试验结果	1#	2#	3#	4#
贴样				
摩擦牢度				

项目四 酸性染料直接印花工艺实验

酸性染料直接印花包括强酸性染料、弱酸性染料等几大类染料的印花。强酸性染料印花由于易沾污白地，故只选择性地使用。弱酸性染料在印花生产中应用较多，可用于丝绸、羊毛、聚酰胺纤维等织物的直接印花，也可用于皮革的直接印花。[4]

本项目的目标任务是使学生熟悉酸性染料色浆中各助剂的作用，掌握酸性染料直接印花的工艺方法。

一、实验方案

1. 工艺处方见表7－21。

表7－21

试样编号	1#	2#	3#	4#
弱酸性染料1（%）	1.5	1.5	—	0.75
弱酸性染料2（%）	—	—	1.5	0.75
尿素（%）	5	5	5	5
硫酸铵（%）	1	3	3	3
12%玉米淀粉糊（%）	50	50	50	50

2. 工艺流程及条件：白布→印花→烘干→汽蒸（100～102℃，12～15min）→冷流水冲洗→热水洗（60～80℃，5min）→冷水洗→熨干。

二、实验准备

1. 仪器设备：印花网框（或聚酯薄膜版）、刮刀、印花垫板、电子台秤（或托盘天平）、电炉、蒸箱（或蒸锅）、搪瓷杯（100mL、500mL）、烧杯（50mL、250mL、500mL）、量筒（10mL、100mL）、熨斗等。

2. 染化药品：

（1）化学纯药品：硫酸铵、尿素。

（2）工业级药品：弱酸性染料。

（3）自制药品：12%玉米淀粉糊。

3. 实验材料：蚕丝织物（或毛织物、锦纶织物）。

三、方法原理

蛋白质、聚酰胺纤维织物用酸性染料、原糊、助剂等调制成的色浆印花，经汽蒸染料渗透、扩散，并与纤维反应生成化学键，使染料固着在纤维上，形成一定的花纹图案。

四、操作程序

1. 按制备30g色浆要求计算染料和助剂用量。

2. 称取弱酸性染料于50mL小烧杯中，加少量蒸馏水调成浆状，再加入尿素和蒸馏水，加热、搅拌，使染料完全溶解后备用。

3. 称取硫酸铵于50mL小烧杯中，加入少量蒸馏水溶解后备用。

4. 称取12%玉米淀粉原糊于100mL搪瓷杯中，将溶解好的染料分多次加入，并搅拌均匀，再将已溶解好的硫酸铵慢慢倒入，搅拌均匀后待用。

5. 将白布放在印花垫板上，花版覆盖在白布上，在花版的一端倒上色浆，用刮刀均匀用力刮浆，抬起花版，将花纹处色浆烘干。在同一块试验样布上先印单色浆，然后将两个单色浆以一定比例混合成拼色浆，继续印制。

6. 将印花布样用衬布包好，放在蒸箱中汽蒸，然后经冷水洗、热水洗、冷水洗和熨干。

五、注意事项

1. 任意选择两只不同颜色的弱酸性染料，分别调制单色浆，拼色浆可由单色浆按比例混合得到。

2. 调制色浆时注意计算水的用量，不要超过色浆总量。

六、实验报告

填写实验报告，实验报告见表7－22。

表7－22

试样编号 / 试验结果	1#	2#	3#	4#
贴样				
比较色泽				

项目五　拉—活共同印花工艺实验

拉—活共同印花（alongside printing with rapidazol and reactive dyes）是指在同一块织物、不同的部位分别印上拉元（快磺素黑）和活性染料，使两类染料相互配合，弥补活性染料不够乌黑，获得协调花型图案的印花工艺。此工艺的拉元色浆特别适用于面积较小的花型，可避免色酚打底麻烦、色酚利用率低、活性染料在色酚打底布上固色率低、易沾色及色酚不易洗白等不足。[5]

本项目的目标任务是使学生了解共同印花特点，掌握拉—活共同印花工艺方法。

一、实验方案

1. 工艺处方：

（1）活性染料：参阅本模块项目二活性染料直接印花实验。

（2）快磺素黑：参见表7－23。

表7－23

处　方	成　分	数　量
色浆处方	20%重氮磺酸盐（%）	20
	色酚 AS—OL（%）	2.5
	色酚 AS—G（%）	0.3
	30%氢氧化钠（%）	3
	15%中性红矾液（%）	6
	尿素（%）	2.6
	甘油（%）	2.6
	12%玉米淀粉糊（%）	50

续表

处　方	成　分	数　量
中性红矾液处方	重铬酸钠(g)	15
	30%氢氧化钠(mL)	15
	蒸馏水(mL)	x
	总量(g)	100

2. 工艺流程及条件：织物→印花→烘干→汽蒸(100～102℃，10min)→冷流水冲洗→皂洗(洗衣粉3g/L，95～100℃，2～3min)→热水洗(60～80℃，5min)→冷水洗→熨干。

二、实验准备

1. 仪器设备：印花网框(或聚酯薄膜版)、刮刀、印花垫板、电子台秤(或托盘天平)、电炉、蒸箱(或蒸锅)、搪瓷杯(100mL、500mL)、烧杯(50mL、250mL、500mL)、量筒(10mL、100mL)、刻度吸管(10mL)、吸球、熨斗等。

2. 染化药品：

(1)化学纯药品：碳酸氢钠、尿素、甘油、氢氧化钠、重铬酸钠、亚硫酸钠、醋酸。

(2)工业级药品：K型活性染料(或KN型、M型、B型、BF型等)、防染盐S、色酚AS—OL、色酚AS—D、凡拉明蓝盐VB。

(3)自制药品：8%海藻酸钠糊、12%玉米淀粉糊、20%重氮磺酸盐、15%中性红矾液。

3. 实验材料：棉织物(或黏胶纤维织物)2块。

三、方法原理

织物分别用活性染料色浆、拉元色浆印花，经汽蒸使活性染料与纤维素纤维反应而固着，同时使重氮磺酸盐转化为重氮盐与色酚偶合显色而固着在纤维上，形成一定的花纹图案。

四、操作步骤

1. 色浆制备：活性染料色浆制备参阅本模块项目二活性染料直接印花实验，快磺素黑按下列步骤操作：

(1)按制备30g色浆要求计算重氮磺酸盐及助剂用量。

(2)称取色酚、尿素于50mL小烧杯中，加入甘油和少量蒸馏水，调成浆状，再加入30%氢氧化钠搅匀，加热溶解后备用。

(3)称取20%重氮磺酸盐于50mL小烧杯中，加少量蒸馏水调成稀浆状。

(4)称取12%玉米淀粉糊于50mL搪瓷杯中，将已溶解好的色酚溶液分多次在搅拌下加入，然后加入重氮磺酸盐，并搅拌均匀，加入剩余的蒸馏水后，在冰水浴中冷却至10℃以下，最后加入15%的中性红矾液搅拌均匀立即使用。

2. 选择一花框用于印制拉元色浆，另一满地罩印框用于印制活性色浆，按先拉元浆后活性浆、先活性浆后拉元浆操作要求各印制一块织物。

3. 两块织物一起按上述工艺流程要求进行烘干、汽蒸、水洗、皂洗等。

五、注意事项

1. 拉元色浆应在低温下保存。

2. 黏胶纤维织物印花时应调整尿素的用量、或在印花前浸轧尿素。

3. 冷流水冲洗要充分，以免沾污白地。

六、实验报告

填写实验报告，实验报告见表 7－24。

表 7－24

印花工艺 / 试验结果	先拉后活	先活后拉
贴样		
线条轮廓清晰度		

项目六 防染(印)印花工艺实验

防染印花是在织物上先印(绘)上含防染剂的色浆，然后再进行染地(若采用罩印地色，称防印印花)。在印(绘)有防染剂花纹部分，能有效地阻止地色染料固着，从而获得防白或色防效果。在实际生产中，应用较多的有活性染料地色防染印花和不溶性偶氮染料地色防染印花，由于不溶性偶氮染料大多被禁用，其防染印花的应用越来越少，而活性染料地色的防染印花成了比较有代表性的印花工艺[2,5]。

蜡染防染印花主要用于较古老、粗糙的织物上，或更多地用于装饰布印花，由于染液从蜡层裂缝中渗入的缘故，在花样防染部分贯穿着不规则的精细带色脉纹(俗称冰纹)，形成了蜡染独有的特色风格。靛蓝地色染料是典型的蜡染所用的染料，其他还可用不溶性偶氮染料、活性染料等低温型染料，以防染色时蜡层脱落。

本项目的目标任务是使学生掌握涂料防活性染料地色、活性染料防活性染地色印花常用的工艺方法、各助剂的作用，了解传统蜡染花型的特点和基本工艺方法。

子项目一 涂料防活性工艺实验

一、实验方案

1. 工艺处方：

(1) 防印浆处方(表 7－25)。

(2) 地色罩印浆处方(表 7－26)。

2. 工艺流程及条件：织物→防印浆印花→烘干→满地罩印→烘干→汽蒸(100～102℃，7min)→冷流水冲洗→皂洗(洗衣粉 3g/L，95～100℃，2～3min)→热水洗(60～80℃，5min)→冷水洗→熨干。

表 7－25

试样编号	1[#]防白浆	2[#]防白浆	3[#]防白浆
涂料(%)	—	—	5
尿素(%)	—	—	5
硫酸铵(%)	3	6	6
3%合成龙胶糊(%)	50	50	—
增稠剂(%)	—	—	30
自交联黏合剂(%)	—	—	40

表 7－26

成　分	数　量	成　分	数　量
活性染料(%)	3	碳酸氢钠(%)	1.5
尿素(%)	5	8%海藻酸钠糊(%)	50
防染盐 S(%)	1	—	—

二、实验准备

1. 仪器设备：印花网框（或聚酯薄膜版）、刮刀、印花垫板、电子台秤（或托盘天平）、电炉、烘箱、蒸箱（或蒸锅）、搪瓷杯（100mL、500mL）、烧杯（50mL、250mL、500mL）、量筒（10mL、100mL）、熨斗等。

2. 染化药品：

(1)化学纯药品：碳酸氢钠、硫酸铵、尿素。

(2)工业级药品：K 型活性染料（或 KN 型、M 型、B 型、BF 型等）、涂料、防染盐 S、自交联黏合剂、乳化糊 A（或合成增稠剂）、洗衣粉（或肥皂、洗涤剂）。

(3)自制药品：3%合成龙胶糊、8%海藻酸钠糊。

3. 实验材料：棉织物。

三、方法原理

织物以涂料、自交联黏合剂、乳化糊和酸剂等调制成的色浆印花，经满地罩印或轧染活性染料，再经汽蒸使涂料固着在纤维上，防染浆处因含酸剂，活性染料不能固着，而在防染浆以外的其他部位，染料正常上染和固色，从而形成一定的花纹图案。

四、操作步骤

1. 制备防白浆（按配制 30g 色浆要求计算处方用量）：

(1)称取硫酸铵于 50mL 小烧杯中，加蒸馏水使其溶解完全后备用。

(2)称取 3%合成龙胶原糊于 100mL 搪瓷杯中，将溶解好的硫酸铵分多次加入，并边加边搅，搅拌均匀后备用。

2. 制备色防浆（按配制 30g 色浆要求计算处方用量）：

(1)分别称取尿素和硫酸铵于 50mL 小烧杯中，加入蒸馏水溶解完全后待用。

(2)依次称取黏合剂、增稠剂和涂料于 100mL 搪瓷杯中，并搅拌均匀，然后在搅拌的过程中，将已溶解好的尿素和硫酸铵慢慢倒入，最后搅拌均匀待用。

3. 制备罩印浆（按 50g 色浆要求计算处方用量）：

（1）分别称取尿素、防染盐 S 于 50mL 小烧杯中，加少量蒸馏水溶解（可水浴加热），然后倒入已称取活性染料的小烧杯中溶解染料，将小烧杯在水浴中加热使活性染料（X 型除外）充分溶解。

（2）称取 8% 的海藻酸钠原糊于 100mL 搪瓷杯中，将已溶解好的活性染料分多次加入，并边加边搅，再把溶解好的碳酸氢钠和水加入，最后搅拌均匀待用。

4. 印花与后处理：

（1）将白布放在印花垫板上，花版覆盖在白布上，在花版的一端倒上防白浆或涂料色防浆，用刮刀均匀用力刮浆，抬起花版，将花纹处色浆烘干。最后满地罩印活性防印浆并烘干。在同一块实验样布上，印上防白浆和色防浆。

（2）将印花布样用衬布包好，放在蒸箱中汽蒸，然后经冷流水冲洗、皂洗、热水洗、冷水洗和熨干。

五、注意事项

1. 先印防白浆，后印色防浆。

2. 可根据涂料色防浆的厚薄调整增稠剂的用量。

3. 涂料色防浆中，根据织物的渗化性能选加尿素。

六、实验报告

填写实验报告，实验报告见表 7－27。

表 7－27

试验结果 \ 试样编号	1#防白浆	2#防白浆	3#色防浆
贴样			
防印效果			

子项目二　活性防活性工艺实验

一、实验方案

1. 工艺处方：

（1）防染（或防印）浆工艺处方（表 7－28）。

表 7－28

试样编号	1#防白浆	2#防白浆	3#色防浆	4#色防浆
K 型活性染料（%）	—	—	4	4
尿素（%）	—	—	5	5
防染盐 S（%）	—	—	1	1
碳酸氢钠（%）	—	—	2	2
亚硫酸钠（%）	3	5	4	6
8% 海藻酸钠糊（%）	50	50	50	50
工艺要求	防印	防印	防印	防染

(2)地色罩印浆和轧染液工艺处方(表7－29)。

表7－29

试样编号	1#罩印浆(用于防印)	2#轧染液(用于防染)
KN型活性染料(g)	4	2
尿素(g)	5	3
防染盐S(g)	2	0.5
碳酸氢钠(g)	2	2
8%海藻酸钠糊(g)	50	—
加水合成	100g	100mL

2. 工艺流程及条件:织物→印花→烘干→满地罩印或浸轧染液→烘干→汽蒸(100～102℃,防印工艺7min,防染工艺2min)→冷流水冲洗→皂洗(洗衣粉3g/L,95～100℃,2～3min)→热水洗(60～80℃,5min)→冷水洗→熨干。

二、实验准备

1. 仪器设备:印花网框(或聚酯薄膜版)、刮刀、印花垫板、电子台秤(或托盘天平)、电炉、烘箱、蒸箱(或蒸锅)、搪瓷杯(100mL、500mL)、烧杯(50mL、250mL、500mL)、量筒(10mL、100mL)、熨斗等。

2. 染化药品:

(1)化学纯药品:亚硫酸钠、碳酸氢钠、硫酸铵、尿素。

(2)工业级药品:KN型活性染料、K型活性染料、防染盐S、洗衣粉(或肥皂、洗涤剂)。

(3)自制药品:8%海藻酸钠糊。

3. 实验材料:棉织物三块。

三、方法原理

棉织物以非乙烯砜类活性染料、亚硫酸钠、原糊等调成的色浆印花,再满地罩印或轧染乙烯砜型活性染料,经汽蒸乙烯砜类活性染料在亚硫酸钠的作用下活性基团失活,不能固着在纤维上,而防染浆以外的其他部位,活性染料正常上染固色,形成一定的花纹图案。

四、操作步骤

1. 制备防白浆(按配制30g色浆要求计算处方用量):

(1)称取亚硫酸钠于50mL小烧杯中,加蒸馏水使其溶解完全后备用。

(2)称取8%海藻酸钠糊于100mL搪瓷杯中,将溶解好的亚硫酸钠分多次加入,并边加边搅,搅拌均匀后备用。

2. 制备色防浆(按配制30g色浆要求计算处方用量):

(1)分别称取尿素、防染盐S于50mL小烧杯内,加少量蒸馏水溶解(可水浴加热),然后倒入已称取活性染料的小烧杯中溶解染料,将小烧杯在水浴中加热使活性染料充分溶解。

(2)称取8%的海藻酸钠原糊于100mL搪瓷杯中,将已溶解好的活性染料分多次倒入,并边加边搅,再把溶解好的碳酸氢钠、亚硫酸钠和水加入,搅拌均匀后待用。

3. 制备罩印浆(按配制50g色浆要求计算处方用量):

(1)分别称取尿素、防染盐S于50mL小烧杯中,加少量蒸馏水溶解(可水浴加热),然后倒入已称取活性染料的小烧杯中溶解染料,将小烧杯在水浴中加热使活性染料充分溶解。

(2)称取8%的海藻酸钠原糊于100mL搪瓷杯中,将已溶解好的活性染料分多次倒入,并边加边搅拌,再把溶解好的碳酸氢钠和水加入,搅拌均匀待用。

4. 制备轧染液:

(1)分别称取尿素、防染盐S于50mL小烧杯中,加少量蒸馏水溶解(可水浴加热),然后倒入已称取活性染料的小烧杯中溶解染料,将小烧杯在水浴中加热使活性染料充分溶解。

(2)将预先溶解好的碳酸氢钠倒入染液中,搅拌均匀后加水至规定浴量待用。

5. 印花与后处理:

(1)将白布放在印花垫板上,花版覆盖在白布上,在花版的一端倒上防白浆或色防浆,用刮刀均匀用力刮浆,抬起花版,将花纹处色浆烘干。可反复刮印和烘干,直至印完。最后满地罩印防印浆并烘干。在一块实验样布上印1#和2#防白浆,另两块实验样布分别印3#色防浆和4#色防浆。

(2)将印有1#和2#防白浆、3#色防浆的实验样布满地罩印活性地色浆,4#色防浆浸轧活性地色染液,然后分别烘干。

(3)将印花布样分别按不同工艺要求放入蒸箱中汽蒸,然后经冷流水冲洗、皂洗、热水洗、冷水洗和熨干。

五、注意事项

1. 防染印花试样在浸轧地色染液时,浸渍时间不宜过长,且不宜用玻璃棒剧烈搅动,以免影响防染效果。

2. 罩印地色宜采用较小目数的筛网,并应注意刮印压力不宜过大。

六、实验报告

填写实验报告,实验报告见表7-30。

表7-30

试样编号 / 试验结果	1#防白浆	2#防白浆	3#色防浆	4#色防浆
贴样				
防印(染)效果				

子项目三 蜡染工艺实验

一、实验方案

1. 工艺处方(表7-31)。

表 7－31

蜡　液	石蜡(%)	60
	蜂蜡(%)	40
染　液	靛蓝染料(%)(owf)	2
	太古油(滴)	3～5
	85%保险粉(g/L)	30
	氢氧化钠(g/L)	10
	氯化钠(g/L)	20
	浴比	1∶50

2. 工艺流程及条件:棉织物→画蜡→晾干→裂蜡或甩蜡→染色(室温,30min)→空气氧化(30min)→冷水淋洗→除蜡(洗衣粉 20g/L,95～100℃,10min)→皂煮(洗衣粉 3g/L,95～100℃,3～5min)→热水洗(60～80℃,5min)→冷水洗→熨干。

二、实验准备

1. 仪器设备:电子台秤(或托盘天平)、控温电炉、蜡壶、毛笔、排笔、搪瓷杯(100mL、500mL)、烧杯(50mL、250mL、500mL)、量筒(10mL、100mL)、熨斗等。

2. 染化药品:

(1)化学纯药品:氢氧化钠、保险粉。

(2)工业级药品:石蜡、蜂蜡、靛蓝染料、洗衣粉(或肥皂、洗涤剂)。

3. 实验材料:纯棉粗平布。

三、方法原理

棉织物用液态的石蜡和蜂蜡,在所需花纹处进行各种手法的涂绘,然后再经靛蓝染料染色,涂蜡部位染料不能完全上染,能在花样防染部分贯穿着不规则的精细脉纹,从而形成蜡染特有的花纹图案。

四、操作步骤

1. 分别称取石蜡 60g 和蜂蜡 40g 于 100mL 搪瓷杯中,在控温电炉上加热至 85℃左右,使混合蜡熔融备用。

2. 称取靛蓝染料于 50mL 小烧杯中,以太古油调成浆状,加入少量蒸馏水调匀,再加 2/3 量的氢氧化钠和保险粉,盖上表面皿放置 30min,使靛蓝染料还原成黄绿色的隐色体。

3. 将剩余的蒸馏水在 100mL 烧杯中溶解余下 1/3 量的氢氧化钠和保险粉,搅拌均匀,待染色前将隐色体溶液加入搅匀备用。

4. 按设计的图案,用毛笔、排笔和蜡壶画蜡,也可以采用点蜡和泼蜡法,以产生抽象的图案效果。画蜡晾干后,可进行随意折压或创意设计,产生自然的冰纹。

5. 将织物放入已配制好的染色液中,于室温染色 30min,取出悬挂在空气中氧化 30min,织物染色部位由黄绿色逐渐变成蓝色。如需染深色,可进行多次浸染、氧化。

6. 将染色后的布样先经冷水淋洗，再经除蜡、皂煮、热水洗、冷水洗和熨干。

五、注意事项

1. 绘蜡时，蜡液温度控制在85℃左右，以免过低或过高影响防染效果。
2. 若除蜡不净，可反复多次进行除蜡。
3. 也可用其他低温型染料染色。

六、实验报告

填写实验报告，实验报告见表7－32。

表7－32

试样编号 / 试验结果	1#	2#	3#
贴样			

项目七　拔染印花工艺实验

拔染印花是在已染地色的织物上，用能破坏地色的化学药品（拔染剂）调浆印花，印花部分的地色被破坏，形成白色或其他色泽的花纹图案。拔染用的地色主要是偶氮结构的染料，如不溶性偶氮染料、偶氮结构活性染料、直接染料、酸性染料等。常用的拔染剂有雕白粉、氯化亚锡等[2,6]。

本项目的目标任务是使学生熟悉拔染色浆中各助剂的作用，掌握不溶性偶氮染料、活性染料和酸性染料地色拔染印花常用工艺方法。

子项目一　不溶性偶氮染料地色拔染印花工艺实验

一、实验方案

1. 工艺处方：

（1）拔白浆工艺处方（表7－33）。

表7－33

试样编号	1#	2#	试样编号	1#	2#
雕白粉（%）	20	25	增白剂VBL（%）	0.5	0.5
1∶2蒽醌（%）	2	2	12%玉米淀粉糊（%）	50	50
30%氢氧化钠（%）	5	5	—	—	—

（2）色拔浆工艺处方（表7－34）。

表 7－34

试样编号	3#	4#	试样编号	3#	4#
还原桃红 R(%)	2	—	涂料(%)	—	6
雕白粉(%)	30	20	酒石酸(%)	—	1
1:2 蒽醌(%)	2	—	尿素(%)	—	3
碳酸钾(%)	10	—	黏合剂(%)	—	30～40
12% 玉米淀粉糊(%)	50	—	乳化糊 A(%)	—	20～30

2. 工艺流程及条件：不溶性偶氮染料地色棉织物→印花→烘干→汽蒸（100～102℃，10min）→透风（2min）→冷水洗→热水洗（60～80℃，5min）→皂煮（洗衣粉 3g/L，100℃，3～5min）→热水洗（60～80℃，5min）→冷水洗→熨干。

二、实验准备

1. 仪器设备：印花网框（或聚酯薄膜版）、刮刀、印花垫板、电子台秤（或托盘天平）、电炉、烘箱、蒸箱（或蒸锅）、搪瓷杯（100mL、500mL）、烧杯（50mL、250mL、500mL）、量筒（10mL、100mL）、刻度吸管（10mL）、吸球、熨斗等。

2. 染化药品：

（1）化学纯药品：氢氧化钠、碳酸钾、尿素、酒石酸、无水乙醇。

（2）工业级药品：超细粉还原桃红 R、增白剂 VBL、雕白粉（或专用拔染剂）、蒽醌、涂料、黏合剂、乳化糊 A、洗衣粉（或肥皂、洗涤剂）。

（3）自制药品：12% 玉米淀粉糊。

3. 实验材料：不溶性偶氮染料地色棉织物。

三、方法原理

用含有雕白粉的还原染料色拔浆、涂料色拔浆对不溶性偶氮染料染色织物印花，经烘干、汽蒸，使不溶性偶氮染料地色被破坏消色，同时还原染料或涂料固着在纤维上，形成一定的花纹图案。

四、操作步骤

1. 制备 1:2 蒽醌分散液：用 1 份蒽醌和 2 份酒精（无水乙醇：水＝1:1）配制而成。

2. 制备拔白浆（按配制 30g 色浆要求计算处方用量）。

（1）分别称取雕白粉和增白剂 VBL 于 50mL 小烧杯中，加蒸馏水溶解后备用。

（2）称取 12% 玉米淀粉糊于 100mL 搪瓷杯中，依次加入蒽醌分散液、雕白粉溶液、增白剂溶液，并边加边搅，最后再加入 30% 氢氧化钠，搅拌均匀后备用。

3. 制备还原染料色拔浆（按配制 30g 色浆要求计算处方用量）。

（1）分别称取雕白粉和碳酸钾于 50mL 小烧杯中，加入蒸馏水溶解完全，再加入还原染料调成浆状后备用。

（2）称取 12% 玉米淀粉糊于 100mL 搪瓷杯中，将上述染液分多次加入，并边加边搅，最后加入蒽醌分散液，搅拌均匀后待用。

4. 制备涂料色拔浆(按配制30g色浆要求计算处方用量)。

(1)分别称取尿素、酒石酸和雕白粉于50mL小烧杯中,加入蒸馏水溶解完全(可水浴加热)。

(2)依次称取黏合剂、乳化糊A和涂料于100mL搪瓷杯中,搅拌均匀后将已溶解好的上述溶液分多次慢慢加入,并边加边搅,搅匀待用。

5. 印花与后处理。

(1)将地色布放在印花垫板上,花版覆盖在色布上,在花版的一端倒上色浆,用刮刀均匀用力刮浆,抬起花版,将花纹处色浆烘干。可在同一块实验样布上,印上拔白浆和色拔浆。

(2)将印花布样用衬布包好,放在蒸箱中汽蒸,然后经透风、冷水洗、热水洗、皂煮、热水洗、冷水洗和熨干。

五、注意事项

1. 可用专用拔染剂替代雕白粉,用量一般为10%~15%。

2. 地色宜选用易拔的品种,还原染料最好用基本色浆。

3. 可根据涂料色防浆的厚薄调整乳化糊A的用量。

4. 根据黏合剂种类决定是否加入交联剂。

六、实验报告

填写实验报告,实验报告见表7-35。

表7-35

试样编号 / 试验结果	1#拔白浆	2#拔白浆	3#还原染料色拔浆	4#涂料色拔浆
贴样				
拔染效果				

子项目二　活性染料地色拔染印花工艺实验

一、实验方案

1. 工艺处方(表7-36)。

表7-36

试样编号	1#拔白浆	2#拔白浆	3#色拔浆	4#色拔浆
涂料(%)	—	—	5	5
专用拔染剂(%)	10	15	15	—
氯化亚锡(%)	—	—	—	8~9
尿素(%)	3	3	3	3
冰醋酸(%)	—	—	—	1.5
草酸(%)	—	—	—	0.3
乳化糊A(%)	20~30	20~30	20~30	20~30
黏合剂(%)	—	—	30~40	30~40

2. 工艺流程及条件：活性染料地色织物→印花→烘干→汽蒸（100～102℃，15min）或焙烘（160～165℃，3min）→冷流水冲洗→皂洗（洗衣粉 3g/L，95～100℃，2～3min）→热水洗（60～80℃，5min）→冷水洗→熨干。

二、实验准备

1. 仪器设备：印花网框（或聚酯薄膜版）、刮刀、印花垫板、电子台秤（或托盘天平）、电炉、烘箱、蒸箱（或蒸锅）、搪瓷杯（100mL、500mL）、烧杯（50mL、250mL、500mL）、量筒（10mL、100mL）、刻度吸管（10mL）、吸球、熨斗等。

2. 染化药品：

（1）化学纯药品：氯化亚锡、尿素、冰醋酸、草酸。

（2）工业级药品：专用拔染剂、涂料、黏合剂、乳化糊 A、洗衣粉（或肥皂、洗涤剂）。

3. 实验材料：活性染料地色棉织物。

三、方法原理

用含还原剂的拔白浆、还原染料或涂料色拔浆分别印制活性染料染色的棉织物，经烘干、汽蒸，使活性染料地色被破坏而消色，同时还原染料或涂料固着在纤维上，形成一定的花纹图案。

四、操作步骤

1. 制备拔白浆（按配制 30g 色浆要求计算处方用量）：

（1）分别称取尿素、专用拔染剂于 50mL 小烧杯中，加入少量蒸馏水溶解完全。

（2）依次称取黏合剂、乳化糊于 100mL 搪瓷杯中，搅拌均匀，然后将已溶解好的上述溶液分多次慢慢加入，并边加边搅，搅匀待用。

2. 制备 3# 色拔浆（按配制 30g 色浆要求计算处方用量）：

（1）分别称取尿素、专用拔染剂于 50mL 小烧杯中，加入少量蒸馏水溶解完全。

（2）依次称取黏合剂、乳化糊 A 和涂料于 100mL 搪瓷杯中，搅拌均匀，然后将已溶解好的上述溶液分多次慢慢加入，并边加边搅，搅匀待用。

3. 制备 4# 色拔浆（按配制 30g 色浆要求计算处方用量）：

（1）分别称取尿素、氯化亚锡于 50mL 小烧杯内，加入少量蒸馏水溶解完全。

（2）依次称取黏合剂、乳化糊 A 和涂料于 100mL 搪瓷杯中，搅拌均匀后加入冰醋酸和草酸，然后将已溶解好的上述溶液分多次慢慢倒入，并边加边搅，搅匀待用。

4. 印花与后处理：

（1）将地色布放在印花垫板上，花版覆盖在色布上，在花版的一端倒上色浆，用刮刀均匀用力刮浆，抬起花版，将花纹处色浆烘干。可在同一块实验样布上，印上拔白浆和色拔浆。

（2）将印花布样用衬布包好，放在蒸箱中汽蒸或焙烘，然后经冷水冲洗、皂洗、热水洗、冷水洗和熨干。

五、注意事项

1. 地色要选用易拔的活性染料品种。

2. 根据所选用的黏合剂决定是否添加交联剂。

六、实验报告

填写实验报告,实验报告见表7-37。

表7-37

试样编号 / 试验结果	1#拔白浆	2#拔白浆	3#色拔浆	4#色拔浆
贴样				
拔染效果				

子项目三　酸性染料地色拔染印花工艺实验

一、实验方案

1. 工艺处方(表7-38)。

表7-38

试样编号	1#拔白浆	2#拔白浆	3#色拔浆	试样编号	1#拔白浆	2#拔白浆	3#色拔浆
酸性染料(%)	—	—	1.4	冰醋酸(%)	1.6	1.6	1.6
氯化亚锡(%)	3	5	5	草酸(%)	0.5	0.5	0.5
尿素(%)	4	4	4	3%合成龙胶糊(%)	50	50	50

2. 工艺流程及条件:酸性染料地色织物→印花→烘干→汽蒸(100~102℃,15~20min)→冷流水冲洗→热水洗(60~80℃,5min)→冷水洗→熨干。

二、实验准备

1. 仪器设备:印花网框(或聚酯薄膜版)、刮刀、印花垫板、电子台秤(或托盘天平)、电炉、烘箱、蒸箱(或蒸锅)、搪瓷杯(100mL、500mL)、烧杯(50mL、250mL、500mL)、量筒(10mL、100mL)、刻度吸管(10mL)、吸球、熨斗等。

2. 染化药品:

(1)化学纯药品:草酸、冰醋酸、氯化亚锡、尿素。

(2)工业级药品:酸性染料、洗衣粉(或肥皂、洗涤剂)。

(3)自制药品:3%合成龙胶糊。

3. 实验材料:酸性染料地色蚕丝织物。

三、方法原理

选择耐还原剂的酸性染料(如蒽醌类)或涂料制成色拔浆,分别印制偶氮结构的酸性染料染色蚕丝织物,经烘干、汽蒸,使地色酸性染料遭到破坏而被消色,印花处酸性染料或涂料固着在纤维上,从而形成一定的花纹图案。

四、操作步骤

1. 制备拔白浆(按配制30g色浆要求计算处方用量)。

(1)分别称取尿素、草酸于50mL小烧杯中,加蒸馏水溶解后,再加醋酸和氯化亚锡,溶解完全后备用。

(2)称取3%合成龙胶糊于100mL搪瓷杯中,将已溶解好的上述溶液分多次加入,并边加边搅,搅匀后备用。

2. 制备酸性染料色拔浆(按配制30g色浆要求计算处方用量)。

(1)分别称取酸性染料、尿素和草酸于50mL小烧杯中,加入蒸馏水溶解,再加入醋酸和氯化亚锡,溶解完全后备用。

(2)称取3%合成龙胶糊于100mL搪瓷杯中,将上述溶液分多次加入,并边加边搅,搅匀后待用。

3. 印花与后处理。

(1)将地色布放在印花垫板上,花版覆盖在色布上,在花版的一端倒上色浆,用刮刀均匀用力刮浆,抬起花版,将花纹处色浆烘干。在同一块实验样布上,印上拔白浆和色拔浆。

(2)将印花布样用衬布包好,放在蒸箱中汽蒸,然后经冷水冲洗、热水洗、冷水洗和熨干。

五、注意事项

1. 地色酸性染料宜选用易拔的品种(如单偶氮类),花色酸性染料应选用耐拔的品种(如蒽醌类、三芳甲烷类等)。

2. 地色和花色均可采用活性染料代替酸性染料,选择要求同酸性染料。

3. 先印拔白浆,后印色拔浆,并印在同一样布上。

六、实验报告

填写实验报告,实验报告见表7-39。

表7-39

试样编号 / 试验结果	1#拔白浆	2#拔白浆	3#色拔浆
贴样			
拔染效果			

项目八 涤/棉织物分散/活性同浆印花工艺实验

涤棉混纺织物使用广泛,其印花产品中的浅色品种可以采用分散染料直接印花,而中、深色品种则需采用两种不同类型的染料同浆印花,如分散染料与活性染料同浆印花(combination printing)等。另外对手感、牢度要求不高的品种,可以采用涂料直接印花[5]。

分散染料与活性染料同浆印花的特点是印制的织物色泽鲜艳、色谱齐全、手感好。分散染料与活性染料同浆印花时,应选择对棉沾污较小的分散染料,对涤沾污较小的活性染料,分散染料应具有较好的耐碱性,同时考虑选用碱剂用量少的活性染料。其印花工艺按照活性染料的固色方式而不同,可分为一步印花法和两步印花法两种,以一步印花法工艺最为常用。

本项目的目标任务是使学生了解混纺织物印花基本要求和适用工艺,掌握分散/活性染料同浆印花工艺方法。

一、实验方案

1. 工艺处方(表7-40)。

表7-40

试样编号	1#	2#	3#	试样编号	1#	2#	3#
活性染料(%)	3	—	1.5	防染盐S(%)	1	1	1
分散染料(%)	—	3	1.5	碳酸氢钠(%)	2	2	2
尿素(%)	5	5	5	8%海藻酸钠糊(%)	50	50	50

2. 工艺流程及条件:涤/棉织物→印花→烘干→焙烘(温度200℃,时间1.5min)→汽蒸(100~102℃,7min)→冷流水冲洗→皂洗(洗衣粉3g/L,95~100℃,2~3min)→热水洗(60~80℃,5min)→冷水洗→熨干。

二、实验准备

1. 仪器设备:印花网框(或聚酯薄膜版)、刮刀、印花垫板、电子台秤(或托盘天平)、电炉、烘箱、焙烘定形小样机、蒸箱(或蒸锅)、搪瓷杯(100mL、500mL)、烧杯(50mL、250mL、500mL)、量筒(10mL、100mL)、熨斗等。

2. 染化药品:

(1)化学纯药品:尿素、碳酸氢钠。

(2)工业级药品:活性染料、分散染料、防染盐S、洗衣粉、(或肥皂、洗涤剂)。

(3)自制药品:8%海藻酸钠糊。

3. 实验材料:涤/棉织物半制品。

三、方法原理

涤/棉织物以分散染料、活性染料及相应的助剂共同调成的色浆印花,经烘干、焙烘、(蒸化),使活性染料和分散染料分别固着在棉纤维和涤纶纤维上,形成一定的花纹图案。

四、操作步骤

1. 按配制30g色浆要求计算染料及助剂用量。

2. 分别称取尿素和防染盐S于50mL小烧杯内,加入蒸馏水使之溶解(可在水浴中加热),然后倒入已称取活性染料的50mL小烧杯中溶解染料,将小烧杯在水浴中加热使染料充分溶解。

3. 称取8%海藻酸钠原糊于100mL搪瓷杯中,将已溶解好的活性染料分多次加入,并边加边搅,再把溶解好的碱剂和水加入,最后搅拌均匀待用。

4. 分别称取尿素和防染盐S于50mL小烧杯内,加入蒸馏水使之溶解(可在水浴中加热),然后倒入已称取分散染料的50mL小烧杯中,并搅拌均匀。

5. 称取 8% 海藻酸钠原糊于 100mL 搪瓷杯中，将已调匀的分散染料分多次加入，并边加边搅，再把溶解好的碱剂和水加入，最后搅拌均匀待用。

6. 将白布放在印花垫板上，花版覆盖在白布上，在花版的一端倒上色浆，用刮刀均匀用力刮浆，抬起花版，将花纹处色浆烘干。在同一块实验样布上分别印上活性染料色浆、分散染料色浆，然后将两个单色浆以一定比例混合成拼色浆，继续印制。

7. 将印花布样先经焙烘，然后各剪取一半用衬布包好，放在蒸箱中汽蒸。所有试样按工艺要求经强力冷水冲洗、皂煮、热水洗、冷水洗和熨干。

五、注意事项

1. 活性染料选择耐高温的品种，分散染料选择耐碱的品种。
2. 活性染料、分散染料单色浆分别印花后，再按一定比例混合制备拼色浆并印花。
3. 冷流水冲洗要充分，以免沾污白地。

六、实验报告

填写实验报告，实验报告见表 7 - 41。

表 7 - 41

试样编号 / 试验结果	1#		2#		3#	
	焙　烘	焙烘→汽蒸	焙　烘	焙烘→汽蒸	焙　烘	焙烘→汽蒸
贴样						
比较色泽深浅						

复习指导

1. 掌握直接印花、拔染印花、防染印花和防印印花的实验原理。
2. 根据原糊性能的不同，掌握不同原糊的制糊方法及应用范围。
3. 掌握不同印花方法的特点、工艺原理、操作流程及质量评定。
4. 掌握不同的印花色浆中，各种助剂的作用及其用量对印花效果的影响。
5. 掌握常用印花方法的工艺条件、操作要点及印花效果的影响因素。

思考题

1. 试分析原糊成糊率高低的影响因素。
2. 试分析碱剂在纤维素纤维活性染料直接印花工艺实验中对色浆稳定性及印花效果的影响。
3. 试分析硫酸铵在蛋白质纤维活性染料直接印花工艺实验中对印花效果的影响。
4. 试分析涂料印花手感与牢度的影响因素。
5. 分析拉元色浆中氢氧化钠、中性红矾的作用。
6. 在涂料防活性染料地色印花工艺实验中，硫酸铵用量与防印效果之间有何关系。
7. 试分析影响活性染料地色防染印花效果的因素有哪些？

8. 在不溶性偶氮染料地色拔染印花工艺实验中,分析色浆中各助剂的作用。

9. 分析尿素、碱剂对分散/活性同浆印花印制效果的影响。

参考文献

[1]王授伦. 纺织品印花实用技术[M]. 北京:中国纺织出版社,2002.
[2]王宏. 染整技术(第三册)[M]. 北京:中国纺织出版社,2005.
[3]李宾雄,周国梁,等. 涂料印花[M]. 北京:纺织工业出版社,1989.
[4]何明高,等. 平网印花[M]. 北京:纺织工业出版社,1988.
[5]李晓春,等. 纺织品印花[M]. 北京:中国纺织出版社,2002.
[6]陶乃杰. 染整工程(第三册)[M]. 北京:中国纺织出版社,2004.

第八模块 后整理工艺实验

纺织品后整理是指通过物理、化学或物理化学联合的方法，改善纺织品外观和内在品质，提高纺织品服用性能或其他应用性能，或赋予纺织品某种特殊功能的加工过程。根据织物整理的效果可把其分为暂时性和持久性整理两种。按照整理的方法又可分为机械和化学整理。根据整理的目的还可分为稳定织物形态、改善织物手感、增进织物外观、其他服用性能改善、赋予织物新的功能等整理加工过程[1]。

项目一 柔软整理

纤维经过练漂加工后，有的纤维去除了油脂、蜡质，有的纤维被酸、碱、氧化剂等腐蚀了表面，还有的织物表面附着或残存着化工原料等，所以使织物手感粗糙发硬，降低了织物的服用性能，故需进行柔软整理(softening finish)。

柔软整理分为机械和化学整理两种方法。本项目主要介绍化学整理，即选用合适的柔软剂改善织物的手感。通过本项目的训练，使学生了解化学柔软整理的基本原理，掌握常用的柔软整理工艺方法及条件。

一、实验方案

1. 工艺处方(表 8－1)。

表 8－1

试样编号	1#	2#
阳离子型柔软剂(g/L)	20	—
30% 氨基改性硅油乳液(g/L)	—	10
乙　酸	—	调节 pH＝5.0～6.0

2. 工艺流程及条件：织物→浸轧(室温，二浸二轧，轧余率 70%～75%)→预烘(80～90℃，5min)→焙烘(1#：120℃，2min；2#：160℃，40s)。

二、实验准备

1. 仪器设备：电子台秤(或托盘天平)、电炉、小轧车、烘箱、焙烘定形小样机、烧杯(250mL、500mL、1000mL)、量筒(100mL)、温度计(100℃)、刻度吸管(10mL)、吸球、搪瓷盘、熨斗等。

2. 染化药品：

(1)化学纯药品：乙酸。

(2)工业级药品:阳离子型柔软剂、30%氨基改性硅油乳液。

3. 实验材料:纯棉织物(或涤/棉织物)两块。

三、方法原理

大多数纤维在水中带负电荷,阳离子型柔软剂能较容易地吸附于纤维表面,使疏水性的脂肪链牢固地与纤维结合,从而减少织物组分间、纱线间和纤维间的摩擦力,减少织物与人手间的摩擦力,形成耐高温、耐洗涤、丰满、滑爽、柔软的手感。对于合成纤维制品,经阳离子柔软剂整理后还能获得一定的抗静电效果。

有机硅柔软剂是具有聚硅氧烷结构的一类化合物,在焙烘的过程中,有机硅主体—Si—O—链发生极化作用,其中氧原子和织物表面的羟基形成氢键,使有机硅的甲基位于被处理织物的外侧,这些定向排列的甲基层使链间分子引力降低,从而使甲基硅氧烷分子呈螺旋形或线圈形结构,降低纤维间的静、动摩擦系数,大大提高了织物的柔软、滑爽性能[2]。

四、操作步骤

1. 按配制100mL整理液计算处方用量。

2. 分别称取柔软剂于200mL烧杯中,加入适量软水,搅拌均匀后备用。其中氨基硅类柔软整理液以乙酸调pH为5.0~6.0后备用。

3. 将织物投入整理液中,均匀浸透(约10~20s)后,在小轧车上轧去多余的溶液,再浸轧一次,然后烘干。

4. 将织物绷在针框上,放入焙烘定形小样机中处理规定时间。

5. 将织物冷却后比较整理效果。

五、注意事项

1. 阳离子型柔软剂不宜与其他阴离子型助剂共浴。

2. 应注意氨基改性硅油乳液的稳定性。

3. 织物在浸轧时要均匀浸透。

六、实验报告

填写实验报告,实验报告见表8-2。

表8-2

试样编号 / 实验结果	未经整理试样	整理试样	
		1#	2#
贴样			
手感			
白度			

项目二 免烫与抗皱整理

免烫与抗皱整理(wash-wear and crease-resistant finish)是利用树脂整理剂对纤维素纤维及

其混纺织物进行适当的处理，以提高织物的防皱性能，使之获得良好外观和弹性的加工。一般的抗皱整理采用干态交联工艺，可获得良好的干防皱性能，但湿防皱性能较差。免烫整理采用湿态或潮态交联，然后再进行干态交联，可获得优良的干、湿两种状态下防皱性能，达到洗后无须熨烫的效果，但是工艺繁琐。

抗皱整理的效果可以用折皱回复性能来衡量。若选用含甲醛的整理剂，在整理后的织物上会残留一定量的游离甲醛，当含量超过标准时，将对人体产生危害，因此需对整理织物进行游离甲醛量含量检测。

本项目的目标任务是使学生了解防皱整理对纤维素及其混纺织物折皱回复性能的影响，熟悉防皱整理液中各种助剂的作用，掌握防皱整理工艺条件、操作要点及织物折皱回复性能和织物上游离甲醛含量的测试方法。

子项目一　树脂整理工艺实验

一、实验方案

1. 工艺处方（表 8－3）。

表 8－3

试样编号	1#	2#	试样编号	1#	2#
2D 树脂（g/L）	150	—	氯化镁（g/L）	20	—
低甲醛（或无甲醛）整理剂（g/L）	—	150	次磷酸钠（g/L）	—	10
			渗透剂 JFC（g/L）	2	2

2. 工艺流程及条件：织物→浸轧（室温，二浸二轧，轧余率 70%～75%）→预烘（80～90℃，5min）→焙烘（160℃，2～3min）→热水洗（60～80℃，5min）→皂洗（洗衣粉 3g/L，95℃以上，3～5min）→热水洗（60～80℃，5min）→冷水洗→熨干。

二、实验准备

1. 仪器设备：电子台秤（或托盘天平）、电炉、烘箱、小轧车、焙烘定形小样机、烧杯（100mL、250mL、500mL、1000mL）、量筒（10mL、100mL）、刻度吸管（10mL）、温度计（100℃）、吸球、熨斗等。

2. 染化药品：

（1）化学纯药品：氯化镁（含结晶水）、次磷酸钠或亚磷酸钠。

（2）工业级药品：2D 树脂、低甲醛（或无甲醛）整理剂、渗透剂 JFC。

3. 实验材料：纯棉织物（或涤/棉织物）两块。

三、方法原理

在一定的条件下，织物浸轧树脂整理液，经烘干、焙烘，整理剂在纤维素的大分子或基本结构单元之间建立适当的交联，限制织物在形变时由于纤维大分子或基本结构单元之间的相对位移，降低新的氢键的形成，提高了织物受外力产生的形变回复性。

四、操作步骤

1. 按配制 200mL 整理液计算处方用量。

2. 分别称取氯化镁(或次磷酸钠)、渗透剂 JFC 于 200mL 烧杯中,加入蒸馏水溶解完全,再加入防皱整理剂,搅匀后备用。

3. 将织物置于整理液中均匀浸透(约 10 ~ 20s)后,在小轧车上轧去多余的溶液,再浸轧一次,然后绷在针框上,放入烘箱中预烘干,再放入焙烘定形小样机中焙烘规定时间。

4. 将织物经热水洗、皂洗、热水洗、冷水洗和熨干待测试。

五、注意事项

1. 织物在浸轧时要均匀浸透,且预烘不宜采用接触式烘干方式。

2. 配制整理液时,严格按照操作顺序,以免出现凝聚现象。

3. 留作测试织物上游离甲醛含量的试样,应在熨干后立即并分别用塑料袋密封,以免影响测试结果。

4. 必要时,可与柔软整理同浴进行,但应注意合理选用柔软剂。

六、实验报告

填写实验报告,实验报告见表 8 - 4。

表 8 - 4

试样编号 / 实验结果	未经整理试样	整理试样	
		1#	2#
贴样			
手感			
白度			

子项目二　折皱回复性能测定[3]

一、实验准备

1. 仪器设备:织物折皱弹性仪。

2. 实验材料:未经防皱整理和经过防皱整理的纯棉织物(或涤/棉织物)。

二、方法原理

织物的防皱性能可以用折痕回复角(crease recovery angle)来表示,折痕回复角的测定有两种方法,即水平法和垂直法。国内常用垂直法。即将一定形状和尺寸的试样,在规定条件下折叠并承受一定压力负荷,经过一定时间后去除负荷,试样的一端被夹持固定,另一端将自行回复,通过测定试样回复到原来状态的程度即称折痕回复角。折皱回复角越大,说明织物的防皱性能越好。

三、操作步骤(垂直法)

1. 取待测试样正面经向、纬向各五个,形状为凸字形,尺寸及操作程序详见第一模块项目三子项目十一折皱回复试验仪。

2. 将试样的固定翼装入试样夹内,使试样的折叠线与试样的折叠标记线重合,沿折线对折试样,不要在折叠处施加任何压力,然后在对折好的试样上放上透明压板,再加上压力重锤。

3. 当试样承受压力负荷达到规定时间后，迅速卸除压力负荷，并将试样夹连同透明压板一起翻转90°，随即卸去透明压板，开始计时，这时试样回复翼打开。

4. 用测角装置读取试样去除负荷后15s时的折痕回复角（称急弹），再读取去除负荷5min后的折痕回复角（称缓弹）。

5. 如果试样的自由翼有轻微卷曲或扭曲，以其根部挺直部位的中心线为基准读取折痕回复角。

6. 记录实验数据，并计算经、纬向折痕回复角平均值，然后将经、纬向的急弹平均值相加（经急弹 + 纬急弹），经、纬向的缓弹平均值相加（经缓弹 + 纬缓弹），以评价织物的防皱性能。

四、注意事项

1. 准备折皱回复角测定试样，应严格按照织物的经、纬向及大小要求剪取。

2. 折痕回复角（水平法）测定，请参见相关标准[3]。

五、实验报告

填写实验报告，实验报告见表8－5。

表8－5

试样编号 / 实验结果	未经整理试样	整理试样	
		1#	2#
急弹（经＋纬）（°）			
缓弹（经＋纬）（°）			
折皱回复性能评价			

子项目三 平整度测定[4]

一、实验准备

1. 仪器设备：电子天平、全自动洗衣机、滚筒式干燥机、电熨斗、标准样照等。

2. 染化药品：标准洗涤剂。

3. 实验材料：92cm×92cm镇重织物若干块（每块重130g±10g）、38cm×38cm试验样布3块。具体规格要求如下：

（1）镇重织物：纯棉半制品（52×48，16支，155g/m² ±5g/m²）或涤/棉半制品（50×50，16支，52×48，155g/m² ±5g/m²）或涤/棉半制品（50×50，32支，48×48，155g/m² ±5g/m²）

（2）试样准备：沿平行经、纬纱线方向裁取38cm×38cm试验样布三块，最好每块试样含不同的经、纬纱线，并标记经纱方向。为了防止不洗涤过程中出现织物磨损后纱线脱落损失，应作锁边或缝合处理。

二、方法原理

将待测试样在规定条件下经手洗或机洗，然后烘干。在标准光源和观察区域内，把经处理的试样与标准样照对比评级。

三、操作步骤

（一）手洗

1. 称取 20g ±0.1g 标准洗涤剂，放在容积为 10L 的容器中，加入温水 7.57L ±0.06L 调匀，并使洗涤液温度保持有 41℃ ±3℃。

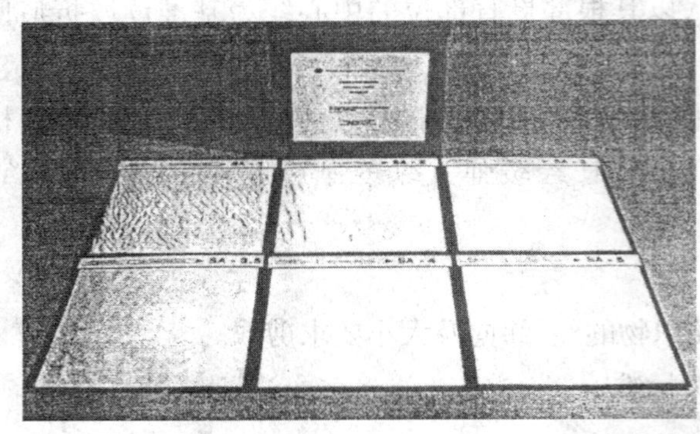

图 8－1　AATCC3—D 表面平整度标准样照

2. 将待测试样在没有扭曲的情况下投入上述洗涤液中湿透并洗涤 2min ±0.1min。

3. 取出试样，在温度为 41℃ ±3℃ 的 7.57L ±0.06L 水中漂洗一次，然后垂直悬挂自然晾干。

4. 洗涤晾干后的试样参照平整度标准样照评级（详见图 8－1 和表 8－6）。级别越高，织物平整度越好，表示其抗皱能力越强。

表 8－6

级　别	说　　明
SA—5	相当于 SA—5 标准样照，非常平整，外观类似于轧光和抛光
SA—4	相当于 SA—4 标准样照，比较平整，外观类似于轧光和抛光
SA—3.5	相当于 SA—3.5 标准样照，相对平整，但无轧光和抛光外观
SA—3	相当于 SA—3 标准样照，不够平整
SA—2	相当于 SA—2 标准样照，有明显的折皱
SA—1	相当于 SA—1 标准样照，严重折皱

（二）机洗

1. 称取 66g ±0.1g 标准洗涤剂，投入待测试样与镇重织物，以产生一个 1.8kg ±0.06kg 的负荷。

2. 在规定条件下洗涤。对普通棉类一般采用 49℃ ±3℃，时间 12min。

3. 洗毕，将织物取出，抹平后放在筛网上自然晾干，或采用滚筒式干燥机于 66℃ ±5℃ 烘干。

4. 参照平整度标准样照评级（表 8－6）。级别越高，织物平整度越好，表示其抗皱能力越强。

四、注意事项

1. 在评级前，试样应在标准大气压下（21℃ ±1℃，65% ±2%）放置 4h。

2. 评级时，应在特定的环境下进行，保持试样与标准样照悬挂高度为 1.5m 左右，观测者距离样板 120cm ±3cm，并需由 3 个受训人员分别独立评价。

3. 试样经水洗后，应在干燥前去除洗涤折皱，但不能扭曲或拉伸织物。

五、实验报告

填写实验报告，实验报告见表8－7。

表8－7

试样编号 / 实验结果	未经整理试样	整理试样	
		1#	2#
外观			
评级			

子项目四　织物上游离甲醛含量的测定（水萃取法）[5]

一、实验准备

1. 仪器设备：恒温水浴锅、722型分光光度计、电子天平、量筒（10mL、50mL、100mL）、烧杯（250mL）、容量瓶（50mL、500mL、1000mL）、大肚吸管（1mL、5mL、10mL、25mL）、刻度吸管（5mL、10mL）、碘量瓶（250mL）、玻璃砂芯坩埚过滤器（2#）、镊子、试管及试管架等。

2. 染化药品：冰乙酸、乙酸铵、乙酰丙酮（纳氏试剂）、甲醛、亚硫酸钠、硫酸、百里酚酞指示剂（以上均为分析纯）。

3. 实验材料：未经防皱和经不同防皱整理剂整理的纯棉织物各1块。

4. 溶液制备：

（1）$c(H_2SO_4)=0.01$mol/L硫酸标准溶液；

（2）$c(Na_2SO_3)=1$mol/L亚硫酸钠溶液；

（3）百里酚酞指示剂：10g百里酚酞溶于1000mL溶液中。

二、方法原理

在一定的温度下，将经过精确称量的织物萃取一定时间，使织物上释放的游离甲醛被水吸收，然后加入适当的显色剂与甲醛发生反应，形成稳定的有色物质，利用分光光度计比色测定其甲醛的含量。

三、操作步骤

1. 乙酰丙酮溶液的配制。

称取乙酸铵150g于250mL烧杯中，加入适量的蒸馏水使其溶解，再加冰乙酸3mL和乙酰丙酮2mL，然后转移至1000mL容量瓶中，以蒸馏水冲洗烧杯，并将洗液也转移至容量瓶中，加蒸馏水至规定量。避光放置备用，有效期为两周。

2. 甲醛标准溶液的配制与标定。

（1）约1500μg/mL（或mg/L）甲醛原液的制备：用移液管吸取3.8mL甲醛溶液加入1000mL的容量瓶中，用蒸馏水稀释至刻度。

（2）标定：用移液管吸取50mL $c(Na_2SO_3)=1$mol/L亚硫酸钠溶液至250mL的碘量瓶中，加百里酚酞指示剂2滴，如溶液呈蓝色加几滴$c(H_2SO_4)=0.01$mol/L硫酸标准溶液，直至蓝色刚好消失。吸取10mL甲醛原液至碘量瓶中，重新出现蓝色，用$c(H_2SO_4)=0.01$mol/L硫酸标准溶液滴定至蓝色消失。记录耗用酸的体积,按下式计算甲醛的浓度(μg/mL)值(大约为1500μg/mL)。

$$甲醛质量浓度 = \frac{V_1 \times 0.6 \times 1000}{V_2}$$

式中:V_1 为滴定时耗用的 $c(H_2SO_4) = 0.01mol/L$ 硫酸标准溶液的体积(mL);V_2 为甲醛原液体积(10mL);0.6 为 1mL $c(H_2SO_4) = 0.01mol/L$ 硫酸相当于 0.6mg 甲醛。

(3)75μg/mL(或 mg/L)甲醛标准溶液的制备:吸取 10mL 经标定的甲醛原液于 200mL 容量瓶中,用蒸馏水稀释至刻度。

3. 甲醛溶液标准曲线的绘制。

(1)分别吸取 75mg/L 甲醛标准溶液 1mL、2mL、5mL、10mL、15mL、20mL、30mL、40mL 稀释至 500mL,配制成 0.15μg/mL、0.30μg/mL、0.75μg/mL、1.50μg/mL、2.25μg/mL、3.00μg/mL、4.50μg/mL 和 6.00μg/mL 的甲醛标准溶液(相当于 15mg 甲醛/kg 织物、30mg 甲醛/kg 织物、75mg 甲醛/kg 织物、150mg 甲醛/kg 织物、225mg 甲醛/kg 织物、300mg 甲醛/kg 织物、450mg 甲醛/kg 织物、600mg 甲醛/kg 织物)。

(2)用移液管分别吸取上述标准溶液 5mL 于试管中,加入乙酰丙酮溶液 5mL,加盖并摇匀;再取另一只试管吸取 5mL 蒸馏水和 5mL 乙酰丙酮溶液,加盖并摇匀,作为参比溶液。

(3)将试管置于 40℃ ±2℃ 水浴中加热 30min ±5min。反应完毕冷却 30min,用分光光度计在波长 412nm 条件下测定显色后溶液的吸光度 A。

(4)以甲醛标准溶液质量浓度为横坐标,相应的吸光度为纵坐标,绘制甲醛溶液的标准曲线。

4. 织物上甲醛的水萃取。

将剪碎后的试样准确称取 1g(精确到 0.001g),放入 250mL 碘量瓶中,再加 100mL 蒸馏水,盖上瓶盖,置于 40℃ ±2℃ 水浴中振荡保温 60min ±5min,每隔 5min 摇瓶 1 次。冷却到室温后,用 2# 玻璃砂芯坩埚进行过滤得到萃取液。

5. 织物上甲醛释放量的测定。

(1)用移液管吸取萃取液 5mL 于试管中,再加入 5mL 乙酰丙酮,加盖摇匀,置于 40℃ ±2℃ 水浴中显色 30min,取出冷却至室温备用。另以 5mL 蒸馏水和 5mL 乙酰丙酮作为参比溶液。

(2)用分光光度计在波长 412nm 条件下测定萃取液的吸光度(如果不在测量范围内,可调整萃取液的浓度后再进行测定,但计算结果时应乘以稀释倍数)。

(3)根据所测得的萃取液吸光度,从甲醛溶液标准曲线上查得对应的甲醛浓度,按下式计算织物上释放的甲醛量(μg/g 或 mg/kg):

$$织物上释放的甲醛量 = \frac{c \times 100}{m}$$

式中:c 为在甲醛标准曲线上查得甲醛浓度(μg/mL);m 为试样重量(g)。

(4)平行试验 3 次,分别记录测试结果,并计算平均值。

四、注意事项

1. 乙酰丙酮溶液应尽量现配现用，若溶液严重变黄则不能使用。

2. 如果织物上甲醛含量太低，可增加试样重量至 2.5g，以确保测试的准确性。

3. 吸光度读数应控制在 0.1～0.7 之间，以免产生较大误差。

4. 织物上游离甲醛含量的测定（蒸气吸收法）详见 GB/T 2912.2—1998 纺织品　甲醛的测定　第 2 部分：释放甲醛（蒸汽吸收法）。

五、实验报告

填写实验报告，实验报告见表 8－8。

表 8－8

试样编号 / 测试结果	未经整理试样	整理试样	
		1#	2#
吸光度			
甲醛含量（μg/g）			

项目三　拒水拒油整理

拒水拒油整理（water and oil repellent finish）是利用特殊的物质附着在织物纤维表面或与纤维发生化学反应，从而改变其表面性能，使织物获得不能被水和油润湿的加工过程。

拒水拒油整理剂的品种比较多，常用的有耐久性较好的季铵化合物类、树脂衍生物类、脂肪酸金属配价络合物类、有机硅类、有机氟类等。

本项目的目标任务是使学生了解拒水拒油整理液中各物质的作用，掌握拒水拒油整理加工工艺和拒水拒油性能的测试方法。

子项目一　拒水拒油整理工艺实验

一、实验方案

1. 工艺处方（表 8－9）。

表 8－9

试样编号	1#（树脂衍生物类）	2#（有机硅类）	3#（有机氟类）
拒水剂 AEG（g/L）	60	—	—
30% 聚二甲基硅氧烷（g/L）	—	60	—
30% 聚甲基氢基硅氧烷（g/L）	—	40	—
拒水剂 AG—480（g/L）	—	—	60
硫酸铝（g/L）	3	—	—
乙酸（g/L）	15	1.5	—
乙酸锌（g/L）	—	2	—

续表

试样编号	1[#] （树脂衍生物类）	2[#] （有机硅类）	3[#] （有机氟类）
氯化镁(g/L)	—	—	1
交联剂(g/L)	—	—	10
pH 值	4.5～5.5	5.5～6	3

2. 工艺流程及条件：织物→浸轧（室温，二浸二轧，轧余率 70%～75%）→烘干（80～90℃，5min）→焙烘（160℃，2～3min）→热水洗（60～80℃，3min）→冷水洗→熨干。

二、实验准备

1. 仪器设备：实验用小轧车、焙烘定形小样机、电子天平、量筒（100mL）、烧杯（250mL）、刻度吸管（10mL）、搪瓷盘。

2. 染化药品：

（1）化学纯药品：硫酸铝、乙酸、乙酸锌、氯化镁（含结晶水）。

（2）工业级药品：拒水剂 AEG、30% 聚二甲基硅氧烷、30% 聚甲基氢基硅氧烷拒水整理剂、拒水剂 AG—480、交联剂。

3. 实验材料：纯棉织物（或涤/棉织物）三块。

三、方法原理

用长链脂肪烃化合物型拒水剂处理织物，整理剂的反应性基团或极性基团定向吸附于纤维表面，而整理剂的碳氢长链或连续排列的—CH_3 等基团排列于织物表面，形成疏水性的连续薄膜，减少了固体表面张力，达到拒水的目的。

有机硅拒水整理剂一般是具有聚硅氧烷结构的一类化合物，在焙烘的过程中，有机硅主体—Si—O—链发生极化作用，其中氧原子和织物表面的羟基形成氢键，从而使有机硅分子发生弯曲，使有机硅的甲基基团位于被处理织物的表面，产生拒水作用。也可能是有机硅拒水剂分子链上的活泼氢或由其水解形成的—OH 基与—Si—OH 在催化剂作用下交联缩合成网状聚合物，在纤维表面形成一层薄膜而达到拒水作用。

经氟系拒水拒油整理剂整理后，氟树脂或多或少地聚合成膜，连续地覆盖在纤维上，含氟高分子链附着于纤维上有一定的方向性，其中氟碳链侧基测有序无序地排列在连续薄膜表面，疏水疏油的氟烷基达到拒水拒油作用[2]。

四、操作步骤

1. 整理液配制（按 200mL 整理液计算处方用量）：

（1）拒水剂 AEG 整理液：称取硫酸铝于 50mL 烧杯中，加入适量的蒸馏水使之完全溶解（可在水浴中加热）。称取防水剂 AEG 于 250mL 烧杯中，加入适量的蒸馏水搅拌均匀，再加入溶解好的硫酸铝溶液和 HAc，最后加蒸馏水至总量，搅匀后备用。

（2）有机硅拒水整理液：称取乙酸锌于 250mL 烧杯中，加入适量的蒸馏水使之完全溶解（可在水浴中加热）。分别称取 30% 聚二甲基硅氧烷和 30% 聚甲基氢基硅氧烷于 250mL 烧杯中，加入适量的蒸馏水搅拌均匀，再加入溶解好的乙酸锌溶液和乙酸，最后加蒸馏水至总量，搅匀后备用。

（3）有机氟拒水拒油整理液：称取氯化镁于50mL烧杯中，加入适量的蒸馏水使之完全溶解（可在水浴中加热）。称取拒水剂AG—480于250mL烧杯中，加入适量的蒸馏水搅拌均匀，再加入交联剂，最后加蒸馏水至总量，搅匀后备用。

2. 分别将织物置于整理液中均匀浸渍（约10～20s），然后在小轧车上轧去多余的溶液，再浸轧一次后将织物绷在针框上，放入烘箱中预烘干。

3. 将烘干后的织物放入焙烘定型小样机中焙烘2～3min，然后经热水洗、冷水洗和熨干，留作拒水拒油性能测试用。

五、注意事项

1. 拒水拒油剂的种类较多，可根据情况选用，并适当调整用量和选用助剂。

2. 为保持整理液的稳定性，应根据整理剂的不同要求调节浸轧液的pH值。

六、实验报告

填写实验报告，实验报告见表8－10。

表8－10

试样编号 / 实验结果	未经整理试样	整理试样		
		1#	2#	3#
贴样				
白度或色泽变化				
手感				

子项目二　表面抗湿性测定（沾水实验）[6]

一、实验准备

1. 仪器设备：织物淋水测试仪。

2. 试验材料：未经拒水整理和经过拒水整理的纯棉织物（或涤/棉织物）各一块。

二、方法原理

将试样安装在卡环上并与水平成45°角放置，试样中心位于喷嘴下面规定的距离。用规定体积的蒸馏水或去离子水喷淋试样。通过试样外观与评定标准及图片的比较，确定其沾水等级（spray rating）。

三、操作步骤

1. 在织物的不同部位剪取试样（每份取三块），规格为200mm×200mm，试样应平整无折痕，尽可能使试样具有代表性。

2. 用试样夹持器夹紧试样，使织物形成无皱纹的光滑平面，放到淋水测试仪中（图8－2），将250mL蒸馏水通过仪器喷嘴喷淋于织物表面，放置1min后，手执试样夹持器轻敲其另一边，观察织物表面润湿的程度。

3. 以试样的正面与沾水等级标准对比进行评级，表示织物表面拒水性能的优劣。沾水等级标准如图 8－3 所示。

5 级（ISO 5）为受淋表面没有润湿，在表面也未沾有小水珠；

4 级（ISO 4）为受淋表面没有润湿，但在表面沾有小水珠；

3 级（ISO 3）为受淋表面仅有不连接的小面积润湿；

2 级（ISO 2）为受淋表面有一半润湿，通常是指小块不连接的润湿面积的总和；

1 级（ISO 1）为受淋表面全部润湿。

4. 分别测定经拒水整理与未经整理织物的沾水等级，每份试样平行测定三次，然后求取三次的平均值即为该织物的沾水等级。

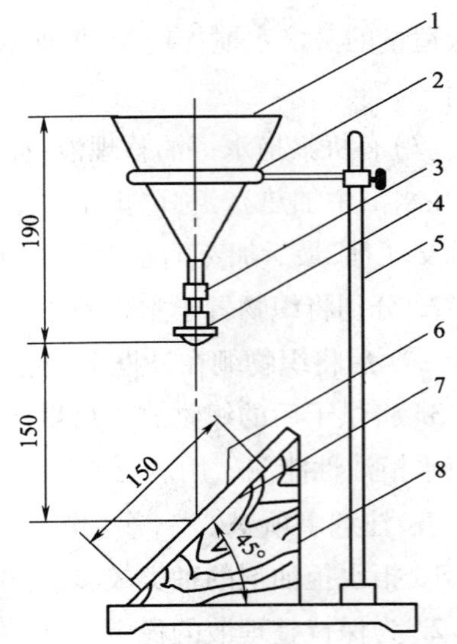

图 8－2　淋水测试仪示意图（单位：mm）

1—玻璃漏斗（ϕ150mm）　2—支承环　3—胶皮管　4—淋水喷嘴　5—支架　6—试样　7—试样支座　8—底座

四、注意事项

1. 不应在有折皱（痕）的部位取样。

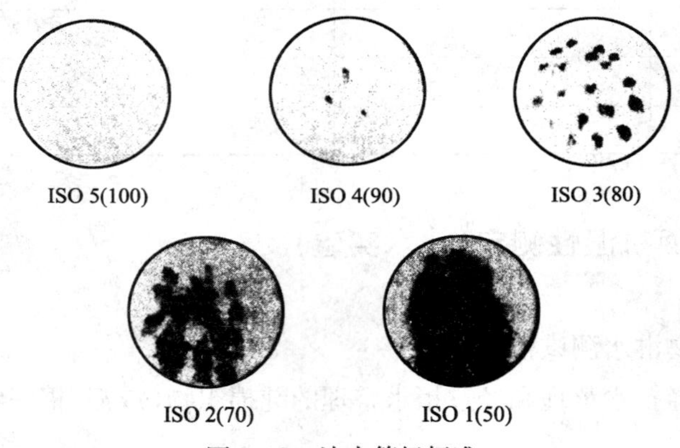

图 8－3　沾水等级标准

2. 测试用蒸馏水，温度保持在 20℃ ±2℃或 27℃ ±2℃。

3. 选用的织物淋水测试仪不同，操作有所不同。

五、实验报告

填写实验报告，实验报告见表 8－11。

表 8－11

试样编号 / 测试结果	未经整理试样	整理试样		
		1#	2#	3#
沾水等级				
拒水效果评价				

子项目三 抗渗水性测定(静水压实验)[7]

一、实验准备

1. 仪器设备:YG(L)812 数显式织物静水压测试仪。

2. 实验材料:未经拒水整理和经过拒水整理的纯棉织物(或涤/棉织物)各一块。

二、方法原理

在标准大气压条件下,试样的一面承受一个持续上升的水压,直到有三处渗水为止,并记录此时的压力,以织物承受的静水压(penetration hydrostatic pressure)来表示水透过织物所遇到的阻力。

三、操作步骤

1. 在织物的不同部位剪取试样(每份 5 块),规格为 ϕ165mm,尽可能使试样具有代表性。

2. 将试样放在静水压测试头上,使试样与水面接触,调整并压紧试样,不能使水在测试前透过试样。详细内容参阅 YG(L)812 数显式织物静水压测试仪说明书。

3. 启动升压泵,对试样进行加压,并选择水压上升的速率(1.0kPa/min、6.0kPa/min 或 10.0kPa/min)观察试样表面渗水情况,记录试样上第三处水珠出现时显示的压力数值(以 50Pa 为单位)。

$$静水压值 = 显示压力数值 \times 50\text{Pa}$$

4. 分别测定拒水整理与未整理织物的静水压值,每份试样平行测定 5 次,然后求取 5 次的平均值即为该织物的耐静水压值。

四、注意事项

1. 测试用蒸馏水必须是新鲜的,温度保持在 20℃ ±2℃或 27℃ ±2℃。

2. 在试样夹紧装置边缘处渗水时,该试样重做。

五、实验报告

填写实验报告,实验报告见表 8-12。

表 8-12

试样编号 / 测试结果	未经整理试样	整理试样		
		1#	2#	3#
静水压值(kPa)				
拒水效果评价				

子项目四 拒油性测定[8]

一、实验准备

1. 染化药品:

(1)化学纯药品:白矿物油、正十六烷、正十六烷、正十四烷、正十二烷、正癸烷、正辛烷、正庚烷。

（2）工业级药品：白矿物油。

2. 实验材料：未经拒油整理和经过拒油整理的纯棉织物（或涤/棉织物）各一块。

二、方法原理

拒油测定是以 8 种不同黏度的烷烃作为油类污染物的仿真试剂，观察油滴与试样接触是否产生渗透和润湿，用不同表面能的液体测试织物的表面能，表示织物的拒油等级（oil repellent rating）。

三、操作步骤

1. 在织物的不同部位剪取试样（每份取两块），规格为 200mm × 200mm，试样应平整无折痕，尽可能使试样具有代表性。

2. 将试样平放在光滑的平面上，依油号 1 ~ 8 从低到高逐级选取相应的标准试液，在试样表面间隔一定距离同时滴 3 小滴试液，每滴直径约 5mm 或 0.05mL，观察液滴在 30s 内的润湿情况。若 30s 内未润湿布面，则样布通过该级，继续试验直到通不过为止，取最后通过的级别。

3. 织物的拒油等级以 30s 内不能润湿织物的最高编号的标准试液表示。拒油等级标准如表 8 - 13 所示。

表 8 - 13

拒油级别	标 准 试 液	表面张力（25℃）（10^{-5}N/cm）
1	白矿物油	31.45
2	65% 白矿物油，35% 正十六烷	29.60
3	正十六烷	27.30
4	正十四烷	26.35
5	正十二烷	24.70
6	正癸烷	23.50
7	正辛烷	21.40
8	正庚烷	19.75

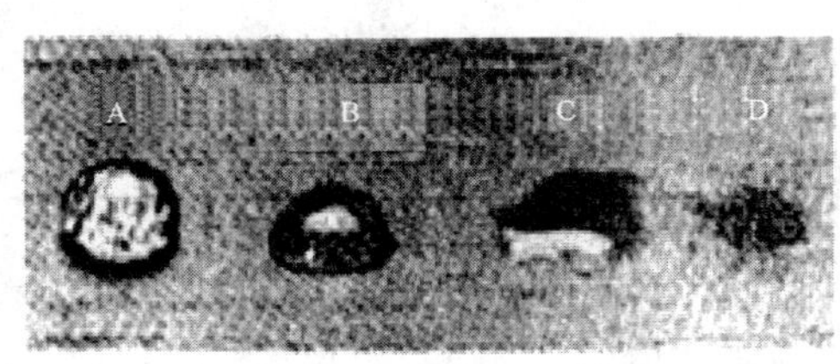

图 8 - 4　AATCC 118 样照

4. 分别测定拒油整理与未整理织物的拒油等级，以 3 滴中 2 滴以上相同情况为准，按照 AATCC 118 样照评级，评级数越高，防油污效果越好，最高是 8 级。AATCC 118 样照如图 8 - 4 所示[9]。图 8 - 4 中，A 为合格，清晰圆形；B 为合格，圆形，部分失去光泽；C 为不合格，明显润湿或浸湿；D 为不合格，全部浸湿。

四、注意事项

1. 织物润湿的正常迹象是油滴处织物变深、油滴消失、油滴外圈渗化或油滴闪光消失。

2. 按 2 小滴或以上一致的等级来确定拒油等级，如果 2 滴等级不一致，应增加测试点数，以出现频率最多的结果为拒油等级。

3. 如若不能配齐标准试液体系中的试剂，可根据各级试剂的表面张力值，依实际情况自选油剂，如正丁醇（表面张力 23.8 × 10^{-5}N/cm）代替正癸烷；异丙醇（表面张力 21.1 × 10^{-5}N/cm）

代替正辛烷，表面张力相差不大作为 6 级和 7 级。

4. 如若 1 ~ 8 号油都能润湿，可认为该织物的拒油等级是 0 级。

五、实验报告

填写实验报告，实验报告见表 8 - 14。

表 8 - 14

试样编号 / 测试结果	未经整理试样	整理试样		
		1#	2#	3#
拒油等级				
拒油效果评价				

项目四　阻燃整理

阻燃整理(flame-retardant finish)是利用含磷、溴、氯、氮、锑等化学元素组成的整理剂沉积或与纤维形成共价键而附着在纤维表面，不同程度地阻碍织物遇火源时火焰的迅速蔓延，且当火源移去后不再出现燃烧，即无剩余燃烧和阴燃现象的特殊整理加工。

阻燃整理剂的品种较多，有非耐久的硼砂—硼酸、磷酸及其铵盐类，半耐久的锑—钛络合物、金属氧化物类，还有耐久的四羟甲基氯化膦、*N* - 羟甲基丙酰胺膦酸酯、乙烯基膦酸酯齐聚物、氯化膦腈、十溴联苯醚—氧化锑等各种类型。可根据对织物阻燃程度的要求选择合适的阻燃剂。[10]

本项目的目标任务是使学生了解阻燃整理液中各物质的作用，掌握阻燃整理加工工艺和阻燃性能的测试方法。

子项目一　阻燃整理工艺实验

一、实验方案

1. 工艺处方(表 8 - 15)。

表 8 - 15

试样编号	1# (非耐久整理工艺)	2# (耐久性整理工艺)	试样编号	1# (非耐久整理工艺)	2# (耐久性整理工艺)
硼砂(g/L)	120	—	DBDPO/AO(g/L)	—	500
硼酸(g/L)	60	—	聚丙烯酸酯(g/L)	—	200
尿素(g/L)	80	—			
JFC(g/L)	1	2	柔软剂(g/L)	—	50

2. 工艺流程及条件：

(1)1#整理工艺：织物→浸轧(室温，二浸二轧，轧余率 70% ~ 75%)→烘干(100 ~ 110℃，

3～5min)。

(2)2#整理工艺:织物→浸轧(室温,二浸二轧,轧余率70%～75%)→预烘(80～90℃,5min)→焙烘(160℃,2～3min)。

二、实验准备

1. 仪器设备:实验用小轧车、焙烘定形小样机、电子天平、量筒(100mL)、烧杯(250mL)、刻度吸管(10mL)、搪瓷盘等。

2. 染化药品:

(1)化学纯药品:硼砂(含结晶水)、硼酸、尿素。

(2)工业级药品:渗透剂JFC、十溴联苯醚(DBDPO)—三氧化二锑(AO)阻燃整理剂、聚丙烯酸酯乳液、柔软剂。

3. 实验材料:纯棉或涤/棉织物两块。

三、方法原理

织物经硼砂、硼酸或十溴联苯醚(DBDPO)—三氧化二锑(AO)阻燃整理剂处理,在高温下整理剂沉积于纤维的表面,形成覆盖层而隔绝空气、火源和可燃性气体对纤维的作用,达到一定的阻燃效果。

四、操作步骤

1. 整理液配制(按200mL整理液计算处方用量)。

(1)1#整理液:分别称取硼砂、硼酸、尿素于50mL烧杯中,加入规定量的蒸馏水溶解完全(可在水浴中加热)备用。

(2)2#整理液:分别称取DBDPO/AO、聚丙烯酸酯黏合剂、柔软剂、渗透剂JFC于50mL烧杯中,加入规定量的蒸馏水,搅拌均匀后备用。

2. 分别将织物置于整理液中均匀浸渍10～20s,取出在小轧车上轧去多余的溶液,再浸轧一次,然后绷在针框上,放入烘箱中预烘(1#整理试样烘干即可)。

3. 将试样放入焙烘定形小样机中焙烘规定时间后,留作阻燃性能测试用。

五、注意事项

1. 织物浸轧时要均匀地浸透。

2. 使用的黏合剂要与阻燃剂有相容性,以保持溶液的稳定。

六、实验报告

填写实验报告,实验报告见表8－16。

表8－16

实验结果＼试样编号	未经整理试样	整理试样	
		1#	2#
贴样			
重量(g)			
手感			
白度或色泽的变化			

子项目二 燃烧性能测定(垂直法)[11]

一、实验准备

1. 仪器设备:秒表、阻燃性能测定仪。

2. 实验材料:未经阻燃整理和经过阻燃整理的纯棉织物(或涤/棉织物)。

二、方法原理

将一定尺寸的试样置于规定的燃烧器下点燃,测量规定点燃时间后,试样的续燃时间(afterflame time)、阴燃时间(afterglow time)和损毁长度(damaged length)。

三、操作步骤

1. 从距布边1/10幅宽的部位剪取试样,规格尺寸为300mm×80mm,长边要与织物的经向(纵向)或纬向(横向)平行,经、纬向各取五块。

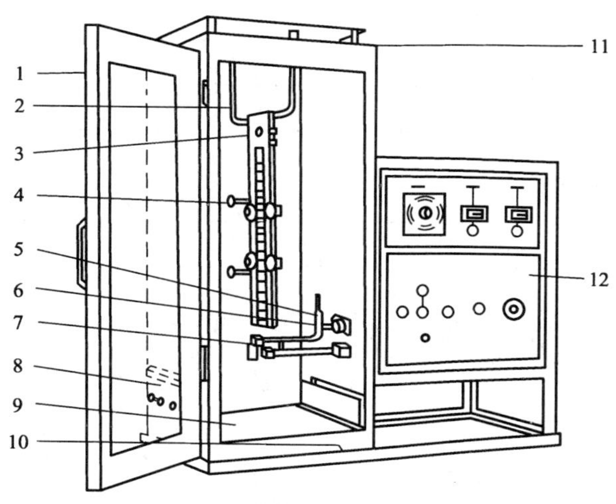

图8-5 阻燃性能测定仪结构图

1—正前门 2—试样夹支架 3—试样夹 4—试样夹固定装置 5—焰高测定装置 6—电火花发生装置 7—点火器 8—通风孔门 9—石棉板 10—安全开关 11—顶板 12—控制板

2. 将试样放入试样夹中,试样下端与框夹下端对齐,打开燃烧箱门,将试样夹垂直挂于箱体的中间,关闭箱门。见图8-5所示。

3. 接通气源通气灯亮,按下“点火”按钮,点燃点火器,待火焰稳定30s后,按下“启动”按钮,点火器移到试样处,点燃试样,12s后点火器停气并复位。

4. 点火器复位后计时开始,用秒表测定续燃时间,再测定阴燃时间,读数精确至0.1s。测定结束,关闭电源停机。

5. 打开燃烧箱门,取出试样夹,卸下试样,根据织物质量不同,选定表8-17中不同重量的重锤,测定损毁长度。

表8-17

织物质量(g/m^2)	101以下	101~207	208~338	339~650	650以上
重锤质量(g)	54.5	113.4	226.8	340.2	453.6

6. 在试样烧焦区的一端,距侧边和底边各6mm的一测处,挂上选定的重锤,然后将试样平放在桌面上,再用手缓缓提起试样不挂重锤的一测,让重锤悬空,再放下。见图8-6。

7. 测量试样撕裂的长度,即为损毁长度,结果精确至1mm。

8. 分别测定并计算经、纬向五个试样的续燃时间、阴燃时间和损毁长度的平均值。

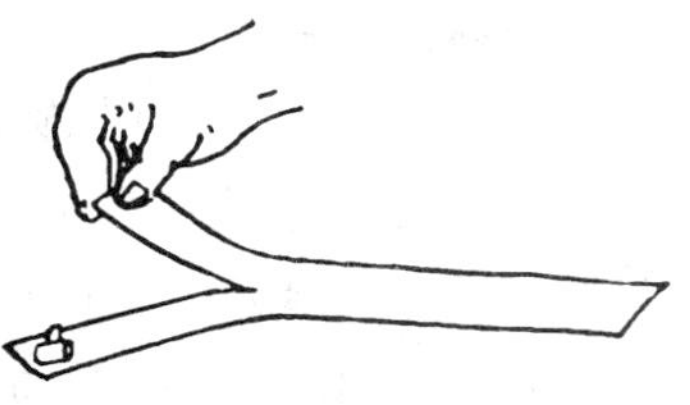

图8-6 损毁长度测量示意图

四、注意事项

1. 测试过程中,某些试样可能有被烧通的现象。

2. 测试应在温度为 10~30℃,相对湿度为 30%~80% 条件下进行。

五、实验报告

填写实验报告,实验报告见表 8-18。

表 8-18

测试结果 \ 试样编号		未经整理试样	整理试样	
			1#	2#
续燃时间(s)	经向			
	纬向			
阴燃时间(s)	经向			
	纬向			
损毁长度(mm)	经向			
	纬向			
阻燃效果评价				

子项目三 燃烧性能测定(氧指数法)[12]

一、实验准备

1. 仪器设备:氧指数测定仪。

2. 实验材料:未经阻燃整理和经过阻燃整理的纯棉织物(或涤/棉织物)。

二、方法原理

将试样夹于试样夹上,垂直于燃烧筒内,在向上流动的氧氮气流中,点燃试样上端,观察其燃烧特性,并与规定的极限值比较其续燃时间或损毁长度。通过在不同氧浓度中一系列试样的试验,可以测得维持燃烧时的最低氧浓度值(用氧气百分含量表示),此时,燃烧能满足规定的续燃和阴燃时间及损毁长度,且氧浓度增加 1%,上述两项指标中有一项不符合规定要求。

续燃时间指在规定的试验条件下,移开火源后材料持续有焰燃烧的时间;阴燃时间指当有焰燃烧终止后,或者移开火源后,材料持续无焰燃烧的时间;损毁长度指材料损毁面积在规定方向上的最大长度;极限氧指数 LOI(liminting oxygen index)是指在规定的试验条件下,氧氮混合物中材料刚好保持燃烧状态所需要的最低氧浓度。

三、操作步骤

1. 从距布边 1/10 幅宽的部位剪取试样,规格尺寸为 150mm×58mm,经、纬向各取 15 块。

2. 将试样装入试样夹中间,并加以固定,然后垂直安插在燃烧玻璃筒内的试样支座上。氧指数测定仪外观示意图详见图 8-7。

3. 打开电源开关,启动测定仪,进入实验操作界面,选择“纺织试验、氧浓度步长(%)”输入氧浓度约 20%,按回车键。

4. 选择“找初始氧浓度”，当出现“请打开总气阀”时，打开氧气和氮气阀门，自动进入氧气和氮气流量调节。

5. 选择“点火供气”键，再选择“点火”键，电子打火器点燃火焰，待火焰稳定在15～20mm高度时，按下“点火器下行”键，确认试样已点燃时，按下“计时开始”键，注意观察点燃试样的火焰是否熄灭，若火焰熄灭，立即按下“计时停止”键。

6. 读取燃烧长度值(mm)，输入后按回车键，该次实验数据全部被显示。根据测得的燃烧长度值是否为40mm，决定增大或减小氧浓度，输入下次实验，直至找出初始氧浓度。

7. 根据初始氧浓度，测试“浓度升降试验”数据，经、纬向分别平行测试5块试样。试验结束计算机自动给出试样的氧指数值(%)。

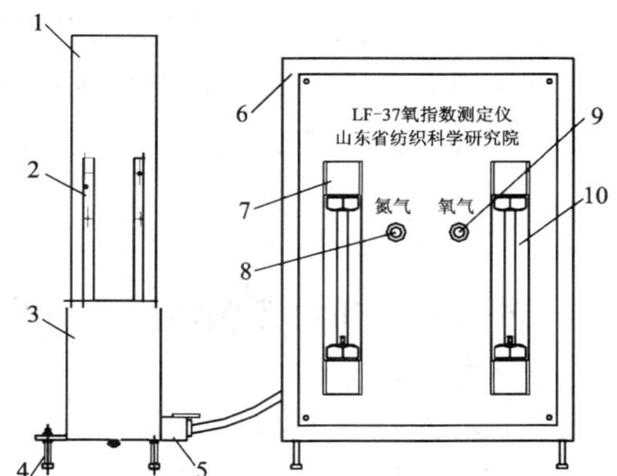

图8-7　氧指数测定仪外观示意图
1—燃烧玻璃筒　2—试样夹　3—底座
4—底脚　5—混合气体供应阀　6—控制箱
7—氮气流量计　8—氮气流量调节阀
9—氧气流量调节阀　10—氧气流量计

8. 分别测定阻燃前后，织物经、纬向的氧指数值(%)。

四、注意事项

1. 测试应在温度为10～30℃，相对湿度为30%～80%条件下进行。

2. 测试过程中，注意控制火焰高度在规定的范围内。

五、实验报告

填写实验报告，实验报告见表8-19。

表8-19

试样编号 / 测试结果		未经整理试样	整理试样	
			1#	2#
续燃时间(s)	经向			
	纬向			
阻燃效果评价				

项目五　抗静电整理

抗静电整理(antistatic finish)是通过在疏水性纤维表面引入亲水性基团，使织物亲水性提高，导电性增强，降低织物表面电荷积累，从而达到抗静电目的。静电现象对纺织品的生产和使用都会带来很大的影响，所以要对织物进行抗静电整理，以满足纺织、煤炭、石油、军工等行业对抗静电性能的要求。

抗静电整理剂包括非耐久的甘油、三乙醇胺、氯化锂、醋酸钾、表面活性剂类的吸湿剂，耐久性的高分子量非离子型共聚物(聚对苯二甲酸乙二醇酯和聚氧乙烯对苯二甲酸酯的嵌段共聚物、丙烯酸系共聚物)、交联成膜聚合物等各种类型。

本项目的目标任务是使学生掌握抗静电整理的一般工艺，学会抗静电整理效果的测定与评价方法。

子项目一 抗静电整理工艺实验

一、实验方案

1. 工艺处方(表8－20)。

表8－20

试样编号	1#	2#	试样编号	1#	2#
有机硅整理剂 SD—5(g/L)	20	10	氯化镁(g/L)	20	20
2D 树脂(g/L)	100	100	渗透剂 JFC(g/L)	2	2

2. 工艺流程及条件：织物→浸轧(室温，二浸二轧，轧余率70%～75%)→预烘(80～90℃，5min)→焙烘(165℃，2min)。

二、实验准备

1. 仪器设备：小轧车、烘箱、焙烘定形小样机、电子天平、量筒(100mL)、烧杯(250mL)、刻度吸管(10mL)、搪瓷盘等。

2. 染化药品：

(1)化学纯药品：氯化镁(含结晶水)。

(2)工业级药品：2D 树脂、有机硅整理剂 SD—5。

3. 实验材料：纯涤纶织物(或其他合成纤维织物)。

三、方法原理

用2D 树脂、有机硅整理剂 SD—5 等处理织物，在高温下会在纤维或织物的表面，形成一层亲水性的薄膜，提高了纤维的吸湿性，表面比电阻大大降低，静电压半衰期缩小，从而达到防静电效果。

四、操作步骤

1. 按配制 200mL 整理液计算处方用量。

2. 分别称取氯化镁、渗透剂 JFC 于 50mL 烧杯中，加入适量的蒸馏水溶解完全。

3. 分别称取无醛树脂、有机硅整理剂 SD—5 于 500mL 烧杯中，加入规定量的蒸馏水，再将溶解好的氯化镁溶液加入，搅拌均匀后备用。

4. 将纯涤纶织物置于整理液中，均匀浸渍 10～20s 后，在小轧车上轧去多余的溶液，再浸轧一次，然后绷在针框上，放入烘箱中预烘干。

5. 将织物放入焙烘定形小样机中焙烘 2min 后，留作抗静电性能测试用。

五、注意事项

1. 织物在浸轧时要均匀地浸透。

2. 使用的树脂要与有机硅具有相容性。

六、实验报告

填写实验报告,实验报告见表 8－21。

表 8－21

实验结果＼试样编号	未经整理试样	整理试样	
		1#	2#
贴样			
手感			
白度或色泽的变化			

子项目二　感应静电电压和半衰期的测定[13]

一、实验准备

1. 仪器设备:YG(L)432D 织物电压测定仪。

2. 实验材料:未经抗静电整理和经过抗静电整理的纯涤织物各一块。

二、方法原理

利用电晕放电机理使试样带电,记录稳定后试样上的静电电压值及该电压衰减至一半时所需的时间。静电电压(electrostatic voltage)指试样上积聚的相对稳定的电荷所产生的对地电位。静电压半衰期(half-life period)指试样上静电电压衰减至原始值一半时所需的时间。

三、操作步骤

1. 取样规格尺寸为 60mm×80mm,每 3 块 1 组,共测 3 组。并参阅 YG(L)432D 织物电压测定仪使用说明书进行下列操作。

2. 打开电源开关,启动测定仪,静电压显示为 0～5,计时器显示为 30.0。

3. 将试样夹入试样转盘,织物的正面向上(被测面),选择"自动/手动"开关处于"自动"位置,"停止/计时"开关处于"计时"位置,按下"减一/复位"按钮,使静电压显示为 0。

4. 按下"启动"按钮,待转盘转动稳定后,按下高压控制中的"开"按钮,开始高压放电,并设定放电定时,此时显示静电压数值,计时器开始倒计时,30s 后高压放电自动切断,并将静电电压值锁存,同时计时器开始进行半衰期的测量,当静电压衰减至 1/2 峰值时,1/2 灯亮,转盘停止转动,计时器停止计时。

5. 记录该次试验的静电压和半衰期时间值,每次试验做一组试样(3 块),每种织物做 3 组试样,取三次测定值的平均值作为测试结果。

四、注意事项

1. 试样应先进行消静电处理,并且操作时应避免试样与手及其他可能沾污试样的物体相接触。

2. 测试应在温度为 20℃ ±2℃,相对湿度为 35% ±5% 条件下进行。

五、实验报告

填写实验报告,实验报告见表 8－22。

表 8－22

测试结果＼试样编号	未经整理试样	整理试样	
		1#	2#
平均静电压(V)			
平均半衰期(s)			
抗静电效果			

子项目三　摩擦静电电压和半衰期的测定[14]

一、实验准备

1. 仪器设备：YG(L)432M 织物摩擦起电静电压测定仪。

2. 实验材料：未经抗静电整理和经过抗静电整理的纯涤织物各一块、磨料(采用符合 GB 7565 规定的漂白棉细布)。

二、方法原理

当两种不同材料或相同材料以规定的实验方法和参数相互摩擦或紧密接触并分离后，两种材料分别带上等量异号的静电荷，当材料摩擦带电达到稳定后，记录其静电电压值及极性，以此评价试验材料的静电特性。

三、操作步骤

1. 裁取试样规格尺寸为 60mm × 80mm，每 4 块 1 组，共测 3 组经向和 3 组纬向。

2. 裁取磨料规格尺寸为 200mm × 25mm，并应沿经纱或纬纱方向。

3. 参阅 YG(L)432M 织物摩擦起电静电压测定仪使用说明书进行下列操作。

4. 打开电源开关，启动测定仪，静电压显示为 0 ~ 5，计时器显示为 60.0。

5. 将试样用螺丝刀固定在转盘上，抬起重锤，使磨料布紧夹在两夹之间，然后再放下重锤。

6. 选择"自动/手动"开关处于"自动"位置，"停止/计时"开关处于"计时"位置，按下"减一/复位"按钮，使静电压显示为 0。

7. 按下"启动"按钮，使转头转动至稳定时间约为 30s，用手将转动夹子抬起，使磨料布与回转头上的试样接触，此时显示静电压数值，计时器开始倒计时，60s 后磨料与试样自动脱离，同时计时器开始进行半衰期的测量，当静电压衰减至 1/2 峰值时，1/2 灯亮，回转头停止转动，计时器停止计时。

8. 记录该次试验的静电压和半衰期时间值，进行下一次试验时，应更换新磨料。每次试验做 1 组试样，每种织物经、纬向各做 3 只试样，取 6 次测定值的平均值作为测试结果。

四、注意事项

1. 操作时应避免试样与手及其他可能沾污试样的物体相接触。

2. 测试应在温度为 20℃ ±2℃，相对湿度为 45% ±2% 条件下进行。

五、实验报告

填写实验报告，实验报告见表 8－23。

表 8 -23

试样编号 / 测试结果	未经整理试样	整理试样	
		1#	2#
平均静电压(V)			
平均半衰期(s)			
抗静电效果			

项目六　涂层整理

涂层整理(coating finish)是在纺织物表面(单面或双面),均匀地涂布一层或多层成膜的高分子化合物,使织物正反面具有不同功能的表面加工,可以改变织物的外观,使织物呈珠光、双面效应、皮革外观等效果。还可改变织物的风格,使织物具有拒水、耐水压、透湿、透气、防污、反射和阻燃等效果。对衣料织物的涂层整理是以提高防水性为主要目的,同时为适应穿着舒适性的要求,还必须具有透气性(air permeability)和透湿性(water-vapour permeability)。

涂层整理剂有聚丙烯酸酯类、聚氨酯类、聚氯乙烯类、硅酮弹性体类、合成橡胶类等。但应用最多的是聚丙烯酸酯类和聚氨酯类。[15]

本项目的目标任务是使学生掌握涂层整理工艺过程和织物透气性能的测定。

子项目一　涂层整理工艺实验

一、实验方案

1. 工艺处方(表 8 -24)。

表 8 -24

试样编号	1#	2#	试样编号	1#	2#
PU 水乳液(g/L)	500	300	CT500E(g/L)	500	300

2. 工艺流程及条件:织物→刮刀涂布→预烘(80 ~ 90℃,5min)→焙烘(150℃,2min ~ 3min)。

二、实验准备

1. 仪器设备:实验用立式涂层机、烘箱、焙烘定形小样机、电子天平、量筒(100mL)、烧杯(250mL)。

2. 染化药品:35% 涂层剂 PU 水乳液、有机硅涂层剂 CT500E(均为工业品)。

3. 实验材料:涤/棉织物。

三、方法原理

选用聚硅氧烷涂层剂和聚氨酯涂层剂按一定的比例混合后涂布于织物上,在高温下在织物的表面形成一层微细多孔性高分子化合物薄膜,得到令人满意的防水、透湿、透气效果。防水性取决于涂层连续厚膜和聚硅氧烷的拒水作用。而透湿、透气性能则依赖于聚硅氧烷良好的透气性和聚氨酯分子中亲水基团的作用。

四、操作步骤

1. 按配制 200mL 整理液计算处方用量。
2. 分别称取 PU 水乳液、CT500E 涂层整理剂于 250mL 烧杯中,搅拌均匀后备用。
3. 将织物在立式涂层整理机上进行浮刀涂层,然后绷在针框上,放入烘箱中预烘。
4. 再放入焙烘定形小样机中焙烘后,留作透气性能测试用。

五、注意事项

1. 织物在涂层时要保持均匀性。
2. 使用的 PU 水乳液与有机硅涂层剂要具有相容性。

六、实验报告

填写实验报告,实验报告见表 8－25。

表 8－25

试样编号 / 实验结果	未经整理试样	整理试样	
		1#	2#
贴样			
手感			
白度或色泽的变化			

子项目二　透气性能实验[16]

一、实验准备

1. 仪器设备:YG(B)461D 型数字式织物透气量仪。
2. 实验材料:涂层整理前后的纯棉织物、纯涤织物、涤/棉织物。

二、方法原理

在规定的压差条件下,测定一定时间内垂直通过试样给定面积的气流流量,计算出透气率。透气性指织物在两面存在压差的情况下,透通空气的性能。

三、操作步骤

1. 选取试验面积为 20cm^2,压力为 100Pa(服用织物)或 200Pa(产业用织物)。参阅 YG(B)461D 型数字式织物透气量仪说明书进行下列操作。

2. 选择试样定值圈并安装在仪器上,选择喷嘴并安装在气流量筒内,接通仪器电源,进行参数值设定(注意参数值与定值圈、喷嘴相符)。

3. 将试样放在定值圈上,向左板动压紧手柄,将试样压紧。测试点应避开布边及折皱处,夹样时采用足够的张力使试样平整而又不变形。为防止漏气在试样的低压一侧应垫上垫圈。

4. 按下"工作"键，仪器启动，开始试验，至达到设定压差时，仪器自动停止，透气量/压差显示屏自动显示出透气率(mm/s)。

5. 在同样的条件下，对每种织物(不同部位试样)测定5次，求取平均值即为测试结果。

四、注意事项

1. 夹样时不要使织物产生伸长或起皱。

2. 测试时应避免试样边缘处漏气。

五、实验报告

填写实验报告，实验报告见表8－26。

表8－26

试样名称 / 试验结果	未经整理试样	整理试样	
		1#	2#
贴样			
透气率(mm/s)			
透气性评价			
手感			

项目七　缩水率实验

缩水率(water shrinkage)是测试印染布，特别是服装面料和内衣的一项重要质量指标。影响缩水率大小的因素很多，有纤维材料、织物组织规格、染整加工工艺(如张力、温度、工艺路线等)。目前，缩水率试验常用方法有两种，即机械缩水法和浸渍缩水法。

本项目的目标任务是使学生了解影响缩水率的主要因素，掌握缩水率试验的基本方法。

一、实验准备

1. 仪器设备：缩水试验机、烘箱、缝纫线、针、笔、直尺。

2. 实验材料：经树脂整理和未经树脂整理的纯棉织物各一块(生产大样)。

二、方法原理

织物在加工过程中因持续受到经向张力，导致经向伸长，纬向收缩。由于经向伸长形成不稳定状态，在织物内部存在着潜在的收缩。这种织物浸湿后，便会发生不同程度的收缩，即长度变短。根据湿处理前后长度的变化计算缩水率的大小。

三、操作步骤

1. 机械缩水法：

(1)取全幅布样长500mm，试验前放置10小时以上，使其变形稳定。

(2)分别用耐洗、耐水渗化的颜料、油墨或缝线，沿经、纬向各作三对标记，每对的两标记间距离不小于350mm，见图8－8。必要时，可采用250mm×250mm尺寸的布样，经、纬向各作三对标记,每对标记间相距200mm。

(3)在M988型缩水试验机[波轮转速为(500±20)r/min]的水箱内放60℃±2℃热水至规定标记,投入试样(一般每次放置3~4块,随织物厚薄而异),加盖封闭保温,启动电动机,连续搅拌处理15min。

(4)取出布样,放在平整水池中,沿经向叠成四折,并用手压挤去水分。然后将样布平摊在金属网上,在60℃±5℃的烘房或缩水烘箱内烘干,取出,冷却0.5h。

(5)量度各个标记间距离(试验前、后的实测距离),以经向或纬向测得三次数据的算术平均值为准。

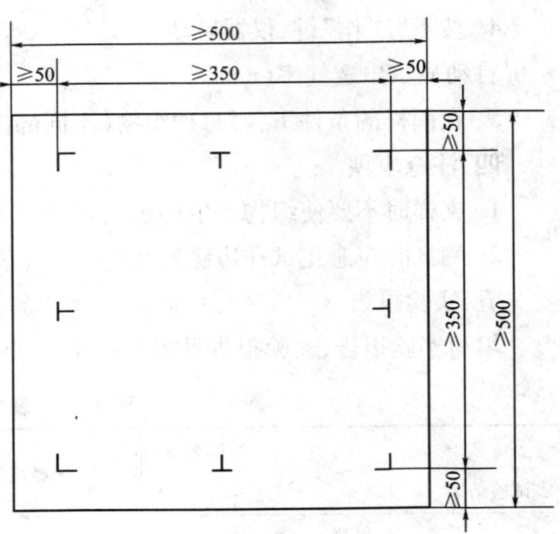

图8-8 缩水率试样的测量点标记(单位:mm)

$$缩水率=\frac{试验前实测长度-试验后实测长度}{试验前实测长度}\times100\%$$

2. 浸渍缩水法:

(1)取黏胶纤维织物500mm全幅试样一块,试样标记方法同机械缩水法。

(2)将试样放入盛有皂液的浸渍容器中,皂液浓度为5g/L,浴比1:50,温度60℃±2℃,处理10min。

(3)取出布样,用温水漂洗,并在水中轻轻理平后,再折叠,小心挤去水分(但不得用手拧绞),然后将试样展开,放入垫有毛衬布的烘箱内的筛网上进行烘干。

(4)取出后冷却半小时,测量各组标记间距,计算方法同机械缩水法。

四、注意事项

1. 某些纤维织物,如真丝绸、黏胶纤维织物等,不宜采用剧烈的机械缩水法,一般采用浸渍缩水法。

2. 在测量试验前后织物长度时,应使织物自然平铺,不宜用力拉伸,以免影响测量结果。

五、实验报告

填写实验报告,实验报告见表8-27。

表8-27

试样名称 / 测试结果	未经树脂整理织物		经树脂整理织物	
	经　向	纬　向	经　向	纬　向
试验前长度				
试验后长度				
缩水率(%)				

复习指导

1. 掌握功能整理实验的原理。
2. 掌握织物服用性能的测试标准与方法。
3. 掌握各种整理工艺过程的操作方法。
4. 掌握不同的整理溶液中,各种助剂的作用及不同用量对整理效果的影响。
5. 掌握不同的整理工艺条件对整理效果的影响。

思考题

1. 分析纤维素纤维制品经防皱整理后折皱回复角增加的原因。
2. 防皱整理会对纤维素纤维织物其他性能产生什么影响?
3. 降低织物上游离甲醛含量的方法有哪些?
4. 影响织物拒水性能的主要因素有哪些?
5. 如何将抗渗水性效果 kPa 换算为水柱高度?
6. 拒水拒油整理还会影响织物其他哪些性能?
7. 经有机硅抗静电整理的织物还具有哪些功能?
8. 经 PU 水乳液与有机硅涂层剂涂层的织物具有哪些功能?
9. 试分析影响织物缩水率的因素主要有哪些? 怎样降低织物缩水率?

参考文献

[1]林杰. 染整技术(第四册)[M]. 北京:中国纺织出版社,2005.
[2]罗巨涛. 纺织品有机硅及有机氟整理[M]. 北京:中国纺织出版社,1999.
[3]GB/T 3819—1997 纺织品 织物折痕回复性的测定 回复角法[S]. 北京:中国标准出版社,2000.
[4]AATCC 124—2001 重复家庭洗涤后织物的外观[S]. 北京:中国标准出版社,2005.
[5]GB/T 2912. 1—1998 纺织品 甲醛的测定 第 1 部分:游离水解的甲醛(水萃取法)[S]. 北京:中国标准出版社,2000.
[6]GB/T 4745—1997 纺织织物 表面抗湿性测定 沾水试验[S]. 北京:中国标准出版社,2000.
[7]GB/T 4744—1997 纺织织物 抗渗水性测定 静水压试验[S]. 北京:中国标准出版社,2000.
[8]AATCC 118—2002 拒油性:拒碳氢化合物的试验[S]. 北京:中国标准出版社,2005.
[9]高铭. 拒水拒油和易去污整理产品性能要求和评价[J]. 印染,2007(15):33 - 37.
[10]张济邦,袁德馨,等. 织物阻燃整理[M]. 北京:纺织工业出版社,1987.

[11]GB/T 5455—1997 纺织品　燃烧性能试验　垂直法[S]. 北京:中国标准出版社,2000.
[12]GB/T 5454—1997 纺织品　燃烧性能试验　氧指数法[S]. 北京:中国标准出版社,2000.
[13]FZ/T 01042—1996 纺织材料　静电性能　静电压半衰期的测定[S]. 北京:中国标准出版社,2000.
[14]FZ/T 01061—1999 织物摩擦起电电压测定方法[S]. 北京:中国标准出版社,2000.
[15]罗瑞林. 织物涂层技术[M]. 北京:中国纺织出版社,2005.
[16]GB/T 5453—1997 纺织品　织物透气性的测定[S]. 北京:中国标准出版社,2000.

第九模块 配色与打样

配色与打样是染整生产过程中的重要环节。随着新型纺织材料的开发与应用，纺织产品的花色品种丰富多彩，服装加工对染整产品的色光要求不断提高，这给从事配色打样工作的技术人员提出了更高的要求。他们应掌握拼色基本原理与方法、染化料助剂及纺织品的性能，尤其对仿色所用染料的色泽特征（包括色光、力份、染深性等）要有充分的了解，并对各类染料的三原色混色效果要有足够的认识，以便正确选用染料，快速、准确地配色、打样、放样，并投入生产。

打样是一项技能，其速度主要取决于基础资料和经验的积累。因此，对初学者而言，可将常用染料按若干档浓度制备单色样卡，用三原色按一定比例制备拼色宝塔图，以此作为仿色时的参考。打样时，首先将来样比对单色样卡，初步确定染料用量（即染色总浓度），然后根据三原色拼色宝塔图估计各染料的用量比，经过计算开出处方，并化料打样。把染出的第一块小样与来样比对，然后调整处方继续打样，直至获得满意的效果。

本模块的目标任务是使学生了解常用染料的色泽、色光、染深性、拼色效果等，学会制作单色样卡和拼色宝塔图，初步掌握拼色方法与基本技巧，具备常见色泽的配色打样能力。

项目一 单色样卡的制作

子项目一 浸染单色样卡制作

一、实验方案

选择活性染料三原色，或若干只拼色染料，确定从浅到深五档浓度（owf），如：0.1%、0.5%、1%、2%、5%，按常规工艺染色，也可以根据染料的染深性作适当调整，原则上应包含浅、中、深三档浓度（表9－1）。

表9－1

染料名称 \ 浓度（owf）	0.1%	0.5%	1.0%	2.0%	5.0%
黄					
红					
蓝					

二、实验准备

1. 仪器设备：染杯（250mL）、量筒（10mL、100mL）、移液管（10mL、5mL、1mL）、温度计

(100℃)、恒温水浴锅、容量瓶(250mL)、洗耳球、电炉、电子天平、表面皿、角匙、玻璃棒等。

2. 染化药品:氯化钠、纯碱(均为工业品)、活性染料三原色或若干只拼色染料。

3. 实验材料:棉半制品。

三、操作步骤

1. 选择染料,确定染色浓度档,并制定染色工艺方案。

2. 配制染料母液,一般染浅色母液浓度应低些,染深浓色母液浓度可高些。

3. 按活性染料浸染常规工艺化料、染色、后处理。工艺条件及操作步骤参见第六模块项目一活性染料染色(浸染)。

4. 晾干、熨平、贴样。

四、注意事项

1. 参见第六模块项目一活性染料染色(浸染)操作注意事项。

2. 染料母液浓度的计算一般以吸取 5mL ~ 10mL 为宜,尽量减少吸取染液时的操作误差。若只配制一个染料母液,常以中色(2.0%)、吸取 10mL 母液为基准反推计算。

五、实验报告

填写实验报告,实验报告见表 9 - 2。

表 9 - 2

浓度(owf) / 染料名称	0.1%	0.5%	1.0%	2.0%	5.0%	色光	染深性
黄							
红							
蓝							

子项目二 轧染单色样卡制作

一、实验方案

选择活性染料三原色,或若干只拼色染料,确定从浅到深三档浓度(g/L),如 2g/L;10g/L;20g/L,按常规工艺染色。也可以根据染料的染深性作适当调整,原则上应包含浅、中、深三档浓度(表 9 - 3)。

表 9 - 3

浓度(g/L) / 染料名称	2g/L	10g/L	20g/L
黄			
红			
蓝			

二、实验准备

1. 仪器设备：烧杯（300mL、500mL）、量筒（10mL、100mL）、移液管（10mL）、温度计（100℃）、小轧车、烘箱（或蒸箱）、电炉、电子天平、角匙、玻璃棒等。

2. 染化药品：碳酸氢钠、活性染料（或其他染料）三原色（均为工业品）。

3. 实验材料：棉布半制品。

三、操作步骤

1. 选择染料，确定染色浓度档，并制订染色工艺方案。

2. 分别称取染料及助剂配制轧染液备用。

3. 按活性染料轧染常规工艺染色、后处理。工艺流程及条件参见第六模块项目一活性染料染色。

4. 晾干、熨平、贴样。

四、注意事项

1. 参见第六模块项目一活性染料染色操作注意事项。

2. 浅色档为减少操作误差，可预先配制成染料母液。

3. 为节约染料、减少污染，对于亲和力较小的染料首先以深色一档配制轧染液，然后用其轧染残液稀释适当倍数，用以配制中、浅色轧染液，必要时添加适量助剂。

五、实验报告

填制实验报告，实验报告见表9－4。

表9－4

浓度（g/L） 染料名称	2g/L	10g/L	20g/L	色　光	染深性
黄					
红					
蓝					

项目二　三原色拼色宝塔图的制作

一、实验方案（以浸染为例）

选择活性染料三原色，确定染色浓度为2%（owf），浓度梯度为20%，其三原色拼色宝塔图结构如图9－1所示。

1. 宝塔图中数字分别表示黄、红、蓝染料用量百分比（重量与体积比均适用），每一只染样中各染料用量可表示为：

$$\begin{matrix} & M_y & \\ M_r & & M_b \end{matrix} \quad 或 \quad \begin{matrix} & C_y & \\ C_r & & C_b \end{matrix}$$

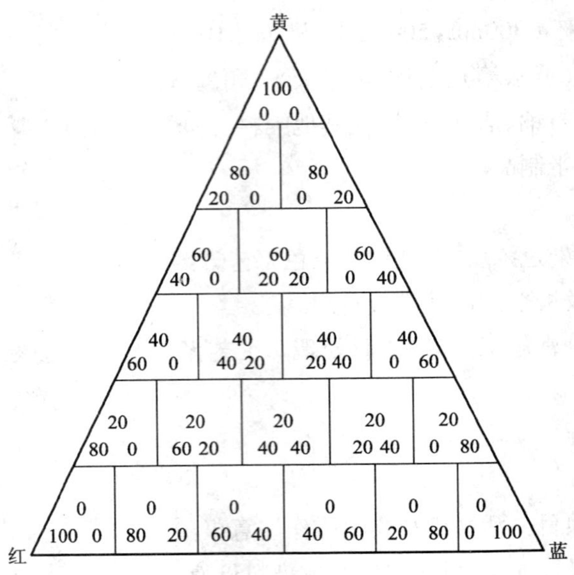

图 9－1　宝塔图结构示意图[1]

其中：M_y、M_r、M_b 分别表示该染样中黄、红、蓝三只染料的用量；C_y、C_r、C_b 分别表示该染样中黄、红、蓝三只染料的浓度比例。

每只染样的染料总用量为：$M_{总}=M_y+M_r+M_b$；染色总浓度为：$C_{总}=C_y+C_r+C_b=100\%$。

2. 宝塔图"△"形的三个顶点为三原色单色样，即 100% 黄、100% 红、100% 蓝。

3. 宝塔图"△"形三条边上的色泽是由两个端点的原色染料以不同比例拼混得到的二拼色。

4. 宝塔图"△"形三条边所包围的中间部分的色泽是由三种原色染料以不同比例拼混而得到的三拼色。

5. 宝塔图中的染样只数与三原色浓度梯度有关，若浓度梯度定为 20%，染样总数为 21 只；当浓度梯度为 10% 时，染样总数为 66 只。

二、实验准备

1. 仪器设备：染杯（250mL）、量筒（10mL、100mL）、移液管（10mL、5mL、1mL）、温度计（100℃）、恒温水浴锅、容量瓶（250mL）、洗耳球、电炉、电子天平、表面皿、角匙、玻璃棒等。

2. 染化药品：氯化钠、纯碱、活性染料（或其他类别染料）三原色（均为工业品）。

3. 实验材料：棉布半制品。

三、操作步骤

1. 选择三原色染料，确定染色总浓度、浓度梯度，并制订染色工艺方案。

2. 根据总浓度要求，确定染料母液浓度，并分别配制三原色母液。

3. 依据每只染样的用量比要求，按染色工艺方案逐批打样。

4. 将染样晾干、熨平、贴样。

四、注意事项

1. 参见第六模块项目一活性染料染色操作注意事项。

2. 应尽量减少操作误差,并且打样批次不宜太多。

3. 不同色泽的染色试样不宜放在同一浴中热水洗、皂洗。

4. 应做好标记,防止染样混淆。

5. 为了操作方便,配制的染料母液浓度应适当,一般按拼色样染料总浓度计算,吸取量以10mL为宜。

6. 三原色的选择应该考虑具有良好的配伍性,可以是同一生产厂家的,也可以选用不同染料厂商的。常用活物染料、分散染料的三原色见表9-5和表9-6。

表9-5

类型 \ 色泽		黄	红	蓝
汽巴(浅色)耐晒		黄NP	红C—2BL	蓝C—R
德司达(中深色)		黄RGB	红RGB	蓝RGB
万得耐晒系列	(浅色)	黄YBL	红PBL	蓝IBL
	(中色)	黄YBL	红RBL	藏青NBL
万得(中深色)		黄B—4RFN	红B—2BP	蓝B—2GLN
浙江科华	(浅色)	嫩黄GL	粉红B	艳蓝BB
	(中深色)	黄ED	红ED—2B	黑ED—HC
申新		嫩黄SDE	红SBE	深蓝STE
上海永庆		黄B—4R	红B—2BF	蓝B—2G
雅格素		EL—2R	红EL—2B	蓝BF—RN
M型	深色	黄M—3RE	红M—3BE	深蓝M—2GE
	浅色	黄M—2RE	红M—2BE	蓝M—BRE
K型		黄K—6G	红K—2BP	翠蓝K—GL

表9-6

类型 \ 色泽	黄	红	蓝
L型	黄L—R	红L—3B	蓝L—2BLN
M型	黄SE—NGL	红玉M—GFL	蓝M—2R
H型	黄H—2RL	红玉H—2GFL	蓝H—BGL
轧染用	黄棕S—2RFL	红玉S—2GFL	深蓝H—GL

五、实验报告

按宝塔图结构示意图贴样，并标明染料名称、染色浓度。

项目三　仿色综合实验

仿色是以"减法"混色原理作为理论基础的，拼混染料只数越多，染料用量越高，色泽越暗。拼色过程比较复杂，为使仿色能获得预期的效果，做到快速、准确、经济，首先，应遵循拼色原则，即拼色染料的染色性能应尽量相近；拼混鲜艳色泽时，染料只数应尽可能少些；调整色光时，只能作微量调节；尽可能做到选用一只染料，能获得两种或两种以上的效果等。其次，打样人员应具备敏锐的辨色能力和必要的打样技巧。

一、实验方案

仿色实验时，标样的选择应注意从易到难，从二拼色到三拼色直至多拼色，且色谱尽可能全面，建议方案见表9－7。

表9－7

工艺方法＼仿色标样	艳绿色	艳紫色	艳橙色	豆绿色	咖啡色	黄棕色	青灰色
纯棉布浸染	√	√	√	√	√	√	√
纯棉布轧染	√	√	—	√	√	—	—
涤/棉布轧染	√	—	—	—	√	—	—

二、实验准备

1. 仪器设备：烧杯(300mL、500mL)、量筒(10mL、100mL)、移液管(10mL、5mL、1mL)、温度计(100℃)、容量瓶(250mL)、恒温水浴锅、小轧车、烘箱(或蒸箱)、电炉、电子天平、洗耳球、表面皿、角匙、玻璃棒等。

2. 染化药品：氯化钠、纯碱、活性染料、分散染料(或其他染料)三原色(均为工业品)。

3. 实验材料：纯棉、涤/棉织物半制品。

三、操作步骤

1. 审样：审核仿色标样的纤维类别(必要时可测定各组分含量)、色泽等，了解打样色差要求，为选用染料、制订小样工艺及处方提供参考依据。

2. 染料选择：根据标样的原料组成与性质、色泽(包括色调、色光、鲜艳度、浓度)、牢度要求等选择拼色染料。

3. 制订小样工艺：根据染料性质、工艺方法、染色浓度等制订小样试验工艺(包括工艺流程、工艺条件、染液组成、助剂用量范围等)。

4. 确定小样处方用量：借助于单色样卡、三原色拼色宝塔图及其他参考资料初步确定打样总浓度及各拼色染料的拼混比例。

5. 小样试验:按初步拟订的小样工艺及处方打样。可在初步确定的染料用量范围内同时打若干个样,以提高打样速度。

6. 色差评定:将小样与标样对照评级,可采用灰色样卡目测色差,也可采用电脑测色仪评定原样色差。若色差不符合要求,重新调整处方后打样,直至小样与标样色差在允许范围内。

四、混纺织物仿色技巧

以涤/棉织物分散/还原一浴法轧染为例:取涤/棉织物半制品一块,将其划分为三部分(图9-2),按以下操作步骤进行:浸轧染液(A、B、C)→烘干(A、B、C)→剪下A部分→焙烘(B、C)→剪下B部分→浸轧还原液(A、C)→还原汽蒸(A、C)→透风氧化(A、C)→水洗(A、B、C)→皂煮(A、B、C)→水洗(A、B、C)→烘干(A、B、C)。

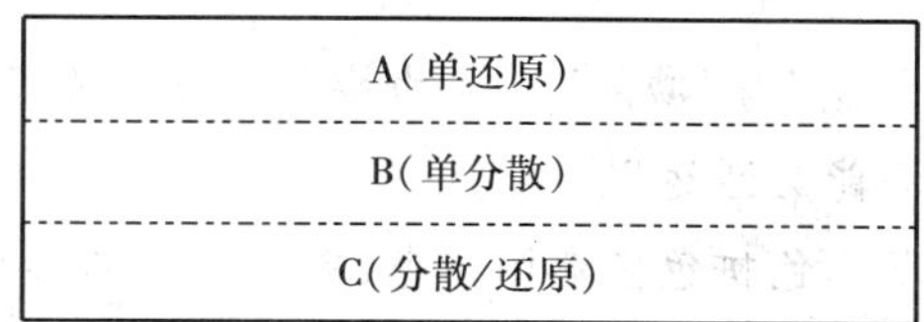

图9-2　分散/还原染料一浴法轧染打样取样示意图

经上述操作,可同时获得还原染料染棉、分散染料染涤纶的匀染度色差和分散/还原染料染涤/棉织物的原样色差信息。此法操作简便,基本符合两种染料上染的真实情况。其他染料一浴两步法工艺也可参照此法。

五、注意事项

1. 打浸染小样和浅淡色轧染小样时,应配制适当浓度的母液。尤其是调整色光时,因为用量较少,可将母液作适当稀释,以便准确计量。

2. 染料称量应采用高精度的电子天平(0.001g~0.0001g),且称量速度要快,以防染料吸潮而产生误差。浸染用织物可采用0.01g精度的电子天平称重。

3. 吸取染液前应将母液瓶摇匀,尤其是分散染料。用完后及时盖好瓶盖,防止水分蒸发而影响母液浓度。

4. 打浸染小样时,操作及工艺条件控制(如升温速率、染色或固色温度、保温时间、加料方式、搅拌频率、皂煮时间等)应保持前后一致,使染色具有良好的重演性。

5. 打轧染小样时,轧液率应保持左右、前后一致,且一杯染液原则上只浸轧一块织物,浸渍时间前后应保持一致。

6. 为减少小样与大样之间的误差,提高放样一次成功率,小样工艺方法(如浸渍时间、烘干、汽蒸、水洗、加料和搅拌方式等)应尽量模拟大样生产方式。

7. 目测色差时,可采用自然光(北照光)或标准光源箱(D_{65}),但前后应一致,避免某些色泽的跳灯现象。

六、实验报告

填写实验报告,实验报告见表9－8。

表9－8

结果 \ 序号	1	2	3	4	5	……
标样						
仿色样						
处方						
色差(级)						

复习指导

1. 掌握拼色基本原理、“加法”与“减法”混色的特点与应用范围。
2. 理解、掌握拼色原则,并能灵活运用。
3. 能借助于单色样卡与三原色拼色宝塔图仿色,并能达到匀染性与色差要求。

思考题

1. 拼色应遵循哪些基本原则?
2. 如何保证小样的匀染性?
3. 怎样保证打样的重演性?

参考文献

蔡苏英. 染整技术实验[M]. 北京:中国纺织出版社,2005.

附　录

附录一　常用市售酸、碱浓度对照表

试剂名称	相对密度	质量分数(%)	物质的量浓度(mol/L)
浓硫酸	1.84	95～96	18
浓盐酸	1.19	36～38	12
浓硝酸	1.4	65	14
浓磷酸	1.7	85	15
冰醋酸	1.05	99～100	17.5
浓氢氧化钠	1.36	33	11
浓氨水	0.88	35	18

附录二　常用稀酸和稀碱溶液的配制

名　称	浓度(mol/L)	配　制　方　法
盐酸 HCl	3	将258mL 12mol/L浓盐酸(36% HCl)用水稀释至1L
硝酸 HNO_3	3	将195mL 15mol/L浓硝酸(69% HNO_3)用水稀释至1L
硫酸 H_2SO_4	3	将168mL 18mol/L(95% H_2SO_4)缓慢加入约700mL水中，然后用水稀释至1L
醋酸 HAc	3	将172mL 17.5mol/L浓醋酸(99～100% HAc)用水稀释至1L
磷酸 H_3PO_4	3	将205mL 15mol/L浓磷酸(85% H_3PO_4)用水稀释至1L
氢氧化钠 NaOH	3	溶解126g氢氧化钠(95% NaOH)于水中，用水稀释至1L
氢氧化钙 $Ca(OH)_2$	0.02	即石灰水，是氢氧化钙的饱和溶液(20℃左右)，每升含$Ca(OH)_2$1.5g。用稍过量的氢氧化钙配制，滤掉其中的碳酸钙，并保护溶液不受空气中的二氧化碳的影响
氢氧化钡 $Ba(OH)_2$	0.2	是氢氧化钡的饱和溶液，每升含$Ba(OH)_2 \cdot 8H_2O$ 63g。用稍过量的氢氧化钡配制，滤掉碳酸钡，并保护溶液不受空气中的二氧化碳的影响
氢氧化钾 KOH	3	溶解176g(95%氢氧化钾)于水中，稀释至1L
氨水 $NH_3 \cdot H_2O$	3	将209mL浓氨水(14.3mol/L，27% NH_3)用水稀释至1L

附录三　常用酸、碱溶液浓度对照表

(一)盐酸

波美度(°Bé)	质量分数(%)	质量浓度(g/L)	波美度(°Bé)	质量分数(%)	质量浓度(g/L)
0.5	1	10.03	14.2	22	243.8
1.2	2	20.15	15.4	24	268.5
2.6	4	40.72	16.6	26	293.5
3.9	6	61.67	17.7	28	319.0
5.3	8	83.01	18.8	30	344.3
6.6	10	104.7	19.9	32	371.0
7.9	12	126.9	21.0	34	397.5
9.2	14	149.5	22.0	36	424.4
10.1	16	172.4	23.0	38	451.6
11.7	18	195.8	24.0	40	479.2
12.9	20	219.6			

(二)硫酸

波美度(°Bé)	质量分数(%)	质量浓度(g/L)	波美度(°Bé)	质量分数(%)	质量浓度(g/L)
1	1.15	11	15	16.49	185
2	2.20	22	16	17.66	199
3	3.34	34	17	18.82	213
4	4.39	45	18	19.94	227
5	5.54	57	19	21.16	243
6	6.67	71	20	22.45	261
7	7.72	82	21	23.60	277
8	8.77	93	22	24.76	292
9	9.78	105	23	26.04	310
10	10.90	117	24	27.32	328
11	12.07	130	25	28.58	346
12	13.13	144	26	29.84	364
13	14.35	158	27	31.23	384
14	15.48	169	28	32.40	402

续表

波美度(°Bé)	质量分数(%)	质量浓度(g/L)	波美度(°Bé)	质量分数(%)	质量浓度(g/L)
29	33.66	420	50	62.53	957
30	34.91	441	51	63.99	990
31	38.17	460	52	65.36	1021
32	37.45	481	53	66.71	1054
33	38.85	504	54	68.28	1091
34	40.12	523	55	69.89	1128
35	41.50	548	56	71.57	1170
36	42.93	572	57	73.02	1207
37	44.28	596	58	74.66	1248
38	45.61	619	59	76.44	1293
39	46.94	643	60	78.04	1334
40	48.36	669	61	80.02	1387
41	49.85	697	62	81.86	1435
42	51.15	721	63	83.90	1489
43	52.51	747	64	86.30	1549
44	53.91	775	65	90.05	1639
45	55.35	804	65.2	90.80	1656
46	56.75	833	65.4	91.70	1676
47	58.13	862	65.6	92.75	1700
48	59.54	893	65.8	94.60	1739
49	61.12	926	66	97.70	1799

(三)氢氧化钠

波美度(°Bé)	质量分数(%)	质量浓度(g/L)	波美度(°Bé)	质量分数(%)	质量浓度(g/L)
1	0.59	6.0	10	6.58	70.7
2	1.20	12.0	11	7.30	79.1
3	1.85	18.9	12	8.07	88.0
4	2.50	25.7	13	8.78	96.6
5	3.15	32.6	14	9.50	105.3
6	3.79	39.6	15	10.30	114.9
7	4.50	47.3	16	11.06	124.4
8	5.20	55.0	17	11.84	134.0
9	5.86	62.5	18	12.69	145.0

续表

波美度(°Bé)	质量分数(%)	质量浓度(g/L)	波美度(°Bé)	质量分数(%)	质量浓度(g/L)
19	13.50	155.5	35	28.83	380.6
20	14.35	166.7	36	30.00	399.6
21	15.15	177.4	37	31.20	419.6
22	16.00	188.8	38	32.50	441.0
23	16.91	201.2	39	33.73	462.1
24	17.81	213.7	40	35.00	484.1
25	18.71	226.4	41	36.36	507.9
26	19.65	239.7	42	37.65	530.9
27	20.60	253.6	43	39.66	556.2
28	21.55	267.4	44	40.47	582.0
29	22.50	281.7	45	42.02	610.6
30	23.50	296.8	46	43.58	639.8
31	24.48	311.9	47	45.16	669.7
32	25.50	327.7	48	46.73	700.0
33	26.58	344.7	49	48.41	732.9
34	27.65	361.7	50	50.10	766.5

附录四　思考题答案要点

第一模块

1. 局部性的起火，应立即切断电源，关闭煤气龙头。针对火情，用适当的灭火器材灭火，必要时应立即与有关部门联系，请求援救。沙可用于扑灭各种类型的火灾，水是常用的灭火剂，但在扑救实验室发生的火灾时，一定要慎用。因为许多化学药品比水轻，浮在水上，到处流动，扩大火势。有的药品还能与水起化学反应。水和泡沫灭火器不能用于扑灭电器的燃烧。四氯化碳灭火器不能用于二硫化碳的燃烧，否则会产生光气类有毒气体，可用水、沙、泡沫、二氧化碳等灭火剂扑救。

2. 先按十字交叉法求出 m、n 值：

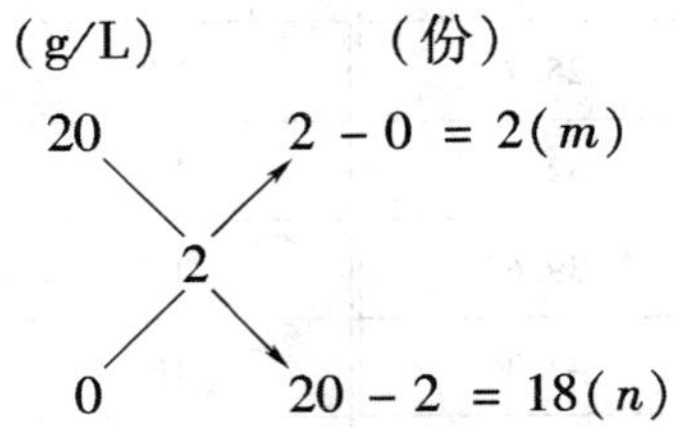

再按正比例计算出实际应加水的体积(V)：

$$2:18=500:V \qquad V=4500(\text{mL})$$

3. 立即按紧急按钮或安全膝压板，机台会自动停止运转，同时轧辊释压并响铃。按下紧急按钮后，机台无法启动，若要启动机器，请先将紧急按钮依箭头指示旋转弹起后即可。

第二模块

1. 不能。烘干法适用于对热稳定，在100℃左右不发生分解或解聚的表面活性剂。

2. 因氯仿相对密度比水大，故位于水层的下层。

3. 加食盐、与非离子型表面活性剂复配。

4. 织物原料成分、组织结构、含杂情况、溶液温度、表面活性剂性质、用量等。

5. 在水—油（或水—不溶性固体）不稳定的乳化液（或分散液）体系中，加入适量表面活性剂后，表面活性剂疏水部分指向油滴（或不溶性固体），亲水基指向水溶液，在两相界面形成稳定的吸附层，从而大大提高了原体系的稳定性。

6. 洗涤剂对织物和污垢润湿→洗涤液向织物和污垢界面的渗透→洗涤液使油污脱落、乳化、增溶→洗涤液使固体污垢溶胀、脱落、分散→经漂洗及机械作用去除污垢，并防止污垢再沉积。

7. 因为肥皂的水溶性基团为羧酸基，它的电离度低，故不耐硬水，洗涤剂的水溶性基团一般为磺酸基，电离度大，较耐硬水。

8. 离子性鉴别→若为非离子型表面活性剂测定其浊点→若浊点低于染色温度一般不适用→若浊点满足染色要求，则进一步进行工艺应用性试验，了解其相容性、匀染效果等。

第三模块

1. 答：优点：简便、快速、易行。缺点：适用有一定的局限性，适合于纯纺织物和纯纺纱的交织物，经过特殊整理的织物不宜采用此法。

2. 答：感官法、燃烧法、显微镜观察法

3. 答：切片时，纤维束要保持平直，防止纤维倒伏而影响切片质量。盖玻片合上后，应注意尽量排除空气，不能有气泡，以免影响观察效果。涂上火棉胶稍等片刻再切片。用锋利的刀片沿底座平面切下切片。

4. 答：（1）选择适当溶剂；（2）取样并称取试样干重；（3）溶解；（4）过滤、烘干；（5）称重；（6）计算出各组分的百分含量。

5. 答：纤维的强伸性；纱线的结构；织物组织；织物密度；整理等。

6. 答：纤维的种类；织物中经、纬纱线密度、捻度、织物厚度；织物经纬纱密度与紧度；整理等。

7. 答：纤维的刚柔性；织物的结构；织物厚度；整理等。

8. 答：纤维性状；纱线捻度；织物组织结构；织物经纬密度；整理等。合成纤维织物易起毛起球；针织物比机织物易起毛起球。织物交织点少、结构疏松的易起毛起球。

第四模块

1. 可以获得染料的色调、纯度、亮度等信息。

2. 染料浓度在一定的范围内,不会影响染料浓度与吸光度两者之间的线性关系。

3. 染料浓度、溶液温度、助剂、滤纸规格、操作方法等。

4. 亲和力、比移值、初染率、扩散速率、移染率、泳移率等。

5. 观察者本身的视觉差异、观察条件与方法不同、色差公式的不完善、仪器的精度等。

6. 基质材料类别、织物组织规格、染料结构、染色浓度、染料在织物上的存在状态、测试方法等。

7. 染料结构、染料—纤维间作用力、浮色量的多少、皂洗方法等。

8. 预处理方法应合适且充分、采用两种及以上方法鉴别、鉴别反应及现象应明显。

第五模块

1. 因淀粉浆的颜色特征反应易与 PVA 浆混淆,需将淀粉完全水解成具有还原性的葡萄糖,与费林试剂的铜镜特征反应来鉴别,即

$$RCHO + Cu(OH)_2 + NaOH(\text{加热}) \longrightarrow RCOOH + Cu_2O\downarrow(\text{红色}) + 3H_2O$$

2. PVA 浆料耐酸性好,而淀粉的耐酸性能差,利用酸将淀粉分子水解成小分子后不能再与碘发生颜色的特征反应,就不会再干扰 PVA 与碘硼酸溶的颜色特征。

3. 主要工艺条件包括:酶液 pH 值、温度、活化剂(activator)品质及用量等。

氯化钠在酶退浆中起活化酶的作用。

4. 烧碱作用:在一定温湿条件下使部分天然杂质解聚、水解、皂化、溶解,使其水溶性增加。

表活剂作用:起润湿、渗透、乳化、增溶、萃取、净洗等作用。

亚硫酸钠作用:在高温碱性下与木质素反应,使其溶胀,水溶性增加。

螯合分散剂作用:软化水,去除棉纤维上非水溶性无机盐。

5. 当 pH 值 =3 时,起漂白作用的主要是 Cl_2,漂白速度快,织物白度较白,强力损伤小,环境污染大。当 pH 值 =7 时,起漂白作用的主要是 Cl_2 和 HClO 漂白速度较快,织物白度较白,强力损伤大。当 pH 值 =10 时,起漂白作用的主要是 HClO,速度较慢,强力损伤较小。

6. 稳定 pH 值;吸附重金属离子;吸附杂质。

7. 起到助漂作用,可促进浆粉分子解聚,使浆料去除更净。

8. 冷堆法:节能、效率低、处方用量大、残液污染大、水洗要求高、布面匀透。

汽蒸法:效率高、织物强力损伤大,匀透性不如冷堆。

9. 主要工艺因素有:稳定剂、表面活性剂、配液方法、轧液是否匀透及高低、热处理过程及热洗条件等。

10. 与三步法比较,工艺流程短、效率高、能耗少、纤维强力损伤较大,但质量匀透性不及三步法;对助剂要求较高,处方成本稍贵。

11. 处方组成较简单,仅有两组分,配料不易出错;工作液碱性较低,稳定;处理后织物强力降低率比碱氧工艺低;残液碱性降低;品种适应性较广。

12. 先放一定量的水,然后放稳定剂,最后加双氧水,边加边搅拌。

13. 得色量:碱缩 > 全丝光 > 半丝光 > 未丝光。

染透性:碱缩 > 全丝光 > 半丝光 > 未丝光。

14. 丝光后,棉纤维的截面由腰园形变为椭圆形,天然扭曲消失,光泽增加;结晶区降低,无定形增加,纤维反应性增加,染深性增加;内应力消除,尺寸稳定性增加;取向度提高,薄弱点消除,强力有所提高。

15. 丝光钡值高低反应了纤维吸附性能及可及羟基数的多少,它与染色性能是基本一致的。

16. 经预处理→初练→复练或初练→酶练→复练等程序,练减率和白度不断提高。

17. 可能原因为洗涤不净、表面活性剂导致的假毛效;另外影响毛效的主要因素是蜡状物质。只要蜡状物质被萃取或破坏了连续性就会有较好的毛效。

18. 蜡状物质的特殊结构可以使纤维变得柔软、平滑、有光泽,练漂时只要能破坏其连续性就不影响毛效,适当保留可改善手感和光泽,尤其是灯芯绒织物及起绒织物煮练时应保留一定量的蜡质。

19. 普通白度仪是参照标准白板在当时条件下对光线的反射率作为基准得出所测织物的相对数值。如参照物有差异、不标准、仪器性能不够稳定、电压不够稳定等数值都会发生变化,所以要求测试前仪器要预热,使电压及仪器性能稳定后才能使用。如用计算机测色系统进行测色,计算公式不同,数值也有差异,同样也需标明测色公式及测色系统。

20. 主要原因有:漂白液浓度、温度、pH 值、稳定剂用量、温度时间等。

第六模块

1. 活性染料的结构(包括活性基、母体、桥基),染色工艺条件(包括温度、pH 值、中性电解质、浴比)。

2. 碱剂促使活性染料和纤维发生键合反应,提高得色量;尿素帮助染料溶解,并在汽蒸时促使纤维吸湿和膨化,有利染料扩散,提高得色量。

3. 还原的难易由隐色体电位决定;还原的快慢由染料结构、染料颗粒大小、还原条件(如还原温度、还原液中烧碱和保险粉浓度)决定。

4. 隐色体浸染操作较麻烦,匀染性、透染性差,染物有“白芯”现象,生产效率低,适宜小批量、多品种生产。悬浮体轧染能克服浸染时的“白芯”现象,匀染性、透染性好;拼色时不受染料上染速率的限制;生产效率高,劳动强度低,适宜大批量生产。

5. 硫化染料染色过程与还原染料相似,但硫化染料易还原,可使用还原能力较弱、价格较低的硫化钠作为还原剂;染料颗粒大、杂质多,轧染时一般采用隐色体轧染而非悬浮体轧染;一般坚牢度较好,但大部分不耐氯漂,硫化元染物有贮存脆损现象。

6. 促染(对 B 类直接染料较显著)。

7. 选择同一类别、染料结构和染色性能(特别是上染速率)相近的染料。

8. 色基重氮化反应通式:

$$Ar—NH_2 + 2HCl + NaNO_2 \longrightarrow Ar—N=NCl + NaCl + 2H_2O$$

理论用量:1;2,1。

实际用量:1,2.5 ~3,1.05 ~1.1。

偶合比:色酚:色基 =(1:1.2)~(1:1.4)(摩尔比)。

9. 以列表形式比较:

应用分类	分子结构	染色 pH 值	羊毛	吸附	固着	电解质	酸	匀染性	湿牢度
强酸浴酸性染料	较简单	2.5~4	带正电	静电引力	离子键	缓染	促染	好	差
弱酸浴酸性染料	稍复杂	4~5	电中性	范德华力、氢键	离子键、范德华力、氢键	缓染	促染	中	中
中性浴酸性染料	更复杂	6~7	带负电	范德华力、氢键	范德华力、氢键	促染	促染	差	好

10. 结构特征:含水溶性基团,并含能与金属离子络合的配位基团,包括水杨酸结构、邻羟基偶氮结构和 α-羟基蒽醌结构。

媒染剂重铬酸盐的 $Cr_2O_7^{2-}$ 和少量 CrO_4^{2-} 被带正电的羊毛吸附后还原为 Cr^{3+},并与纤维上的染料发生络合,生成难溶性色淀固着在纤维上。同时羊毛中的—NH_2、—COOH 也参与络合,使羊毛—铬—染料三者之间形成更为稳定的络合物,染色牢度大大提高。

11. 酸性络合染料是 1:1 型的酸性含媒染料。pH 为 3~4 时,染料以配价键、离子键、氢键、范德华力上染,初染率高,易造成染色不匀;pH 为 1.4~2.0 时,羊毛中氨基大多离子化,与羊毛络合的可能性小,染料以离子键、氢键、范德华力上染,上染速率较低,匀染性较好,但羊毛损伤大,手感粗硬。

中性络合染料是 1:2 型的酸性含媒染料。pH 为 6~7 时,羊毛带负电,染料阴离子以氢键和范德华力上染,染料分子体积大,扩散性差,羊毛损伤小,手感好。

12. 磷酸二氢铵使染液的 pH 值为 5~6,既可避免分散染料在高温碱性条件下水解或离子化,也可避免涤纶在高温碱性条件下受到损伤,保证染料有稳定的色光和较高的上染百分率。磷酸二氢铵的替代助剂有醋酸、硫酸铵、氯化铵等。

13. 分散染料热熔染色法固色率的影响因素是温度和时间:

温度{过高:涤纶软化、解取向,染料升华等
过低:自由体积少,染料上染率低

应根据染料升华牢度确定热熔温度:E 型 180~190℃,SE 型 200℃,S 型 220℃。

时间{过短:染料扩散不够充分,染料上染率低
过长:织物手感粗硬,强力下降,热能浪费

热熔时间一般为 1~2min。采用较高温度和较短时间比采用较低温度和较长时间有利。

14. 在染浴中腈纶表面带负电荷,阳离子染料带正电荷,染料主要以静电引力吸附在纤维表面。当染浴温度升高至腈纶的玻璃化温度时,染料按自由体积模型从纤维表面向内部扩散,并以离子键固着。染浴中阳离子缓染剂和硫酸钠用来提高染料的匀染性,醋酸和醋酸钠组成缓冲溶液,使染液保持在适当的 pH 值范围内。

15. 阳离子染料分子中引入亲水性基团,K 值升高;引入疏水性基团,K 值降低;某些基团Л

何构型的改变引起的空间位阻也会导致 K 值改变。

16. 控制温度，控制 pH 值，使用中性电解质，使用缓染剂。

17. 涂料色谱齐全，色光稳定，仿色容易，遮盖能力强。涂料染色工艺简单，能耗低，废水排放少，适用于各种纤维织物。但涂料染色摩擦牢度和搓洗牢度较差，织物手感较硬。涂料实现浸染首先要对纤维进行改性，主要利用季铵盐使纤维带上正电荷，可与涂料分子中负电性较强的基团发生吸附，并借助黏合剂的作用使涂料固着在织物上。

第七模块

1. 糊料本身的结构与性能、含固量、助剂、制糊方法及条件。

2. 若用量不足，固色不充分，色泽偏浅，且浮色多，易造成白地沾色；若用量过多，色浆稳定性降低，易造成染料水解，固色率下降，浅色花纹鲜艳度较差。

3. 硫酸铵为释酸剂，其用量高低影响色浆的稳定性、活性染料的反应性、固色率、蛋白质纤维的损伤及花型轮廓清晰度等。

4. 黏合剂品种与用量、交联剂品种与用量、焙烘条件、后处理、色浆的渗透性等。

5. 氢氧化钠溶解色酚，并维持色酚钠盐及拉元（重氮磺酸盐）的稳定性；中性红矾可以促进拉元发色。

6. 硫酸铵用量要达到完全中和活性染料地色中的碱剂，才能有较好的防印效果，一般精细花纹，相对浓度应高些，块面花型，相对浓度可低些，否则易造成棉织物脆损。

7. 防染剂的性能、用量、地色染料结构与性能、汽蒸温度、时间、水洗条件等。

8. 雕白粉是拔染剂；蒽醌是助拔剂；氢氧化钠或碳酸钾是碱剂，可促进雕白粉分解，同时溶解还原染料隐色体。

9. 尿素有吸湿、助溶、膨化作用，可抑制棉泛黄，提高活性染料给色量和鲜艳度，但分散染料溶解度提高后，在影响其固色率的同时，还加大了分散染料沾棉。碱剂过多，活性染料色浆稳定性下降，高温焙烘时棉纤维易泛黄，部分分散染料的稳定性下降，影响其色光和牢度。

第八模块

1. 经防皱整理后，纤维素大分子或基本结构单元之间建立的交联，降低了织物在形变时由于纤维大分子或基本结构单元之间的相对位移，限制了新的氢键的形成，提高了织物受外力产生的形变回复性，具有较好的抗皱性能，故折皱回复角要增加。

2. 织物的白度、缩水率降低，强力、耐磨和耐洗性增加或者降低。

3. 选择低甲醛或无甲醛的整理剂，改善整理剂的反应或固着条件，加强后处理和使用甲醛捕捉剂。

4. 影响因素有：织物的结构性能种类，拒水整理剂及其他添加剂的种类，整理的工艺条件。

5. $1kPa = 0.101972mH_2O$。

6. 透气透湿性、强力损失、耐洗涤性及色牢度。

7. 改变白度、手感、强力，提高弹性、透气性和折皱回复性，抗起毛、起球性。

8. 防水、透湿、透气。

9. 有纤维材料、织物组织规格、染整加工工艺（如张力、温度、工艺路线等）。降低织物的缩水率可选择合适的纤维材料、织物组织规格和染整加工工艺。

第九模块

1. 拼色染料的染色性能应尽量相近；拼鲜艳色时染料只数应尽量少些；利用余色原理调整色光时只能作微调；染料选择时应尽量做到“就近出发”、“一补二全”等。

2. 浸染时织物应预先润湿；要适时、正确、勤搅拌；加料时将布捞起，待溶解后再投入且搅拌；保证染色温度与时间；不同织物不宜置于同浴皂煮等。

轧染时应采用干布且不宜有水渍；轧液率应均匀；浸轧后应合理放置且即烘干；尽量不用接触式烘干；烘干应缓慢且烘透；焙烘温度应均匀等。

3. 织物规格、批号相同；称料、吸料应精确；工艺方法与条件应恒定；操作规范且前后一致；重视操作细节等。

附录五　推荐参考书目、专业期刊和网站

1. 推荐参考书目

[1]金咸穰．染整工艺实验[M]．北京：纺织工业出版社，1987.

[2]陈英．染整工艺实验教程[M]．北京：中国纺织出版社，2004.

[3]王菊生．染整工艺原理（第三册）[M]．北京：纺织工业出版社，1984.

[4]陶乃杰．染整工程（第二册）[M]．北京：中国纺织出版社，1997.

[5]沈志平．染整技术（第二册）[M]．北京：中国纺织出版社，2005.

[6]刘国良．染整助剂应用测试[M]．北京：中国纺织出版社，2005.

[7]潘志娟．纤维材料近代测试技术[M]．北京：中国纺织出版社，2005.

[8]路艳华．染料化学[M]．北京：中国纺织出版社，2005.

[9]徐蕴燕．织物性能与检测[M]．北京：中国纺织出版社，2007.

[10]范雪荣．纺织浆料检测技术[M]．北京：中国纺织出版社，2007.

[11]周传铭．生态轻纺产品检测标准应用[M]．北京：中国纺织出版社，2004.

[12]最新染料使用大全编写组．最新染料使用大全[M]．北京：中国纺织出版社，1996.

2. 推荐专业期刊

《印染》、《染料与染色》、《上海纺织科技》、《丝绸》、《染整助剂》、《染整技术》等。

3. 推荐网站

中国学术期刊网、万方数据库、中国印染网、中华印染网、中国印染化学品网、中国印染助剂网等。